黄酒分析与检测实训教程

魏桃英 主 编

ZHEJIANG UNIVERSITY PRESS
浙江大学出版社

图书在版编目(CIP)数据

黄酒分析与检测实训教程 / 魏桃英主编. —杭州：浙江大学出版社，2016.1

ISBN 978-7-308-15577-9

Ⅰ. ①黄… Ⅱ. ①魏… Ⅲ. ①黄酒—食品分析—高等学校—教材 ②黄酒—食品检验—高等学校—教材 Ⅳ. ①TS262.4

中国版本图书馆 CIP 数据核字（2016）第 013712 号

黄酒分析与检测实训教程

魏桃英　主编

责任编辑	伍秀芳(wxfwt@zju.edu.cn)	
责任校对	余梦洁　林允照	
封面设计	林智广告	
出版发行	浙江大学出版社	
	（杭州市天目山路 148 号　邮政编码 310007）	
	（网址：http://www.zjupress.com）	
排　版	杭州林智广告有限公司	
印　刷	杭州杭新印务有限公司	
开　本	787mm×1092mm　1/16	
印　张	15.75	
字　数	384 千	
版印次	2016 年 1 月第 1 版　2016 年 1 月第 1 次印刷	
书　号	ISBN 978-7-308-15577-9	
定　价	38.00 元	

目　录

第一章 检测分析的基本知识

常规的黄酒检测肯定要用到一些设备与分析方法,所以先介绍一下有关的滴定分析法、称量分析法及黄酒分析与检测要用到的一些常规仪器与设备及检测用到的一些专业术语。

第一节 滴定分析法和称量分析法

一、滴定分析法的原理与分类

1. 原理

滴定分析法是将一种已知准确浓度的试剂溶液滴加到被测物质的溶液中,直到所加的试剂与被测物质按化学计量关系定量反应为止,根据试剂溶液的浓度和消耗的体积,计算出被测物质的含量。其中已知准确浓度的试剂溶液称为滴定液。将滴定液从滴定管中加到被测物质溶液中的过程称为滴定。当加入滴定液中物质的量与被测物质的量按化学计量关系定量反应完成时,反应达到了计量点;在滴定过程中,指示剂发生颜色变化的转变点称为滴定终点。滴定终点与计量点不一定恰好符合,由此所造成的分析误差称为滴定误差。适合滴定分析的化学反应应该具备以下几个条件:

(1) 反应必须按方程式定量地完成,通常要求完成程度在 99.9% 以上。

(2) 反应能够迅速地完成。

(3) 共存物质不干扰主要反应或可用适当的方法消除其干扰。

(4) 有比较简便的方法确定化学计量点。

2. 滴定方式

在进行滴定分析时,滴定的方式主要有如下几种:

(1) 直接滴定法 用标准溶液直接滴定被测物质是滴定分析法中最常用的基本滴定方法。凡能满足滴定分析要求的反应,都可用标准滴定溶液直接滴定被测物质。例如用 NaOH 标准滴定溶液可直接滴定 HAc、HCl、H_2SO_4 等试样;用 $KMnO_4$ 标准滴定溶液可直接滴定 $C_2O_4^{2-}$,用 EDTA 标准滴定溶液可直接滴定 Ca^{2+}、Mg^{2+}、Zn^{2+} 等;用 $AgNO_3$ 标准滴定溶液可直接滴定 Cl^- 等。

直接滴定法是最常用和最基本的滴定方式,简便、快速,误差较小。黄酒分析中酸度的滴定就是用此法。黄酒滴定时反应的容器主要是锥形瓶,如图 1-1 所示。

(2) 返滴定法 又称剩余滴定法或回滴定法。当反应速度较慢或反应物是固体时,加入符合计量关系的标准滴定溶液后,反应无法在瞬间定量完成,需在待测试液中加入适当过

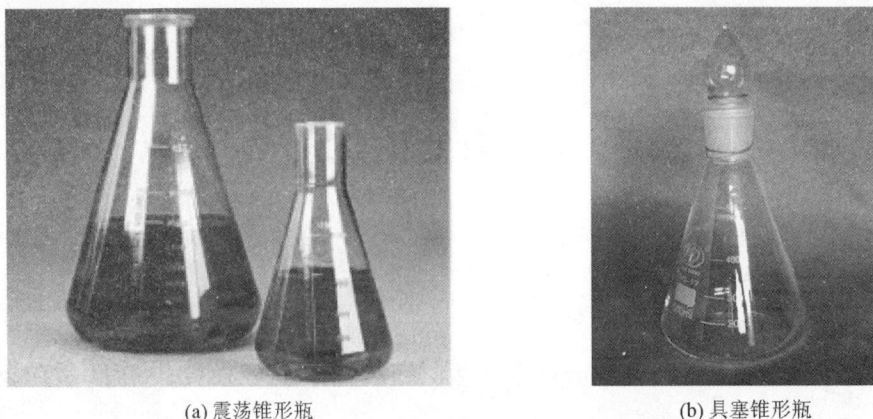

(a) 震荡锥形瓶   (b) 具塞锥形瓶

图 1-1 锥形瓶

量的标准溶液;待反应定量完成后,再用另一种标准溶液返滴定剩余的第一种标准溶液,从而测定待测组分的含量。如白酒分析中总酯的测定。

(3) 置换滴定法 对于不按确定化学计量关系反应的物质,有时可以通过其他化学反应间接进行滴定。先加入适当的试剂与待测组分定量反应,使其被定量地置换成另外一种可滴定的物质,再利用标准溶液滴定反应产物,然后由滴定剂的消耗量、反应生成的物质与待测组分等物质的量的关系,计算出待测组分的含量。

(4) 间接滴定法 对于不能与滴定剂直接起反应的物质,有时可以通过其他化学反应以滴定法间接进行滴定,这种方法称为间接滴定法。例如高锰酸钾法测定钙就属于间接滴定法。由于 Ca^{2+} 在溶液中没有可变价态,所以不能直接用氧化还原法滴定;但若先将 Ca^{2+} 沉淀为 CaC_2O_4,过滤洗涤后用 H_2SO_4 溶解,再用 $KMnO_4$ 标准溶液滴定与 Ca^{2+} 结合的 $C_2O_4^{2-}$,便可间接测定钙的含量。

3. 滴定分析法的分类

滴定分析法以化学反应为基础,根据所利用的化学反应的不同,滴定分析法一般可分为 4 大类。

(1) 酸碱滴定法

① 酸碱滴定法的基本原理 酸碱滴定法是以酸碱反应为基础的滴定分析法,常用强酸或强碱作为标准溶液,测定一般的酸碱以及能与酸碱直接或间接发生质子传递反应的物质。它所依据的反应是

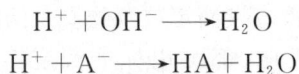

$$H^+ + OH^- \longrightarrow H_2O$$
$$H^+ + A^- \longrightarrow HA + H_2O$$

在酸碱滴定中,随着滴定反应的进行,溶液的 pH 值不断发生变化,为了正确地完成滴定,一方面要了解滴定过程中溶液 pH 值的变化规律;另一方面要了解酸碱指示剂的性质、变色原理及变色范围,以便能正确地选择指示剂来判断滴定终点,从而获得准确的分析结果。

② 酸碱指示剂

a. 指示剂的变色原理:酸碱指示剂是一些有机弱酸或弱碱,这些弱酸或弱碱与其共轭碱或酸具有不同的颜色。以 HIn 代表弱酸指示剂,其离解平衡表示如下:

$$HIn \rightleftharpoons In^- + H^+$$

酸式色　碱式色

由此可见,酸碱指示剂的变色与其本身的性质有关,也和溶液的 pH 值相关。

b. 指示剂的变色范围:溶液 pH 值的变化使指示剂共轭酸或碱的离解平衡发生移动,致使颜色发生变化。只有当溶液的 pH 值改变到一定范围,才能看到指示剂发生明显的颜色变化。理论证明,对于弱酸型指示剂(HIn)的变色范围为:$pH = pK_{HIn} \pm 1$。

当溶液中$[HIn] = [In^-]$时,溶液中$[H^+] = K_{HIn}$,即 $pH = pK_{HIn}$,这是二者浓度相等时的 pH 值,即为理论变色点,此时溶液的颜色是酸式色和碱式色的中间色。根据理论上推算,指示剂的变色范围是 2 个 pH 单位,但试验测得的指示剂变色范围并不都是 2 个 pH 单位,而是略有上下。这是由于试验测得的指示剂变色范围是人眼目视确定的,人的眼睛对不同颜色的敏感程度不同,观察到的变化范围也不同。例如甲基红的 $pK_{HIn} = 5.1$,其理论变色范围应是 $4.1 \sim 6.1$,试验测得甲基红的变色范围为 $4.4 \sim 6.2$。

c. 混合指示剂:在某些酸碱滴定中,pH 值突变的范围很窄,使用一般的指示剂难以判断滴定终点,此时可以采用混合指示剂,因其具有变色范围窄、变色明显等优点。混合指示剂常常是在某种指示剂中加入一种惰性染料或用两种以上的指示剂混合配制而成。

d. 酸碱滴定过程中指示剂的选择:在酸碱滴定过程中,溶液的 pH 值随着标准溶液的加入而呈规律性变化,在化学计量点前后 0.1% 误差范围内有明显的突变,可作为选择指示剂的依据。凡是变色点的 pH 值处于滴定时突变范围内的指示剂都可以用来指示滴定的终点,同时考虑指示变色的灵敏性。如酸液滴碱液可选择甲基红、甲基橙作为指示剂,而碱液滴酸液则可选择酚酞类指示剂。

(2) 沉淀滴定法

沉淀滴定法是以沉淀溶解平衡为基础的滴定分析法。能形成沉淀的反应很多,但能用于沉淀滴定的并不多,主要原因是很多沉淀组成不稳定、易形成过饱和溶液、共沉淀现象严重等。目前,应用较广泛的是银量法,它是生成难溶于水的银盐沉淀的滴定法。根据所用指示剂的不同,银量法可分为莫尔法、佛尔哈德法等。用银量法可以测定 Cl^-、Br^-、I^-、CN^-、Ag^+ 等离子,其常见反应如下:

$$Ag^+ + Cl^- \longrightarrow AgCl\downarrow$$

(3) 络合滴定法

利用生成络合物的反应为基础的滴定分析方法叫作络合滴定法。能形成络合物的反应很多,但可用于络合滴定的并不多。

由于大多数无机络合物存在着分步络合、稳定性不高、终点判断困难等缺点,限制了它在滴定分析中的应用。利用有机络合剂(多基络合体)的络合滴定方法已成为广泛应用的滴定方法之一,可用于对金属离子进行测定。目前应用最为广泛的络合滴定法是以乙二胺四乙酸(简称 EDTA)为标准溶液的滴定分析法,简称 EDTA 法。

(4) 氧化还原滴定法

氧化还原滴定法是以氧化还原反应为基础的滴定分析法,根据所用标准溶液的不同,常可分为高锰酸钾法、重铬酸钾法、碘量法、溴酸盐法等。氧化还原滴定法应用十分广泛,不仅可以直接测定氧化还原性物质,还可间接测定不具有氧化还原性的物质。但氧化还原反应的过程复杂,副反应多,反应速度慢,条件不易控制。

① 氧化还原滴定指示剂：氧化还原滴定法是滴定分析方法的一种，其关键仍然是化学计量点的确定。在氧化还原滴定中，除了用电位法确定滴定终点外，还可以根据所使用的标准溶液不同，选择不同的指示剂来确定滴定终点。

a. 氧化还原指示剂：氧化还原指示剂是指具有氧化性或还原性的有机化合物，且它们的氧化态或还原态的颜色不同，在氧化还原滴定中也参与氧化还原反应而发生颜色变化。

b. 自身指示剂：在氧化还原滴定中，有时利用标准溶液或被滴定物质本身的颜色来确定滴定终点，这种指示剂叫作自身指示剂。例如在高锰酸钾法中就是利用 $KMnO_4$ 作为自身指示剂进行滴定的。$KMnO_4$ 溶液呈紫红色，当用 $KMnO_4$ 作为标准溶液来测定无色或浅色物质时，在化学计量点前，由于高锰酸钾是不足量的，故溶液不显示 $KMnO_4$ 的颜色；当滴定到达化学计量点时，稍过量的 $KMnO_4$ 就会使溶液呈现粉红色，从而到达指示滴定终点的作用。

c. 专属指示剂：有些物质本身不具有氧化还原性质，但它能与氧化剂、还原剂或其产物作用产生特殊颜色以确定反应的终点，这种指示剂叫作专属指示剂。如可溶性淀粉能与碘在一定条件下生成蓝色络合物，因此在碘量法中可以采用淀粉作为指示剂，根据溶液中蓝色的出现或消失来判断滴定的终点。

② 常用氧化还原滴定法

a. 高锰酸钾法：高锰酸钾法是以 $KMnO_4$ 作为标准溶液进行滴定的氧化还原滴定法。$KMnO_4$ 是氧化剂，其氧化能力和溶液的酸度有关。它在强酸性溶液中具有强氧化性，与还原性物质作用可获得 5 个电子而被还原为 Mn^{2+}；在微酸性、中性或弱碱性溶液中，获得 3 个电子而被还原为 MnO_2；在强碱性溶液中，则获得 1 个电子而被还原为 Mn^{6+}。由于在微酸性或中性溶液中反应均有 MnO_2 棕色沉淀生成，影响终点观察，所以一般只在强酸性溶液中用此法滴定。强酸常用硫酸，而尽量不用盐酸与硝酸。

b. 重铬酸钾法：重铬酸钾法是以 $K_2Cr_2O_7$ 为标准溶液，利用它在强酸性溶液中的强氧化性进行滴定。在酸性溶液中，Cr^{6+} 与还原性物质作用被还原为 Cr^{3+}。

重铬酸钾法也必须在强酸性溶液中进行测定。酸度控制可用硫酸或盐酸，不能用硝酸。利用重铬酸钾法可以测定许多无机物和有机物。

c. 碘量法：碘量法是利用 I_2 的氧化性和 I^- 的还原性进行滴定的氧化还原滴定法。这是一种应用比较广泛的分析方法，既可测定还原性物质，也可以测定氧化性物质，还可以测定一些非氧化还原性物质。碘量法根据所用标准溶液的不同，可分为直接碘量法和间接碘量法。

直接碘量法又叫作碘滴定法。它是以 I_2 溶液为标准溶液，可以测定电极电位较小的还原性物质，如 S^{2-}、Sn^{2+} 等。

间接碘量法又叫滴定碘法。它是以 $Na_2S_2O_3$ 为标准溶液间接测定氧化性物质。测定时，氧化性物质先在一定条件下与过量的 KI 反应生成定量的 I_2，然后用 $Na_2S_2O_3$ 标准溶液滴定生成的 I_2。

由于碘量法中均涉及 I_2，可利用碘遇淀粉显蓝色的性质，以淀粉作为指示剂。根据蓝色的出现或褪去来判断终点。碘遇淀粉显蓝色的反应的灵敏度与温度、酸度和有无 I^- 密切相关。

碘量法的误差主要来自两个方面，一是 I_2 的挥发；二是在酸性溶液中空气中的 O_2 氧化 I^-。

二、称量分析法

1. 原理及分类

称量分析法是通过称量物质的质量来确定被测组分含量的一种方法。在称量分析中，一般是将被测组分从试样中分离出来，经过处理后再称量，由称得的质量来计算被测组分的含量。根据使被测组分与试样中其他组分分离手段的不同，称量分析法可分为沉淀法、挥发法和提取法。称量分析法可进行干燥失重、灼烧残渣、灰分及不挥发物的测定，测定值的相对偏差不得超过 0.5%。

2. 结果计算

试样中被测组分质量分数的计算公式为

$$X = \frac{m_c \times f}{m} \times 100\%$$

式中，X——样品中被测组分的质量分数；

m——样品的质量，g；

m_c——称量形式的质量，g；

f——换算因数，为 1 g 称量形式相当于被测组分的质量。

第二节　检测常用的玻璃器皿及仪器使用

一、常用玻璃器皿

1. 移液管、吸量管的使用方法

移液管是精密移取一定体积溶液时所用的一种玻璃量器。它的形状有两种：一种是中部吹成圆柱形，圆柱形上端及下端为较细的管颈，下部的管颈拉尖，上部的管颈刻有一环状刻度；这种移液管有 5、10、25、50 mL 等规格。另一种移液管的全称是"分度吸量管"，它是带有分度的量出式量器，用于移取不固定体积的溶液，常用规格有 1、2、5、10 mL 等。吸量管的使用方法与移液管大致相同，形状如图 1-2 所示。

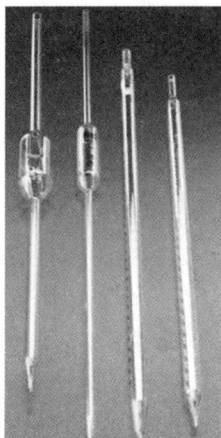
(a) 移液管

(b) 吸量管

图 1-2　移液管和吸量管

移液管的使用方法如下：

（1）使用前的准备　移液管和吸量管使用前均要先用自来水洗涤，再用蒸馏水洗净。较脏时（内壁挂水珠时）可用铬酸洗液洗净。其洗涤方法是：右手拿移液管或吸量管，将其下口插入洗液中；左手拿洗耳球，先把球内空气压出,然后把球的尖端接在移液管或吸量管的上口,慢慢松开左手手指,将洗液慢慢吸入管内直至上升到刻度以上部分;等待片刻后,将洗液放回原瓶中。如果需要较长时间浸泡在洗液中时,应准备一个高型玻璃筒或大量筒(筒底部铺些玻璃毛),将吸量管直立于筒中;筒内装满洗液,筒口用玻璃片盖上;浸泡一段时间后,取出移液管或吸量管,沥尽洗液,用自来水冲洗,再用蒸馏水淋洗干净。干净的移液管和吸量管应放置在干净的试管架上。

(2)吸取溶液 移取液体时,为保证溶液浓度保持不变,应先用滤纸将管口外水珠擦去,再用被移溶液润洗2~3次。润洗移液管操作类似常量滴定管的洗涤操作。吸取溶液时,右手大拇指和中指放在管子的刻度上方,将管子插入溶液中,左手用洗耳球将溶液吸入管中。当液面上升至标线以上,立即用右手食指(用大拇指操作不灵活)按住管口。移液管的尖端靠在瓶内壁上,稍放松食指,液面下降。当液体弯月面与刻线相切时,立即用食指按紧管口,将移液管放入锥形瓶中。将锥形瓶倾斜

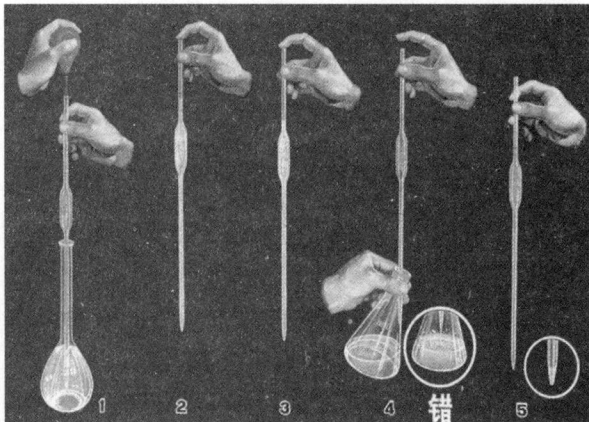

图1-3 移液管的使用

斜成45°,移液管的尖端靠住瓶内壁(移液管的尖端不能放到瓶底),移液管垂直,松开食指,液体自然沿瓶壁流下;液体全部流出后停留15 s,取出移液管(见图1-3)。留在管口的液体不要吹出,因为校正时未将这部分体积计算在内。使用吸量管时,通常是液面由某一刻度下降到另一刻度,两刻度之差就是放出溶液的体积(注意目光与刻度线须平齐)。

(3)使用时的注意事项

① 移液管及吸量管一定要用吸球(洗耳球)吸取溶液,不可用嘴吸取。

② 移取液体时,移液管不要伸入太浅,以免液面下降后造成吸空;也不要伸入太深,以免移液管外壁附有过多的溶液。一般移液管尖端大约进入溶液0.5~1 cm左右。

③ 精密移取5、10、20、25、50 mL等整数体积的溶液时,应选用相应大小的移液管,而不能用两个或多个移液管分取相加的方法。同一个试验中应尽可能使用同一吸量管的同一区段。

④ 移液管和吸量管在试验中应与溶液一一对应,不应混用,以避免沾染。

⑤ 使用同一移液管移取不同浓度溶液时要注意充分荡洗3次,应先移取较稀的一份,然后移取较浓的。在吸取第一份溶液时,高于标线的距离最好不超过1 cm,这样吸取第二份不同浓度的溶液时,可以吸得再高一些,以消除第一份的影响。需要强调的是,容量器皿受温度影响较大,切记不能加热,只能自然沥干,更不能在烘箱中烘烤。另外,容量仪器在使用前常需校正,以确保测量体积的准确性。

⑥ 注意移液管尖端仍残留有一滴液体,不能将其吹出。

2. 容量瓶

容量瓶是一种细颈梨形平底的容量器,带有磨口玻璃塞,颈上有标线,表示在所指温度液体充满到标线时,溶液体积恰好与瓶上所注明的容积相等。

容量瓶用于配制准确浓度的溶液。它常和移液管配合使用,把某种物质分为若干等份。

容量瓶有多种规格,小的有 5、25、50、100 mL,大的有 250、500、1000、2000 mL 等。它主要用于直接法配制标准溶液和准确稀释溶液。本实验中常用的是 100 和 250 mL 的容量瓶。容量瓶形状如图 1-4 所示。

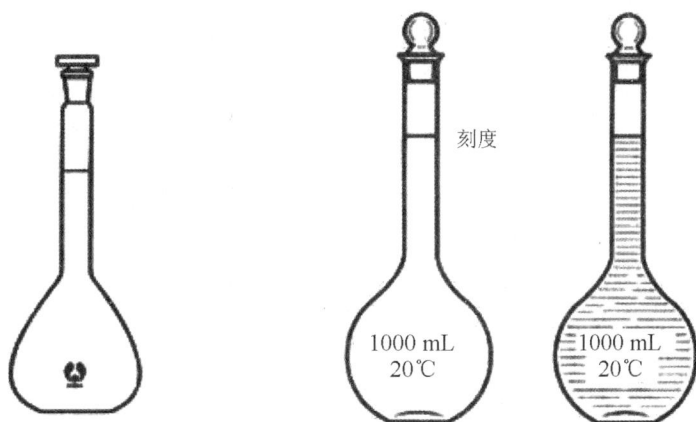

刻度

1000 mL
20℃

1000 mL
20℃

图 1-4　容量瓶

容量瓶的使用方法(如图 1-5):

(1) 使用前的准备　容量瓶在使用前要试漏和洗涤。试漏的办法是将瓶中装水至标线附近,塞紧塞子并将瓶子倒立 2 min,用滤纸片检查是否有水渗出。如不漏水,将瓶直立,再将塞子旋转 180°后,倒立 2 min,再检查是否有水渗出。一般先用自来水洗涤,再用蒸馏水洗净后即可。污染较重时,可用铬酸洗液洗涤。洗涤时将瓶内水尽量倒空,然后倒入铬酸洗液 20~30 mL,盖上瓶塞,边旋转边向瓶口倾斜,至洗液充满全部内壁。放置数分钟,倒出洗液,先后用自来水、蒸馏水淋洗后备用。

(2) 定量转移溶液　如果是用固体物质配制标准溶液,应先将准确称量好的固体物质放在烧杯中,用少量蒸馏水或溶剂溶解,然后一只手将玻璃棒插入容量瓶,底端靠近瓶壁,另一只手拿着烧杯,让烧杯嘴靠紧玻璃棒,使溶液沿玻璃棒慢慢流下。溶液流完后将烧杯沿玻璃棒向上提,并逐渐竖直烧杯,将玻璃棒放回烧杯,但玻璃棒不能碰烧杯嘴。用洗瓶冲水洗玻璃棒和烧杯壁数次,每次约 5 mL。将洗涤液用相同方法定量转入容量瓶中。如果是把浓溶液定量稀释,则可用移液管或吸量管直接吸取一定体积的溶液移入容量瓶中即可。

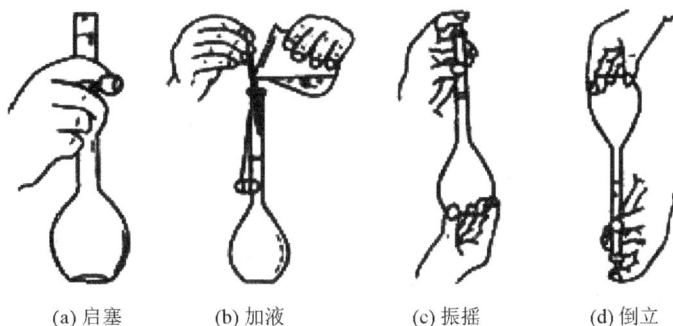

(a) 启塞　　　　(b) 加液　　　　(c) 振摇　　　　(d) 倒立

图 1-5　容量瓶的使用

（3）稀释溶液并定容　定量转移完成后，用蒸馏水或溶剂进行稀释。当蒸馏水或溶剂加至容量瓶的 2/3 处时，塞上塞子，用右手食指和中指夹住瓶塞，将瓶拿起，轻轻摇转，使溶液初步混合均匀（注意不能倒转）。当液面接近标线时，等 1～2 min 后再用滴管滴加蒸馏水或溶剂至刻度。滴加时，不能手拿瓶底，应拿瓶口处。必须注意弯月面最低点恰与瓶颈上的刻度相切，观察时眼睛位置也应与液面和刻度在同一水平面上，否则会引起测量体积不准确。眼睛平视弯月面下部，当与刻度线重合时，停止滴加，盖好瓶塞。容量瓶有无色、棕色两种，应注意选用。

（4）混合均匀　塞紧瓶塞，左手食指顶住塞子，其余四指拿住瓶颈标线以上部分，用右手指尖托住瓶底（注意不要用手掌握住瓶塞和瓶身），将容量瓶倒转，使气泡上升到顶，振荡瓶身，将瓶身正立后再倒转进行振荡，如此反复 7 次，瓶身正立后，转动瓶塞180°，再行同样操作。

使用容量瓶时应注意以下几点：① 不能在容量瓶里进行溶质的溶解；② 容量瓶不能进行加热，如果溶质在溶解过程中放热，要待溶液冷却后进行转移；③ 容量瓶只能用于配制溶液，配好后的溶液如需保存应转移到试剂瓶中；容量瓶不能用于贮存溶液，也不能在烘箱中烘烤；④ 容量瓶用毕应及时洗涤干净，塞上瓶塞，并在塞子与瓶口之间夹一条纸条，防止瓶塞与瓶口粘连；瓶塞与瓶应编号配套或用绳子（橡皮筋）连接以防瓶塞丢失、污染或搞错。

3. 滴定管

滴定管是滴定操作时准确测量标准溶液体积的一种量器。滴定管的管壁上有刻度线和数值，最小刻度为 0.1 mL，上端从"0"刻度线处开始，自上而下数值由小到大，可估读到 0.01 mL。滴定管根据其构造可分为酸式滴定管和碱式滴定管两种。酸式滴定管下端有玻璃旋塞，用以控制溶液的流出（图 1-6(a)）。碱式滴定管下端连着一段橡胶管，管内有玻璃珠，用以控制液体的流出；橡胶管下端连一尖嘴玻璃管（图 1-6(b)）。酸式滴定管只能用来盛装酸性溶液或氧化性溶液；碱式滴定管只能用来盛装碱性溶液或非氧化性溶液，凡能与橡胶起作用的溶液均不能使用碱式滴定管。

酸式滴定管具有玻璃活塞，可量取或滴定酸性溶液或氧化性试剂；碱式滴定管下端的橡胶管中有玻璃珠，用来量取或滴定碱性溶液或非氧化性试剂。滴定管下部尖嘴内液体不在刻度内，量取或滴定溶液时不能将尖嘴内的液体放出。

（1）使用前的准备

① 洗涤：一般可直接用自来水冲洗或用肥皂水、洗衣粉水泡洗，但不可用去污粉刷洗。若油污严重，洗涤时可用铬酸洗液洗涤。洗涤时将酸式滴定管内的水尽量除去，关闭活塞，倒入 10～15 mL 洗液于滴定管中，双手平端滴定管，边旋转边向管内倾斜，直至洗液布满全部管壁为止，立起后打开活塞，将洗液放回原瓶中。如果滴定管油垢较严重，需用较多洗液充满滴定管浸泡十几分钟或更长

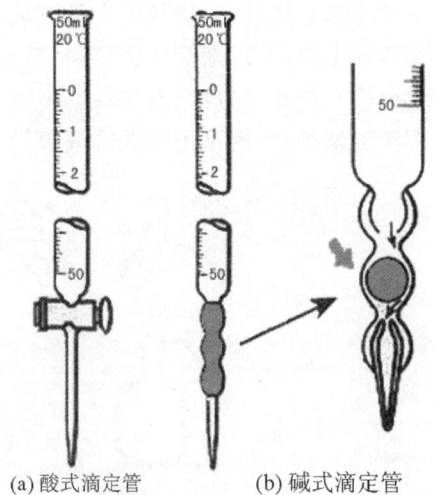

(a) 酸式滴定管　　　(b) 碱式滴定管

图 1-6　滴定管

时间,甚至用温热洗液浸泡一段时间。洗液放出后,先用自来水冲洗滴定管,再用蒸馏水淋洗3～4次。碱式滴定管的洗涤方法与酸式滴定管基本相同,但要注意铬酸洗液不能直接接触橡胶管,否则橡胶管会变硬损坏。可将橡胶管连同尖嘴部分一起拔下,在滴定管下端套上一个滴瓶塑料帽,装入洗液洗涤,浸泡一段时间后,将洗液放回原瓶中,然后先用自来水冲洗滴定管,再用蒸馏水淋洗3～4次备用。

② 试漏:酸式滴定管使用前应检查玻璃活塞是否紧密。如果不密封将会出现漏水现象,导致不宜使用。为了使玻璃活塞转动灵活并防止漏水,需在活塞上涂以凡士林。为了防止在滴定过程中活塞脱出,可用橡皮筋将活塞扎住。碱式滴定管要检查橡胶管是否已老化,玻璃珠的大小是否合适,必要时要进行更换。

③ 装标准溶液:先用待装标准溶液润洗滴定管2～3次,即可装入标准溶液至"0"刻度线以上。注意检查尖嘴内是否有气泡。如有气泡,将影响溶液体积的准确测量。排除气泡的方法是:用右手拿住滴定管无刻度部分,使其倾斜约30°,左手迅速打开旋塞,使溶液快速冲出,将气泡带走。碱式滴定管应按图1-7所示的方法操作:将橡胶管向上弯曲,用力捏挤玻璃珠外面的橡胶管使溶液从尖嘴喷出,以排除气泡。碱式滴定管的气泡一般藏在玻璃珠附近,必须对光检查橡胶管内气泡是否完全赶尽,赶尽后再调节液面至"0"刻度线处,或记下初读数。

装标准溶液时,应从盛标准溶液的容器内直接将标准溶液倒入滴定管中,以免浓度发生改变。

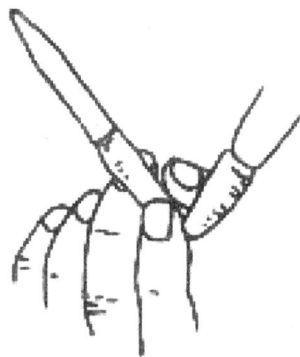

图1-7 碱式滴定管赶气泡方法

(2)滴定 进行滴定操作时,应将滴定管夹在滴定管架上。对于酸式滴定管,左手控制活塞,大拇指在管前,食指和中指在后,三指轻拿活塞柄,手指略微弯曲,向内扣住活塞,避免产生使活塞拉出的力,然后向里旋转活塞使液体滴出,如图1-8所示。进行碱式滴定管滴定操作时,用左手的拇指和食指捏住玻璃珠靠上部位,向手心方向捏挤橡胶管,使其与玻璃珠之间形成一条缝隙,溶液即可流出。

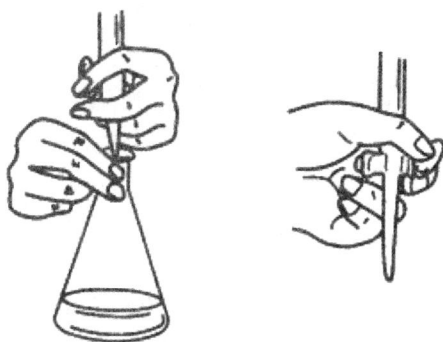

图1-8 酸式滴定管的正确使用方法

滴定前,先记下滴定管液面的初读数;滴定时,应使滴定管尖嘴部分插入锥形瓶(或烧杯)口以下1 cm处。滴定速度不能太快,以3～4滴/秒为宜,切不可形成液柱流下。边滴边摇(或用玻璃棒搅拌烧杯中的溶液),并向同一方向作圆周旋转(不应前后振动以免溶液溅出)。临近终点时,应加入一滴或者半滴溶液,并用洗瓶加入少量水,冲洗锥形瓶内壁,使附着的溶液全部流下,然后摇动锥形瓶,观察终点是否已达到,至终点时停止滴定。下部尖嘴内液体不在刻度内,量取或滴定溶液时不能将尖嘴内的液体放出。

滴定操作中应注意以下几点:

① 摇动瓶时,应使溶液向同一方向作圆周运动(左右旋转均可),但勿使瓶口接触滴定管,溶液也不得溅出。

② 滴定时,左手不能离开活塞任其自流。

③ 注意观察溶液落点周围溶液颜色的变化。

④ 开始时,一边摇动一边滴定,滴定速度可稍快,但不能流成"水线";接近终点时,应改为加一滴,摇几下;最后,每加 0.5 滴溶液就摇动锥形瓶,直至溶液出现明显的颜色变化。加 0.5 滴溶液的方法如下:微微转动活塞,使溶液悬挂在出口管嘴上,形成半滴,用锥形瓶内壁将其沾落,再用洗瓶以少量蒸馏水吹洗瓶壁。

用碱式滴定管滴加 0.5 滴溶液时,应先松开拇指和食指,将悬挂的 0.5 滴溶液沾在锥形瓶内壁上,再放开无名指与小指。这样可以避免出口管尖出现气泡,使读数造成误差。

⑤ 每次滴定最好都从"0"刻度线处开始(或从"0"刻度线附近的某一固定刻度线开始),这样可以减小误差。

⑥ 在烧杯中进行滴定时,将烧杯放在白瓷板上,调节滴定管的高度,使滴定管下端伸入烧杯内 1 cm 左右。滴定管下端应位于烧杯中心的左后方,但不要过分靠近杯壁。右手持搅拌棒在右前方搅拌溶液。在左手滴加溶液的同时,搅拌棒作圆周搅动,但不得接触烧杯壁和底。当加 0.5 滴溶液时,使用搅拌棒承接悬挂的 0.5 滴溶液,放入溶液中搅拌。注意,搅拌棒能接触液滴,不能接触滴定管管尖。其他注意点同上。

⑦ 滴定结束后,滴定管内剩余的溶液应弃去,不得将其倒回原瓶,以免沾污整瓶操作溶液。随即洗净滴定管,并用蒸馏水冲洗全管,晾干,备用。滴定管长时不用时,酸式滴定管活塞部分应垫上纸,避免瓶塞与瓶口粘连。碱式滴定管不用时,橡胶管应拔下,蘸些滑石粉保存。

(3) 读数　读取滴定管的读数时,要使滴定管垂直,视线应与弯月面下边缘最低点在同一水平面上(在装液或放液后 1～2 min 进行)。如果滴定液颜色太深,不能观察下边缘时,可以读液面两侧最高点的读数。

读数时应遵循以下原则:

① 装满或放出溶液后,必须等 1～2 min,使附着在内壁的溶液流下来,再进行读数。如果放出溶液的速度较慢(例如,滴定到最后阶段,每次只加 0.5 滴溶液时),等 0.5～1 min 即可读数。每次读数前要检查一下管壁内是否挂有水珠,滴定管下端是否有气泡。

② 读数时,滴定管可以夹在滴定管架上,也可以用手拿滴定管上部无刻度处。不管用哪一种方法读数,均应使滴定管保持垂直。

③ 对于无色或浅色溶液,应读取弯月面下边缘最低点,读数时,视线在弯月面下边缘最低点处,且与液面成水平(图 1-9);溶液颜色太深时,可读液面两侧的最高点,此时,视线应与该点成水平。注意开始读数与终点读数须采用同一标准。

④ 必须读到小数点后第二位,即要求估计到 0.01 mL。注意,估计读数时,应该考虑到刻度线本身的宽度。

4. 量筒

量筒是量度液体体积的仪器,其规格以所能量度的最大容量(mL)表示,常用的有 10、25、50、100、250、500、1000 mL 等。外壁刻度都是以 mL 为单位,10 mL 量筒每小格表示 0.2 mL,而 50 mL 量筒每小格表示 1 mL。量筒越大,管径越粗,其精确度越小,由视线的偏差所造成的读数误差也越大。所以,实验中应根据所取溶液的体积,尽量选用能一次量取的最小规格的量筒。分次量取也能引起误差。如量取 70 mL 液体,应选用 100 mL 量筒。

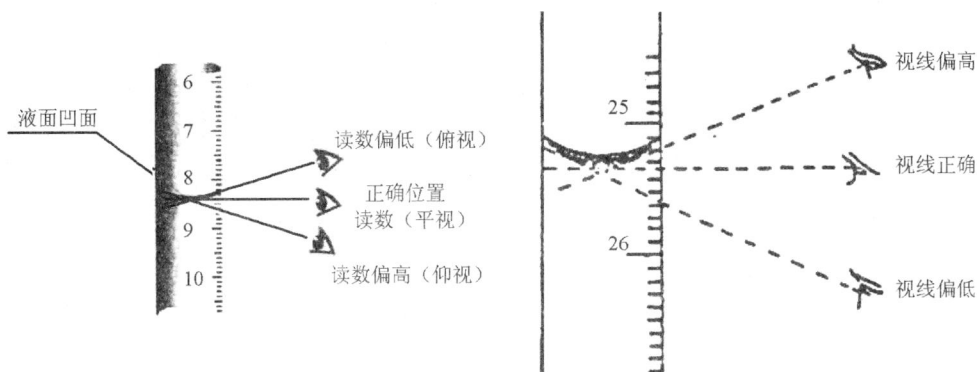

图 1-9　液体读数的方法

使用量筒的注意事项如下：

（1）不能用量筒配制溶液或进行化学反应。

（2）不能加热，也不能盛装热溶液，以免炸裂。

（3）量取液体时应在室温下进行。注入液体后，静止 1～2 min，使附着在内壁上的液体流下来，再读出刻度值。否则，读出的数值偏小。

（4）读数时，应把量筒放在平整的桌面上。观察刻度时，视线与量筒内液体的弯月面的最低处保持水平，再读出所取液体的体积数。否则，读数会偏高或偏低，如图 1-9 所示。

（5）量取已知体积的液体，应该选择比已知体积稍大的量筒，否则会造成误差过大。如量取 15 mL 的液体，应选用容量为 20 mL 的量筒，不能选用容量为 50 mL 或 100 mL 的量筒。

5. 蒸发皿

蒸发皿主要用于液体的蒸发、浓缩和物质的结晶，能耐高温，但不能骤冷。液体量多的时候（液体的量不能超过其容积的 2/3），可直接在火焰上加热蒸发；液体量少或黏稠时，要隔着石棉网加热。蒸发皿主要用于蒸馏等操作，是理想的化学蒸馏仪器，其材质主要有瓷、玻璃、石英、铂金等。蒸发皿可分为无柄蒸发皿和有柄蒸发皿两种，规格以毫升表示，容量范围一般为25～1000 mL，常用的为 100 和 150 mL，如图 1-10 所示。

图 1-10　瓷蒸发皿

（1）蒸发皿的使用方法　想从溶液中得到固体时，常需以加热法去除溶剂，此时就要用到蒸发皿。溶剂蒸发的速率愈快，它的结晶颗粒就愈小。视蒸发速率的快慢不同，可以选用直接将蒸发皿放在火焰上加热的快速蒸发、用水浴加热的较和缓蒸发或是令其在室温状态下的缓慢蒸发三种方式。

（2）蒸发皿的使用注意事项

① 进行溶液的浓缩或将溶液蒸发至干时，需将蒸发皿放置在三脚架上或铁架台的铁圈上，可以用电炉直接加热。

② 浓缩溶液时，蒸发皿中溶液的量最多不超过容积的 2/3，还应该用玻璃棒不停地

搅拌。

③ 若要把溶液蒸发至干,当看到蒸发皿中有大量溶质析出后,除了用玻璃棒不停搅拌外,还需撤去酒精灯,用余热使溶液蒸发至干;或者垫石棉网小火加热,以防因传热不好而发生迸溅。

④ 不适宜在蒸发皿中浓缩氢氧化钠等强碱溶液,以免蒸发皿内壁的釉面受到严重腐蚀。

⑤ 应该用坩埚钳夹住蒸发皿进行取放。

⑥ 不能将加热后的蒸发皿直接放到实验桌上,以免烫坏实验桌。

6. 称量瓶

称量瓶主要用于称取一定质量的试样,也可用于烘干试样。称量瓶平时要洗净、烘干,存放在干燥器内以备随时使用。称量瓶不能用火直接加热,瓶盖要配套使用,不能互换。称量时,应带指套或垫以洁净纸条,不可用手直接拿取。常见的称量瓶以外径(cm)×高(cm)表示,有高型和扁型两种:扁型用作测定水分或在烘箱中烘干基准物;高型用于称量基准物、样品。黄酒中使用的称量瓶如图1-11所示。

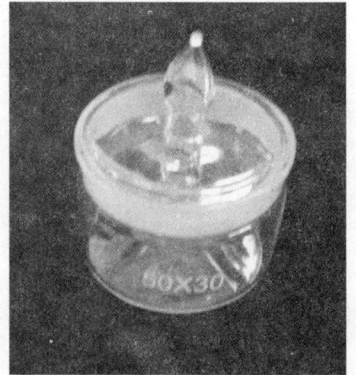

7. 蒸发皿、称量瓶的恒重方法

在检验"蒸发残渣"、"不挥发物"和"灼烧残渣、灰分"、"挥发份"等项目时,需要恒重蒸发皿、称量瓶、坩埚等仪器。蒸发皿的恒重设置方法如下:

图1-11 称量瓶

(1) 将蒸发皿洗净,放在(103±2)℃的烘箱中烘2 h,再放在干燥器内冷却后称量;反复烘干、冷却、称量,直至恒重(两次称量的质量差不超过0.3 mg),放在干燥器内备用。

(2) 在规定的温度下烘4 h左右,取出置于干燥器中,放置30~60 min,冷却至天平室的温度,称重。然后再烘1 h,取出放在干燥器中,冷却至天平室的温度,称重。一般两次即可达恒重。

二、滴定分析玻璃仪器的校准

由于多方面的原因,容量仪器的实际容积与它所标示的容积存在或多或少的差值,此差值必须符合一定的标准,也就是我们平时所说的容量允许差。

1. 容量器皿的允差

容量仪器国家标准 GB/T 12806—2011 规定的容量允许差值见表 1-1、表 1-2、表1-3。

表 1-1 常用移液管的容量允差

标称容量(mL)		2	5	10	20	25	50	100
分度值(mL)		0.02	0.02	0.05	0.1	0.1	0.1	0.2
容量允差 (±)(mL)	A	0.010	0.015	0.020	0.03	0.03	0.05	0.08
	B	0.020	0.030	0.040	0.06	0.06	0.10	0.16

表 1-2　常用容量瓶的容量允差

标称容量（mL）		5	10	25	50	100	200	250	500	1000	2000
容量允差（±）（mL）	A	0.020	0.020	0.03	0.05	0.10	0.15	0.15	0.25	0.40	0.60
	B	0.040	0.040	0.06	0.10	0.20	0.30	0.30	0.50	0.80	1.20

表 1-3　常用滴定管的容量允差

标称容量（mL）		2	5	10	25	50	100
分度值（mL）		0.01	0.02	0.05	0.1	0.1	0.2
容量允差（±）（mL）	A	0.010	0.010	0.025	0.04	0.05	0.10
	B	0.020	0.020	0.050	0.08	0.10	0.20

我们平时用的一些容量器皿可满足一般分析检测的要求，但是在精确度较高的分析工作中则必须进行校准。

2. 容量器皿的常用校准方法

（1）相对校准　要求两种容器体积之间有一定的比例关系时，常采用相对校准的方法。例如，25 mL 移液管量取液体的体积应等于 250 mL 容量瓶量取体积的 10%。

在分析化学实验中，常利用容量瓶配制溶液，并用移液管取出其中一部分进行测定，此时重要的不是知道容量瓶与移液管的准确容量，而是二者的容量是否为准确的整倍数关系。例如，要确保用 25 mL 移液管从 100 mL 容量瓶中取出一份 1/4 容量的溶液，这就需要进行对这两件量器的相对校准。此法简单，在实际工作中使用较多，但必须在这两件仪器配套使用时才有意义。相对校准的方法如下：

将 100 mL 容量瓶洗净、晾干（可用几毫升乙醇润洗内壁后倒挂在漏斗板上），用 25 mL 移液管准确吸取纯水 4 次至容量瓶中。若液面最低点不与标线上边缘相切，记下弯月面下边缘的位置，待容量瓶沥干后再校准一次。连续二次结果相符时，用一平直的小纸条贴在弯月面相切处，并用一块透明胶布粘住以作标记。以后使用的容量瓶与移液管即可按所贴标记配套使用。

（2）绝对校准　绝对校准是测定容量器皿的实际容积。常用的校准方法为衡量法，又叫作称量法。

① 原理：用天平称得容量器皿容纳或放出纯水的质量，然后根据水的密度，计算出该容量器皿在标准温度 20 ℃时的实际体积。其换算公式为

$$V_t = \frac{m_t}{\rho_水}$$

式中，V_t——t（℃）时水的体积，mL；

m_t——t（℃）时在空气中称得水的质量，g；

$\rho_水$——t（℃）时在空气中水的密度，g/mL。

由质量换算成容积时，需考虑三方面的影响：① 水的密度随温度的变化；② 温度对玻璃器皿容积胀缩的影响；③ 在空气中称量时空气浮力的影响。在一定的温度下，上述三种因素的校准值是一定的，为了方便计算，将上述三种因素综合考虑，得到一个总校准值。经总校准后的纯水密度列于表 1-4。

表 1-4　不同温度下的纯水密度值（ρ_t）

温度 t（℃）	ρ_t（g/mL）	温度 t（℃）	ρ_t（g/mL）	温度 t（℃）	ρ_t（g/mL）
8	0.9885	15	0.9979	22	0.9968
9	0.9984	16	0.9978	23	0.9966
10	0.9984	17	0.9976	24	0.9963
11	0.9983	18	0.9975	25	0.9961
12	0.9982	19	0.9973	26	0.9959
13	0.9981	20	0.9972	27	0.9957
14	0.9980	21	0.9970	28	0.9954

利用纯水密度值，可将不同温度下水的质量换算成 20 ℃时的体积，其换算公式为

$$V_{20} = \frac{m_t}{\rho_t}$$

式中，V_{20}——将 m_t（g）纯水换算成 20 ℃时的体积，mL；

$\quad\quad m_t$——t（℃）时在空气中称得水的质量，g；

$\quad\quad \rho_t$——t（℃）时在空气中用黄铜砝码称得 1 mL 纯水的质量，g/mL。

② 移液管（单标线吸量管）的校准

取一只 50 mL 洗净晾干的具塞锥形瓶，在分析天平上称量至 0.0001 g。用铬酸洗液洗净 20 mL 移液管，吸取纯水（盛在烧杯中）至标线以上 1 mL。用滤纸片擦干移液管下端的外壁，将下端接触烧杯壁；移液管垂直，烧杯倾斜约 30°。调节液面使其最低点与标线上边缘相切。然后将移液管移至锥形瓶内，其下端接触磨口以下的内壁（不能接触磨口），使水沿壁流下。待液面静止后，再等 15 s。在放水及等待过程中，移液管要始终保持垂直，流液口一直接触瓶壁，但不可接触瓶内的水，锥形瓶保持倾斜。放完水随即盖上瓶塞，称量至 m g。两次称得的质量之差即为放出纯水的密度值 m_W。重复操作一次，两次放出纯水的质量之差，应小于 0.01 g。将温度计插入锥形瓶 5～10 min，测量水温，读数时不可将温度计下端提出水面。由表1-4 查出该温度下纯水的密度值 ρ_t，并利用公式计算移液管在该温度下的实际容量。

例 1-1：26 ℃时，称得 5 mL 的移液管中至刻度线时放出水的质量是 4.9602 g，计算该移液管在 20 ℃时的真实体积及校准值各是多少？

解：查表 1-4 得，26 ℃时 ρ_{26} 为 0.9959 g/mL，因此

$$V_{20} = \frac{m_t}{\rho_t} = \frac{4.9602}{0.9959} = 4.98（mL）$$

该移液管在 20 ℃时的真实体积为 4.98 mL。

体积校准值 $\Delta V = 4.98 - 5.00 = -0.02（mL）$，

该移液管在 20 ℃时的校准值为 −0.02 mL。

③ 容量瓶的校准

用铬酸洗液洗净一个 100 mL 容量瓶，晾干，在电子天平上准确称量至 0.01 g。取下容量瓶注水至线上几毫米，等待 2 min。用滴管吸出多余的水，使液面最低点与标线上边缘相切（此时调定液面的做法与使用时有所不同），再放到电子天平上准确称量至 0.01 g。

然后插入温度计测量水温。两次所称得质量之差即为该容量瓶所能容纳纯水的质量,最后计算该瓶的实际容量。

例 1-2:15 ℃时,称得 250 mL 的容量瓶中至刻度线时容纳纯水的质量是 249.66 g,计算该容量瓶在 20 ℃时的真实体积及校准值各是多少?

解:查表 1-4 得,15 ℃时 ρ_{15} 为 0.9979 g/mL,因此

$$V_{20} = \frac{m_t}{\rho_t} = \frac{249.66}{0.9979} = 250.18 (\text{mL})$$

该容量瓶在 20 ℃时的真实体积为 250.18 mL。

体积校准值 $\Delta V = 250.18 - 250 = +0.18 (\text{mL})$,

该容量瓶在 20 ℃时的校准值为 +0.18 mL。

④ 滴定管的校准

用铬酸洗液洗净 1 支 50 mL 具塞滴定管,用洁净的布擦干外壁,倒挂于滴定台上 5 min 以上,打开旋塞,用洗耳球使水从管尖(即流液口)充入。仔细观察液面上升过程中是否变形(弯月面边缘是否起皱);如变形,应重新洗涤。洗净的滴定管注入纯水至液面距离最高标线以上约 5 mm 处,垂直挂在滴定台上,等待 30 s 后调节液面至"0"刻度线处。取一个洗净晾干的 50 mL 具塞锥形瓶,在电子天平上准确称量至 0.001 g。打开滴定管旋塞,向锥形瓶中放水,当液面降至被校分度线以上约 0.5 mL 时,等待 15 s。然后在 10 s 内将液面调节至被校分度线,使锥形瓶内壁接触管尖,以除去在滴定管下端的液滴,立即盖上瓶塞进行称量。测量水温后,查出该温度下 1 mL 的纯水用黄铜砝码称得的质量,计算出该段水的实际体积,并求出校正值。如上继续检定从"0"刻度至最大刻度的体积,计算真实体积。

按表 1-5 所列容量间隔进行分段校准,每次都从滴定管"0"刻度线处开始,每支滴定管重复校准一次。两次检定所得同一刻度的体积相差不应大于 0.01 mL。算出各个体积处的校准平均值,以滴定管被校分度线体积为横坐标,相应的校正值为纵坐标,绘出校准曲线。

表 1-5 滴定管校准记录格式

校准分段(mL)	称量记录(g)				纯水的质量(g)			实际体积(mL)	校正值(mL)
V_{20}	第一次		第二次		第一次	第二次	平均		$\Delta V = V - V_{20}$
	瓶+水	瓶	瓶+水	瓶					
0~10.00									
0~15.00									
0~20.00									
0~25.00									
0~30.00									
0~35.00									
0~40.00									
0~45.00									

例 1-3：在 26 ℃时，校准滴定管时，滴定管中放出 10 mL 水，称其质量是 9.9800 g，计算该段滴定管在 20 ℃时的真实体积及校准值各是多少？

解：查表 1-4 得，26 ℃时 ρ_{26} 为 0.9959 g/mL，因此

$$V_{20} = \frac{m_t}{\rho_t} = \frac{9.9800}{0.9959} = 10.02(\text{mL})$$

该滴定管在 20 ℃时的真实体积为 10.02 mL。

体积校准值 $\Delta V = 10.02 - 10.00 = +0.02(\text{mL})$，

该滴定管此段在 20 ℃时的校准值为 +0.02 mL。

在分析检测工作中，滴定管以及用作取样的移液管一般采用绝对校准法；对于配套使用的移液管与容量瓶，可采用相对校准法。绝对校准法所得结果更准确，但操作比较麻烦；相对校准法操作简单，但必须配套使用。

三、常用仪器设备

1. 电热恒温水浴锅

电热恒温水浴锅构造：由内外两层组成，内层用铝板制成，装有电阻丝，用接线柱接至控制器。控制器由热开关及电路组成，其表面有电源开关、调温按钮（高温旋钮）和指示灯，如图 1-12 所示。

图 1-12　电热恒温水浴锅

（1）操作方法

① 使用时应将电热恒温水浴锅放在固定的工作平台上，先将排水口的胶管夹紧（放水龙头关紧），再将清水注入水浴锅箱体内（为缩短升温时间，也可注入热水）。

② 接通电源，打开开关，温控仪显示实际水温。点击功能键（set），此时显示设定温度。点击▲或▼选择工作温度，选择完毕，点击功能键（set）退出，即按设定温度运行。水开始被加热，并有指示灯（out）亮；当温度上升到设定温度时，指示灯（off）亮，水箱内的水进入恒温状态，且有指示灯（out）和（off）交替闪烁，水温被恒定在设定温度。

③ 水浴恒温后，将装有待恒温物品的容器放于水浴中开始恒温。

④ 使用完毕后，取出恒温容器，关闭电源，排除箱体内的水，并做好仪器使用记录。

（2）电热恒温水浴锅的维护保养

① 注水时不可将水流入控制箱内，以防发生触电。使用后，箱内水应及时放净，并将箱体擦拭干净，保持清洁，以延长其使用寿命。

② 水箱应放在固定的平台上,仪器所接电源电压应为 220 V,电源插座应采用三孔插座,并必须安装接地地线。

③ 加入锅内的水最好用纯净水,以避免产生水垢。

④ 加水之前切勿接通电源,而且在使用过程中,水位必须高于隔板。切勿无水或水位低于隔板加热,否则会损坏加热管。

2. 培养箱

培养箱是培养微生物的主要设备,可用于细菌、细胞的培养繁殖。其原理是应用人工的方法在培养箱内形成微生物生长繁殖的人工环境,如控制一定的温度、湿度、气体等。目前使用的培养箱主要分为三种:直接电热式培养箱、隔水电热式培养箱、生化培养箱。

培养箱一般为方形或长方形,以铁皮喷漆制成外壳,铝板作内壁,夹层充以石棉或玻璃棉等绝热材料以保温。内层安装电阻丝用以加热,并利用空气对流,使箱内温度均匀。箱内设有金属孔架数层,用以搁置培养材料。箱子外门为金属门,内门为玻璃门,便于观看箱内物品情况。箱内装有温度调节器,可调节温度以满足使用要求。

(1) 直接电热式培养箱(图 1-13)和隔水电热式培养箱(图 1-14) 它们的外壳通常用石棉板或铁皮喷漆制成。隔水电热式培养箱内层为紫铜皮制的贮水夹层;直接电热式培养箱的夹层是用石棉或玻璃棉等绝热材料制成,以增强保温效果,并可利用温度控制器自动控制温度,使箱内温度恒定。隔水电热式培养箱采用电热管加热水的方式加温;直接电热式培养箱则是用电阻丝加热,利用空气对流,使箱内温度均匀。

在培养箱正面,有指示灯和温度调节旋钮。当电源接通后,红色指示灯亮,按照要求设定所需要的温度;待温度达到后,红色指示灯熄灭,表示箱内已达到所需温度。此后箱内温度用温度控制器自动控制。

培养箱的使用与维修保养如下:

① 箱内的培养物不宜放置过挤,以便于热空气对流。无论放入或取出物品应随手关门,以免温度波动。

② 直接电热式培养箱应在箱内放一个盛水的容器,以保持一定的湿度。

③ 隔水电热式培养箱应注意先加水再通电,同时应经常检查水位,并及时添加水。

④ 直接电热式培养箱在使用时应将上顶风洞适当旋开,以利于调节箱内的温度。

(2) 生化培养箱(图 1-15) 这种培养箱可同时利用电热丝加热和压缩机制冷。因此,其适应范围很广,一年四季均可保持在恒定温度,因而逐渐普及。

图1-13 直接电热式培养箱   图 1-14 隔水电热式培养箱   图1-15 生化培养箱

该培养箱使用与维修保养与电热式培养箱类似。由于安装有压缩机,因此同时也要遵守冰箱保养的注意事项,如保持电压稳定,箱体放正,不能倾斜,及时清扫散热器上的灰尘等。

生化培养箱的操作方法如下:

① 接通电源,加热到所需温度。

② 箱内不应放入过热或过冷之物。取放物品时,应随手关闭箱门,以维持恒温。

③ 培养箱最低层温度较高,培养物不宜与之直接接触;且箱内培养物不应放置过挤,以保证培养和受热均匀。各层金属孔上放置物品不应过重,以免将金属管架压弯滑脱,打碎培养物。

④ 培养箱消毒可用 3% 来苏水溶液。

3. 超净工作台

超净工作台是一种局部层流装置,它能在局部造成高洁净度的环境,一般用于微生物接种(图1-16),而在黄酒的分析与检测中可用于微生物指标分析及菌种分离等工作。与无菌室操作相比,使用超净工作台比较方便,且无菌程度更易保证,是目前较常用的设备。

(1)操作方法

① 使用前 30 min 打开紫外灯杀菌。

② 使用前 10 min 将通风机启动。

③ 操作时关掉紫外灯,一般将开关按钮拨在照明处,杀菌灯即熄灭。

④ 工作完毕后停止风机运行,放下防尘帘。

图1-16 超净工作台

(2)超净工作台的维护

① 保持室内的干燥和清洁。

② 超净工作台应安装在远离振动及噪声的地方。

③ 定期对设备进行清洁。

④ 熏蒸时,应将超净工作台所有缝隙完全密封。

4. 显微镜

显微镜主要用于观察微生物,进行微生物测量及计数等。显微镜的外观如图1-17所示。

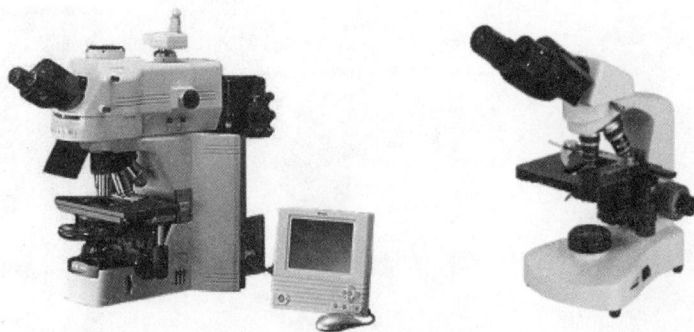

图1-17 显微镜

显微镜的基本结构包括光学部分和机械部分。光学部分由目镜、物镜、聚光镜、反光镜等构成;机械部分由镜座、镜臂、镜筒、旋转器、载物台、升降调节器、倾斜开关、光圈等构成,如图1-18所示。

普通光学显微镜是利用目镜和物镜两组透镜系统来放大成像。一般微生物学使用的显微镜有三个物镜,其中油镜对微生物学研究最为重要。油镜的分辨率可达到 0.2 μm 左右。大部分细菌的直径在 0.5 μm 以上,所以油镜更能看清细菌的个体形成。

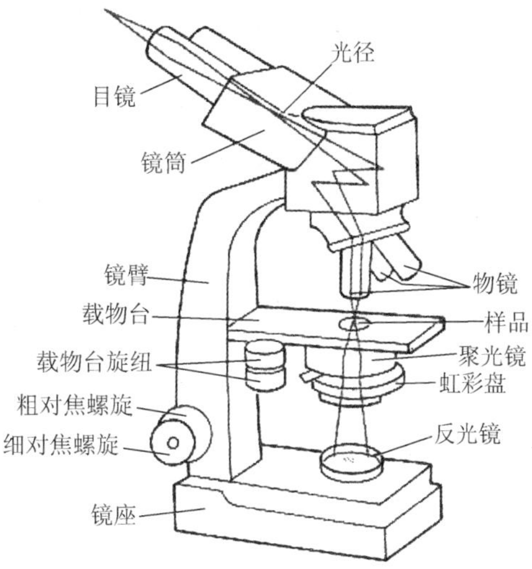

图 1-18　显微镜结构

（1）显微镜的使用

显微镜的操作应按以下顺序进行：安置→调光源→调目镜→调聚光镜→低倍镜→高倍镜→油镜→擦镜→复原。

① 显微镜的安置：置显微镜于平整的试验台上,显微镜放置位置在距离试验台边缘约 10 cm 处。

② 光源调节：安装在镜座内的光源灯可通过调节电压以获得适当的照明亮度。若使用反光镜采集自然光或灯光作为照明光源时,应根据光源的强度及所用物镜的放大倍数先用反光镜调节其角度,使视野内的光线均匀,亮度适宜。

③ 双筒显微镜的目镜调节：根据使用者的个人情况,目镜间距可适当调节,而左目镜上一般还配有屈光调节环。

④ 聚光镜数值孔径值的调节：正确使用聚光镜才能提高镜检的效果。聚光镜的主要参数是数值孔径。通过调节聚光镜下面可变光栏的开放程度,可以得到各种不同的数值孔径,以适应不同的物镜的需要。

⑤ 显微镜观察：进行显微镜观察时应遵守从低倍镜到高倍镜再到油镜的观察顺序。

a. 低倍镜观察：将标本玻片置于载物台上,用标本夹夹住,移动推进器使观察对象处在物镜的正下方。下降 10 倍物镜,使其接近标本,用粗对焦螺旋慢慢升起镜筒,使标本在视野中初步聚焦,再用细对焦螺旋调节使物像清晰。通过推进器慢慢移动玻片,认真观察标本各部位,找到合适的目标物,仔细观察并记录。

b. 高倍镜观察：在低倍镜下找到合适的观察目标,并将其移至视野中心后,将高倍镜移至工作位置。对聚光镜光圈及视野高度进行适当调节后,微调细对焦螺旋使物像清晰,利用推进器移动标本找到需要观察的部位,并移至视野中心仔细观察或准备用油镜观察。

c. 油镜观察：在高倍镜或低倍镜下找到要观察的样品区域后,用粗对焦螺旋将镜筒升高,然后将油镜旋到工作位置。在等待观察的样品区域加一滴香柏油,从侧面注视,用粗对焦螺旋将镜筒小心地降下,使油镜的镜头浸在香柏油中,并几乎与标本接触时为止(注意：切不可将油镜镜头压到标本,否则不但会压碎玻片,还会损坏镜头)。将聚光镜升至最高位置并开足光圈,调节照明使视野的亮度合适,用粗对焦螺旋将镜筒徐徐上升,直至视野中出现物像,再用微调细对焦螺旋使其清晰聚焦。

⑥ 擦镜与复原。

（2）显微镜使用后的处理及维护

① 上升镜筒，取下载玻片，先用擦镜纸擦去镜头上的油，再用擦镜纸蘸取少许二甲苯擦去镜头上的残留油迹，然后用擦镜纸擦去残留的二甲苯，最后用绸布清洁显微镜的金属部件。将各部分还原，将物镜转成"八"字形，再向下旋。套上镜套，放回原处。

② 显微镜是很贵重和精密的仪器，使用时要十分爱护，各部件不要随意拆卸。搬动显微镜时，应一手握镜座，一手握镜臂，放于胸前，以免损坏。

③ 显微镜放置的地方要干燥，以免镜片生霉；也要避免灰尘，在箱外暂时放置不用时，要用纱布等盖住镜体。显微镜应避免阳光暴晒，并需远离热源。

5. 分光光度计

（1）分光光度计的工作原理　物质对光的吸收有选择性，不同的物质有其特定的吸收波长。根据朗伯-比尔定律，当一束单色光通过均匀溶液时，其吸光度与溶液的浓度和液层厚度的乘积成正比。通过测定溶液的吸光度，可以确定被测组分的含量。

（2）分光光度计的构造

① 光源：紫外线可见分光光度计常用两种光源，在可见区（300～800 nm）用钨丝灯；紫外区（185～350 nm）用氢气或氘气的放电管。放电管带有石英窗，内充低压氢气或氘气，在两电极之间发出一定压力，激发气体分子，引起气体分子发射连续的紫外光。

② 单色器：单色器是将混合光分离为单色光的装置，一般包括棱镜和狭缝两部分。当光线射入棱镜，光的传播方向发生改变，即发生折射，其折射角度因波长而异，可将光源发出的混合光分散成单色光。狭缝的作用便在于分散所需要的单色光。固定好狭缝的宽度，转动棱镜，可使各个所需的波长的光穿过狭缝，照射在测定溶液上。棱镜转动的位置用校正过的波长标尺指示，波长与狭缝的宽度有关。紫外线可见分光光度计用棱镜或用光栅作色散元件。玻璃棱镜则适用于可见光区，天然水晶棱镜适用于紫外区。

③ 比色皿：用硅石或石英制成，每一套的大小尺寸必须严格一致。

④ 光电管：光电管具有一个阴极和一个阳极，阴极由对光敏感的金属（多为碱土金属的氧化物）做成。当光照射到阴极并达到一定能量时，金属原子中的电子即发射出来，光越强，发射出的电子越多；如果阴极有电压，则电子被吸引到阳极，因而产生电流。

⑤ 记录器：光电管因光照而产生的光电流很微弱，须经过放大才能测量（仪器中都带有光电流放大系统），再由读数电位计记录。

（3）分光光度计的维护

① 仪器应安置在干燥、无污染的地方。

② 仪器内的防潮硅胶应定期更换或再生。

③ 仪器停止工作时，必须切断电源，应按开关机顺序关闭主机和稳流稳压电源开关。

④ 比色皿使用完毕，应立即用蒸馏水或有机溶液冲洗干净，并用柔软清洁的纱布把水渍擦净，以防止表面光洁度受损，影响正常使用。

⑤ 仪器经过搬动时，请及时检查并纠正波长精度，确保仪器的正常使用。

⑥ 光源灯、光电管通常在使用一定时期后，会衰老和损坏，必须按规定换新。

⑦ 仪器的内光路系统一般不会发生故障，请勿随便拆动。

⑧ 在使用时，比色皿中溶液不能装太满，防止溢出。使用结束时必须检查样品室，使其

保持干净、干燥。

（4）分光光度计的使用

① 调试好仪器，根据测试的要求，选择合适的灯。氘灯的适用波长为 200～320 nm，钨丝灯的适用波长为 320～1000 nm。

② 接通电源，开启电源开关，预热 30 min 左右。

③ 把光门杆推到底，使光电管不见光，用波长选择钮选定测试波长。

④ 用光电管选择杆选择测试波长所对应的光电管：625 nm 以下，选用蓝敏管；625 nm 以上，选用红敏管。

⑤ 选择合适的比色皿：在紫外波段用 1 cm 石英比色皿；在可见光、近红外波段使用 0.5、1、2、3 cm 的玻璃比色皿。一般在波长 350 nm 以下，就可选用石英比色皿。

⑥ 将测量液和空白液（或蒸馏水）倒入比色皿，放入比色皿架上，盖好暗盒盖。

⑦ 校正仪器，把空白液置于光路之中，使透光率达 100%，吸光度为 0。

⑧ 将拉杆轻轻拉出一格，使第二个比色皿内的待测溶液进入光路，读出吸光度，其余的待测溶液依次类推。

⑨ 测试完毕，取出比色皿，洗净后倒置于滤纸上晾干；各旋钮置于原来位置，电源开关置于"关"，拔出电源插头。

（5）分光光度计的故障排除

① 仪器在接通电源后，如指示灯及光源灯都不亮，电流表也无偏转，这可能是：电源插头内的导线脱落，需重新连接；电源开关接触不良，需更换同样规格开关；熔体熔断，需更换新的熔体。

② 电表指针不动或指示不稳定，可能是波段开关接触不好。如果电表指针在所有的位置都不动，检查表头线圈是否断路。如果电表指针左右摇晃不定，光门开时比关闭时晃动更厉害，可能是仪器的光源灯处在有较严重的气浪波动的地方，可将仪器移置于室内空气流通且空气流速不大的地方；也可能是仪器光电管暗盒内受潮，应更换干燥处理过的硅胶，并用电吹风从硅胶筒送入适量的干燥热风。

6. 722 型分光光度计的使用方法

722 型分光光度计的外观如图 1-19 所示。

（1）测量原理　分光光度法测量的理论依据是朗伯-比尔定律：当溶液中的物质在光的照射和激发下，产生了对光吸收的效应。但物质对光的吸收是有选择性的，各种不同的物质都有其各自的吸收光谱。所以根据朗伯-比尔定律，当一束单色光通过一定浓度范围的稀有色溶液时，溶液对光的吸收程度 A 与溶液

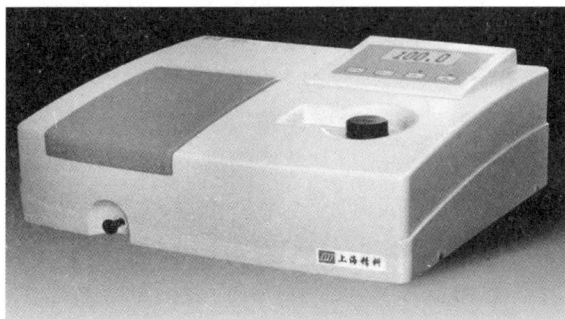

图 1-19　722 型分光光度计

的浓度 c(g/L) 或液层厚度 b(cm) 成正比。其定律表达式为 $A = abc$（a 是比例系数）。当 c 的单位为 mol/L 时，比例系数用 ε 表示，则 $A = \varepsilon bc$ 称为摩尔吸光系数，其单位为 L/(mol·cm)，它是有色物质在一定波长下的特征常数。

$$T = I/I_0$$
$$A = -\lg T = KcL$$

式中，I——透射光强度；

I_0——入射光强度；

A——吸光度；

T——透射比（透光率）；

K——吸收系数；

c——溶液的溶液；

L——溶液的光程长。

测定时，吸收系数 K 和溶液的光程长 L 不变时，透射比 T 随溶液的浓度 c 的变化而变化，即 K 为常数。溶液的光程长 L 一定时，只要测出 A，即可算出 c。

分光光度计的表头上，一行是透光率，另一行是吸光度。

(2) 使用方法

① 预热仪器：将选择开关置于"T"，打开电源开关，使仪器预热 30 min。为了防止光电管疲劳，不要连续光照。预热仪器时和不测定时，应将检测室的盖打开，切断光路。

② 选定波长：根据实验要求，转动波长手轮，调至所需的单色波长。

③ 固定灵敏度档：在能使空白溶液很好地调到"100％"的情况下，尽可能采用灵敏度较低的档。使用时，首先调到"1"档，灵敏度不够时再逐渐升高。但换档改变灵敏度后，须重新校正"0％"和"100％"。选好的灵敏度在实验过程中不要再变动。

④ 调节 $T = 0\%$：轻轻旋动"0％"旋钮，使数字显示为"00.0"（此时检测室是打开的）。

⑤ 调节 $T = 100\%$：将盛蒸馏水（或空白溶液、纯溶剂）的比色皿放入比色皿座架中的第一格内，并对准光路，把检测室盖子轻轻盖上，调节透光率"100％"旋钮，使数字显示正好为"100.0"。

⑥ 吸光度的测定：将选择开关至于"A"，盖上检测室盖子，将空白液置于光路中，调节吸光度调节旋钮，使数字显示为"00.0"。将盛有待测溶液的比色皿放入比色皿座架中的其他格内，盖上检测室盖，轻轻拉动试样架拉手，使待测溶液进入光路，此时数字显示值即为该待测溶液的吸光度值。读数后，打开检测室盖，切断光路。重复上述测定操作 1～2 次，读取相应的吸光度值，取平均值。

⑦ 浓度的测定：选择开关由"A"旋置"C"，将已标定浓度的样品放入光路，调节浓度旋钮，使得数字显示为标定值；将被测样品放入光路，此时数字显示值即为该待测溶液的浓度值。

⑧ 关机：实验完毕，切断电源，将比色皿取出洗净，并将比色皿座架用软纸擦净。

(3) 注意事项

① 测量完毕，速将暗盒盖打开，关闭电源开关，将灵敏度旋钮调至最低档，取出比色皿，将装有硅胶的干燥剂袋放入暗盒内，关上盖子，将比色皿中的溶液倒入烧杯中，用蒸馏水洗净、干燥后放回比色皿盒内。

② 每台仪器所配套的比色皿不可与其他仪器上的比色皿单个调换。

光谱仪发明者——本生和基尔霍夫以及光度分析新技术

本生(1811—1899 年),德国化学家和物理学家。他 17 岁大学毕业,19 岁获得博士学位。1830—1833 年期间在欧洲一些国家的著名实验室和工厂里工作,1838—1851 年任马尔堡大学化学教授,1852—1889 年任海德堡大学教授,创建了一个著名的化学学派。

基尔霍夫(1824—1887 年),德国物理学家。早年就读于柯尼斯堡大学,1847 年毕业后至柏林大学任教,1854 年经本生推荐任海德堡大学教授,1875 年任柏林大学物理学教授。

1859 年,本生和基尔霍夫合作设计了第一台光谱仪,共同开辟出光谱分析,并研究了物质产生的光谱,创建了光谱分析法。1860 年,他们用这种方法在狄克海姆矿泉水中发现了新元素铯;1861 年,在萨克森的一种鳞状云母矿中发现了新元素铷。从此光谱分析成为化学家与物理学家开展科学研究的重要方法和手段。

近年来,为适应科学发展的需要,广大分析科研工作者为克服光度分析的某些局限,在探索新的显色反应体系、改进分析分离技术、开发数据处理方法、研制新的仪器设备和方法联用等方面进行着不懈的努力,并取得了一定的成效。激光器是分光光度计光源研究的重点仪器。利用激光器的高发射强度产生了光声和热透镜光度分析方法,用其单色性提高光度分析的光谱分辨率和灵敏度,用其易聚焦的特性辐射于毛细管中作为检测光源。在一般光源中,用光发射二极管、钨卤灯或接氙气灯来代替钨丝灯,不仅光强度大,使用寿命增长,且响应波长范围扩展。目前已研究出各种不同规格、性能、用途的吸收池。

7. 高压蒸气灭菌锅

高压蒸气灭菌锅是应用最广、效果最好的灭菌器,可用于培养基、生理盐水、废弃的培养物以及耐高热药品、纱布、玻璃等的灭菌。其种类有手提式(图 1-20)、直立式(图 1-21)两种,它们的构造与灭菌原理基本相同。常用的是手提式高压蒸气灭菌锅。

图 1-20 手提式高压蒸气灭菌锅

图 1-21 直立式高压蒸气灭菌锅

（1）构造　高压蒸气灭菌锅为一双层金属圆筒,两层之间盛水,外壁坚厚,其上方有金属厚盖,盖上装有螺旋,借以坚固盖门,使蒸气不能外溢,因而锅内蒸气压力升高,随之温度也相应升高。锅盖上还装有排气阀、溢流阀,用以调节锅内蒸气压力与温度,以保障安全。

（2）操作方法

① 使用前,先打开锅盖,向锅内加入适量的水。

② 将待灭菌物品放入锅内。一般不能放得太多、太挤,以免影响蒸气的流通而降低灭菌效果,然后关严锅盖,可采用对角式均匀拧紧锅盖上的翼形螺母,勿使其漏气。

③ 打开排气阀,加热,产生蒸气 5～10 min 后,关紧排气阀,则温度随蒸气压力升高而升高。待到压力上升至所需压力时控制热源,维持所需时间。灭菌完毕后,关闭热源。

④ 待压力降到"0"时,打开排气阀,然后打开锅盖取出物品。

⑤ 灭菌结束,打开水阀门,排尽锅内剩水。

8. pH 计

pH 计又称酸度计,在黄酒中主要用来检测黄酒的酸度与氨基酸态氮的含量,有便携式与台式两种类型。如图 1-22 所示为台式酸度计。

（1）工作原理　水溶液 pH 的传统测量方法是用玻璃电极作为指示电极,甘汞电极作为参比电极。当溶液中氢离子浓度（严格说是活度）即溶液的 pH 发生变化时,玻璃电极和甘汞电极之间产生的电势也随着发生变化,而电势变化关系符合下列公式:

$$\triangle E = -0.1983 T \triangle pH$$

式中,$\triangle E$——电势的变化,mV;

图 1-22　台式酸度计

　　　$\triangle pH$——溶液 pH 值的变化;

　　　T——被测溶液的温度,℃。

常用的指示电极有玻璃电极、锑电极、氟电极、银电极等,其中玻璃电极使用最广。pH玻璃电极头部是由特殊的敏感薄膜制成,它对氢离子很敏感,将其插入被测溶液内时,其电位随被测液中的氢离子的浓度和温度而改变。在溶液温度为 25 ℃时,每变化 1 个 pH,电极电位就改变 59.16 mV。这就是常说的电极的理论斜率系数。常用的参比电极为甘汞电极,其电位不随被测液中氢离子浓度而改变。pH 测量的实质就是测量两电极间的电位差。当一对电极在溶液中产生的电位差等于零时,被测溶液的 pH 即为零电位 pH。

复合电极就是把甘汞电极和 pH 玻璃电极组合在一起,原理还是一样的。内参比电极加的是氯化钾溶液,而不是盐酸,外部电极是玻璃电极,它们都是与溶液相通的。玻璃泡内外溶液的氢离子浓度不同,产生的电位差不同,以此来测量 pH,如图 1-23 所示。pH 复合电极最大优点是使用方便,它不受氧化性或还原性物质的影响,且电极平衡速度较快。

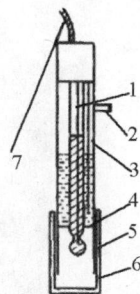

图 1-23　复合电极结构
1-pH 玻璃电极　2-胶皮帽
3-Ag·AgCl 参比电极
4-参比电极底部陶瓷芯
5-塑料保护栅　6-塑料保护帽
7-电极引出端

（2）操作方法

① 开机前准备

a. 电极梗旋入电极梗插座,调节电极夹到适当位置。

b. 复合电极夹在电极夹上,拉下电极前端的电极套。

c. 用蒸馏水清洗电极,清洗后用滤纸吸干。

② 开机

a. 电源线插头插入电源插座。

b. 按下电源开关,电源接通后,预热 30 min,接着进行标定。

③ 标定:仪器使用前,先要标定。一般来说,仪器在连续使用时,每天要标定一次。应使用二点法对仪器进行标定。

a. 在测量电极插座处拔去短路插座。

b. 在测量电极插座处插上复合电极。

c. 把选择开关旋钮调到 pH 档。

d. 调节温度补偿旋钮,使旋钮白线对准溶液温度值。

e. 把斜率调节旋钮顺时针旋到底(即调到 100% 位置)。

f. 把用蒸馏水清洗过的电极用滤纸吸干后,插入到 pH 值为 6.86 的缓冲溶液中。

g. 调节定位调节旋钮,使仪器显示读数与该缓冲溶液当时温度下的 pH 值相一致(如用混合磷酸定位温度为 10 ℃时,pH 值为 6.92)。

h. 用蒸馏水清洗干净并用滤纸吸干复合电极后,将其插入到 pH 值为 4.00(或 pH 值为 9.18)的标准溶液中,调节斜率旋钮,使仪器显示读数与该缓冲溶液中当时温度下的 pH 值相一致。

i. 重复 f～h 步骤,直至不用再调节定位或斜率这两个调节旋钮时,显示的数据重新稳定在标准溶液 pH 的数值上,允许变化的 pH 值范围为 ±0.01。

j. 仪器完成标定。

④ 测量 pH:经标定过的 pH 计,可用来测定被测溶液。被测溶液与标定溶液温度如不相同,测量步骤也有所不同。

a. 被测溶液与定位溶液温度相同时,测量步骤为:用蒸馏水洗电极头部,用被测溶液清洗一次;把电极浸入被测溶液中,用玻璃棒搅拌溶液(或电磁搅拌),使溶液均匀,在显示屏上读出溶液的 pH。

b. 被测溶液和定位溶液温度不相同时,测量步骤为:电极头部用被测溶液清洗一次;用温度计测出被测溶液的温度值;调节温度调节旋钮,使白线对准被测溶液的温度值;把电极插入被测溶液内,用玻璃棒(磁力转子)搅动溶液,使溶液均匀后读出该溶液的 pH;测量结束后,洗净电极,加满饱和氯化钾溶液,套上电极套,塞上小塞子,先关机器上的电源开关,再关插座上的开关。用完的物品都要放回原处。

（3）pH 计的维护　目前实验室使用的电极都是复合电极,其优点是使用方便,不受氧化性或还原性物质的影响,且平衡速度较快。使用时,将电极加液口上所套的橡胶套和下端的橡皮套全取下,以保持电极内氯化钾溶液的液压差。下面对电极的使用与维护做简单介绍:

① 使用复合电极时,电极下端的保护帽取下,取下后应避免电极的敏感玻璃泡与硬物接触,防止电极失效。检查复合电极前端的球泡。正常情况下,电极应该透明而无裂纹;球

泡内要充满溶液,不能有气泡存在。

② 使用时,电极上端小孔的橡皮塞必须拔出,以防止产生扩散电位,影响测定结果。电极的外参比补充液是氯化钾溶液(3 mol/L),补充液可以从上端小孔加入。电极不使用时,应用橡皮塞塞住,以防止补充液干涸。

③ 测量浓度较大的溶液时,尽量缩短测量时间;用后仔细清洗,防止被测液粘附在电极上而污染电极。

④ 磁力转子应先行放入,搅动稳定后再放入电极,以免电极损伤;实验完毕,先提起电极,再关电磁搅拌器。

⑤ 清洗电极后,不要用滤纸擦拭玻璃膜,而应用滤纸吸干,避免损坏玻璃薄膜,防止交叉污染,影响测量精度。

⑥ 测量中注意电极的银-氯化银内参比电极应浸入到球泡内氯化钾缓冲溶液中,避免电极显示部分出现数字乱跳现象。使用时,注意将电极轻轻甩几下。

⑦ 电极不能用于强酸、强碱或其他腐蚀性溶液。

⑧ 测量完毕后,应将电极保护帽套上,帽内应放少量氯化钾溶液,以保持电极球泡的湿润。使用时发现帽中补充液干涸,应在氯化钾溶液(3 mol/L)中浸泡数小时,以保证电极性能。电极避免长期浸在蒸馏水、蛋白质溶液和酸性氟化物溶液中,并避免与有机硅油脂接触。

(4)校准工作结束后 对使用频繁的 pH 计一般在 48 h 内仪器不需再次标定。如遇到下列情况之一,仪器则需要重新标定:

① 溶液温度与定标温度有较大差异时。

② 电极在空气中暴露过久,如半小时以上时。

③ 定位或斜率调节器被误动。

④ 测量过酸(pH<2)或过碱(pH>12)的溶液后。

⑤ 换过电极后。

⑥ 当所测溶液的 pH 值不在两点定标时所选溶液的中间,且距 pH 值 7 又较远时。

阅读材料

"pH"的来历和世界上第一台 pH 计

"pH"由丹麦化学家彼得·索伦森在 1909 年提出。索伦森当时在一家啤酒厂工作,经常要化验啤酒中所含的氢离子浓度。每次化验结果都要记载许多个零,这使他感到很麻烦。经过长期潜心研究,他发现用氢离子的负对数来表示氢离子浓度非常方便,并把它称为溶液的 pH。就这样,"pH"成为表述溶液酸碱度的一种重要数据。

第一台 pH 计是由美国的贝克曼在 1934 年设计制造的。他的一位同学尤素福在加利福尼亚的一个水果培育站工作,经常要测定用二氧化硫气体处理过的柠檬汁的 pH。他请贝克曼帮他设计一台能测定溶液 pH 的仪器。贝克曼利用业余时间制作了一台电子放大器,将其与玻璃电极、灵敏电流计组成一台 pH 计,效果很好。这就是世界上第一台 pH 计。研制成功第一台 pH 计后,贝克曼就辞去教学工作,专门开办了一个 pH 计的生产工厂,专心致志从事 pH 计的生产制造工作。他发明的 pH 计为研究分析化学和生物化学创造了条件。

9. 气相色谱仪

气相色谱仪分为两类：一类是气固色谱仪；另一类是气液分配色谱仪。这两类色谱仪所分离的固定相不同，但仪器的结构是通用的。气相色谱仪常用五类检测器：火焰热离子检测器（FTD）、火焰光度检测器（FPD）、热导检测器（TCD）、火焰离子化检测器（FID）、电子捕获检测器（ECD）。配有 FID 检测器的气相色谱仪在黄酒中主要用来检测具挥发性的物质，如 β-苯乙醇、正丁醇等。FID 对在火焰中产生离子的任何物质都有响应，几乎包括所有有机化合物，它是最常用的检测器。如图 1-24 所示为岛津 GC－2014 气相色谱仪。

图 1-24　岛津 GC－2014 气相色谱仪

（1）色谱分离基本原理

在色谱法中存在两相，一相是固定不动的，我们把它叫作固定相；另一相则不断流过固定相的，我们把它叫作流动相。

色谱法的分离原理就是利用待分离的各种物质在两相中的分配系数、吸附能力等亲和能力的不同来进行分离的。

使用外力使含有样品的流动相（气体、液体）通过固定于柱中或平板上、与流动相互不相溶的固定相表面。当流动相中携带的混合物流经固定相时，混合物中的各组分与固定相发生相互作用。由于混合物中各组分在性质和结构上的差异，它们与固定相之间产生的作用力的大小、强弱不同；随着流动相的移动，混合物在两相间经过反复多次的分配平衡，使得各组分被固定相保留的时间不同，从而按一定次序由固定相中先后流出。与适当的柱后检测方法结合，可实现混合物中各组分的分离与检测。气相色谱仪器工作原理为：样品由载气吹动——→ 样品经色谱柱分离——→检测器检测成分——→工作站打印分析结果。气相色谱流程示意图如图 1-25 所示。

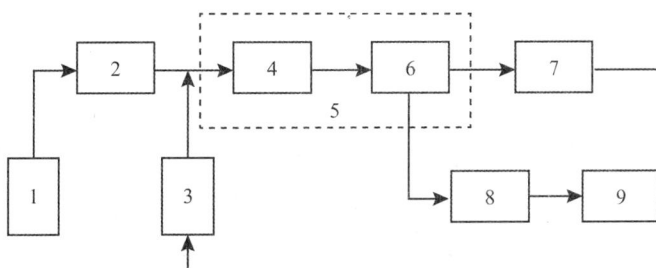

图 1-25　气相色谱流程示意图

1-载气源　2-流量控制器　3-进样装置　4-分离色谱柱　5-恒温箱

6-检测器　7-气体流量计　8-信号衰减器　9-记录仪

（2）气相色谱仪的基本组成

基本部件包括 5 个组成部分：① 气路系统；② 进样系统；③ 分离系统；④ 检测系统；⑤ 记录系统。

（3）气相色谱仪的操作步骤

① 将净化器的氮气、氢气、空气 3 个开关都旋在"关"的状态。

② 打开三气发生器，当氮气、氢气、空气 3 个压力表达到 4 kg 压力时，氮气和氢气的输出流量都为 0。

③ 将净化器上的氮气开关打开（观察载气压力表是否在 0.06 MPa），如果载气压力表有压力，将气相色谱仪主机上的加热开关和电源开关同时打开。

④ 根据检测方法要求设置参数：设置柱箱、检测器、辅助Ⅰ的温度（按"柱箱"→按"显示"→按"输入"，给柱箱内加热；同样设置检测器和辅助Ⅰ的温度）。

⑤ 柱箱、检测器、辅助Ⅰ的温度达到设定温度后（按"柱箱"→按"显示"。上面是设定温度，下面是实际温度），进行点火。

⑥ 点火时，将净化器上的氢气与空气开关打开。调节氢气Ⅱ压力表至 0.15 MPa，空气压力表在 0.05 MPa，点火。点着火后将氢气Ⅱ和空气的压力表都调到 0.1 MPa（观察火是否熄灭，如果熄灭，重复上面步骤⑥的操作）。

⑦ 点着火后，将工作站打开，将电压范围设置到 0～30 mV，当基线为一条直线后，看仪器的控制面板上的灯光显示准备状态，可以进样品。同时点击"启动"按钮或按一下色谱仪旁边的快捷按钮，进行色谱数据分析。分析结束时，点击"停止"按钮，数据即自动保存。

⑧ 做完样品后，仪器的基线走成一条直线。没有样品后，将净化器上的氢气和空气开关关闭，关闭氢气和空气气源，使氢火焰检测器灭火。

⑨ 降温：对柱箱、检测器、辅助Ⅰ降温（先按"柱箱"→按"显示"→按"清除"，柱箱内停止加热；同样的对检测器和辅助Ⅰ进行降温）。

⑩ 柱箱内的温度降到 50 ℃以下，将气相色谱仪上的电源开关和加热开关同时关闭；将三气发生器电源开关关闭，最后再关闭氮气开关。

10. 高效液相色谱仪

液相色谱仪是指利用混合物在液-固或不互溶的两种液体之间分配比的差异，对混合物进行先分离，再分析鉴定的仪器。高效液相色谱法（HPLC）是 20 世纪 60 年代后期发展起来的一种新颖、快速的分离分析技术。对高沸点、难挥发及热不稳定的化合物，以及离子型化合物和高聚物等混合物，通过色谱柱核淋洗剂实现分离。液相色谱仪如图 1-26 所示。

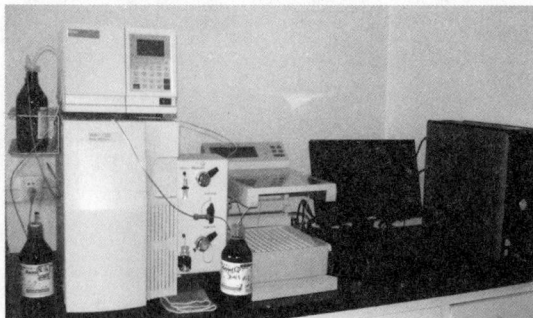

图 1-26　液相色谱仪

（1）基本概念

① 基线：色谱柱中只有流动相通过时，检测器响应信号的记录值。它反映检测器本底的高低。

② 噪声：由未知的偶然因素引起的基线起伏现象。

③ 峰宽：通过色谱峰两侧的拐点切线，在基线上所截的距离。

④ 保留时间：从进样点到色谱峰的顶峰的时间。

⑤ 死时间：流动相通过色谱系统的时间。在 HPLC 中为溶剂峰前沿出现的时间。

⑥ 死体积：进样器到检测器出口未被固定相所占有的空间。

⑦ 色谱峰：流出曲线上的突起部分。

⑧ 分配系数（K）：分配平衡后，组分在固定相与流动相中的浓度之比。K 与组分、固定相、流动相及温度有关。

⑨ 容量因子（k）：也叫分配容量、容量比及质量分配系数等，是达到分配平衡后，组分在固定相的量与流动相中的量之比。

⑩ 基线漂移：是基线的一种向上或向下的缓慢移动，可在较长时间（0.5～1.0 h）内观测到。可掩蔽噪声和小峰，它与整个液相色谱系统有关。

⑪ 线性范围：当注入最小至最大的进样体积时，检测器响应处于与进样体积成正比的范围。

⑫ 检测器的池体积：它应小于最早流出的死时间色谱峰的洗脱体积的 1/10，否则会产生严重的柱外谱带扩展。

⑬ 灵敏度：也叫作响应值，指一定量的物质通过检测器时所给出的信号大小。灵敏度越高，检测限越小。它没有考虑噪声，其高低变化并不能严格表示检测器的检测能力。

⑭ 检测限：又称为敏感度，指在噪声背景上恰能产生可辨别的信号时（一般信噪比≥2），在单位体积或单位时间内需向检测器送入的样品量。它考虑了噪声，是全面衡量检测器性能的重要指标。检测限越小，仪器性能越好。

（2）HPLC 的特点

① 高压：压力可达（1.52～3.04）×10^4 kPa。

② 高速：所需的分析时间一般少于 1 h。

③ 高效：一根柱子可以分离 100 种以上的组分。

④ 高灵敏度：用微升数量级的试样可进行分析。

⑤ 流动相选择范围广：大部分的有机溶剂以及水和有机溶剂的混合物均可用。

（3）高效液相色谱仪的工作流程

贮液器中的流动相被高压泵打入系统，样品溶液经进样器进入流动相，被流动相载入色谱柱（固定相）内。由于样品溶液中的各组分在两相中具有不同的分配系数，在两相中做相对运动时，经过反复多次的吸附-解吸的分配过程，各组分在移动速度上产生较大的差别，被分离成单个组分依次从柱内流出。通过检测器时，样品浓度被转换成电信号传送到记录仪，数据以图谱形式打印出来。

（4）高效液相色谱仪的结构

包括高压输液系统、进样系统、分离系统、检测系统、色谱数据处理系统。

① 高压输液系统：流动相贮存器；高压输液泵（核心部件）——能提供 150～450 kg/cm^2

的压强；流速稳定，流量可以调节；应符合密封性好、输出流量恒定、压力平稳、可调范围宽、便于迅速更换溶剂及耐腐蚀等要求；过滤器；梯度洗脱装置——可将两种或两种以上的不同极性溶剂，按一定程序连续改变组成，以提高分离效果，缩短分离时间。

泵的保养：使用流动相尽量要清洁；进液处的砂芯过滤头要经常清洗；流动相交换时要防止沉淀；避免泵内堵塞或有气泡。

② 进样系统：进样的方式有两种：注射器进样与高压定量进样。六通阀进样器的进样方式有部分装液体方法和完全装液体方法两种。使用部分装液体方法进样时，进样体积最多为定量环体积的 75%，并且要求每次进样体积准确、相同；使用完全装液体方法进样时，进样体积最少为定量环体积的 3~5 倍，这样才能完全置换样品定量环内残留的溶液，达到所要求的精密度及重现性。进样的状态如图 1-27 所示。

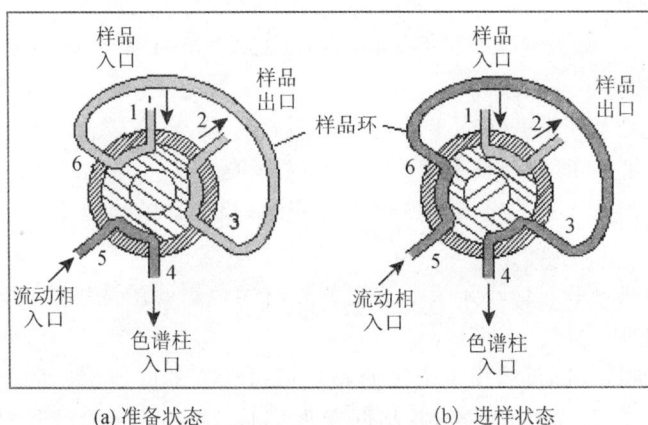

(a) 准备状态　　　　　　　(b) 进样状态

图 1-27　进样状态

六通阀进样器使用和维护注意事项：样品溶液进样前，必须用 0.45 μm 滤膜过滤，以减少微粒对进样阀的磨损。转动阀芯时不能太慢，更不能停留在中间位置，否则流动相受阻，使泵内压力剧增，甚至超过泵的最大压力；再转到进样位时，过高的压力将使柱头损坏。为防止缓冲盐和样品残留在进样阀中，每次分析结束后应冲洗进样阀。

③ 分离系统：色谱柱一般长 5~30 cm，内径 4~5 mm；凝胶色谱柱内径 3~12 mm；制备柱内径较大，可达 25 mm 以上。它是液相色谱的心脏部件，包括柱管与固定相两部分。柱管的材料有玻璃、不锈钢、铝、铜及内衬光滑的聚合材料的其他金属。金属管用得较多。一般备有一个前置柱(预柱)。柱子装填的好坏对柱效的影响很大。一般来说，减小填料粒度和柱径可提高柱效。

色谱柱的保养：对硅胶基键合相填料，水溶液流动相的 pH 值不得超出 2~8.5 范围(C18 柱 pH 值范围是 2~8)，温度不宜过高。不能强烈震动，否则柱内填料床层产生裂缝和空隙。阀件或管路一定要清洗干净；流动相要脱气；防止逆向流动致使固定相层位移，从而导致色谱柱效果下降。进样样品要提纯并严格控制进样量；在酸或碱性条件下使用后，应依次用水和甲醇清洗。每天分析工作结束后，要清洗进样阀中残留的样品，并用适当的溶剂来清洗色谱柱；若长期不使用，应用适当的有机溶剂来保存并封闭。

④ 检测系统：检测器的种类有紫外检测器、光电二极管阵列检测器、示差折光检测器、荧光检测器、发光散射检测器。

（5）影响分离的因素

① 动相黏度：降低动相黏度是提高色谱柱效的主要途径。

② 固定相粒度：降低固定相粒度可提高柱效。

③ 柱温：适当提高柱温以降低流动相的黏度，可在一定程度上提高分离效果。

④ 洗脱液：改变洗脱液的组成和极性是改善分离的最直接的因素。

⑤ 流速和洗脱方式：采用适当的流速和洗脱方式。

（6）流动相选择的基本要求

① 尽量使用高纯度试剂作流动相，防止微量杂质长期累积损坏色谱柱而增加检测器的噪声。

② 避免流动相与固定相发生作用而使柱效下降或损坏柱子，如使固定液溶解流失、酸性溶剂破坏氧化铝固定相等。

③ 试样在流动相中应有适宜的溶解度，防止产生沉淀并在柱中沉积。

④ 流动相同时还应满足检测器的要求。当使用紫外检测器时，流动相不应有紫外吸收。

（7）液相色谱分离类型选择（图 1-28）

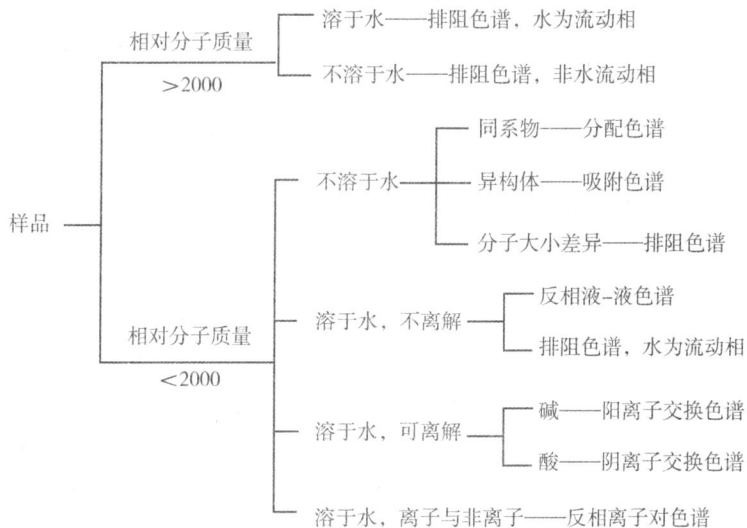

图 1-28 液相色谱分离类型选择

（8）操作步骤

① 打开电脑。

② 打开主机，预热。

③ 进入仪器工作站，联机并设定仪器的使用方法及仪器参数。

④ 启动泵的动力系统预处理（排气等）。

⑤ 检查是否漏液、柱压是否正常。

⑥ 设置仪器方法，包括仪器的使用条件等。

⑦ 激活操作方法，等待仪器平衡、基线平直。

⑧ 仪器出现"Ready"后可进行样品分析。

⑨ 操作测试结束后,清理所有实验材料,做好清洁卫生。

⑩ 记录仪器使用日志,并与管理员办理交接手续。

(9) 液相色谱仪操作注意事项

① 高效液相色谱的流动相应采用色谱纯溶剂,以满足仪器要求,避免损坏色谱柱。

② 严禁使用有污染的水等冲洗色谱柱,避免将互不相溶的溶剂一同进入泵内。

③ 流动相需过滤、除气后方可使用。

④ 要分析的样品必须彻底溶解澄清、过滤,以避免堵塞而损坏色谱柱。

⑤ 分析完成后,须注意及时清洗色谱柱和检测器的比色池。

(10) HPLC 的应用

① 金属和非金属元素:土壤、复合肥、作物种子、蔬菜、动物体液、动物饲料、植物材料和微生物中各种金属和非金属元素,采用离子交换色谱分离-电化学检测法进行直接测定。

② 碳水化合物:采用正相或离子交换色谱可对样品中的各种单糖或双糖进行含量测定。

③ 有机酸:植物样品中的有机酸多采用离子交换色谱法测定,也可用反相色谱法。

④ 维生素:可以采用 UV 检测器准确快速地同时测定果实蔬菜、食物、饮料、动物饲料和生理体液中各种水溶性维生素(VB 族)和脂溶性维生素(VA、VD、VE、VK)。

⑤ 氨基酸:采用柱前衍生反相色谱法可在 12 min 对 17 种氨基酸进行准确的痕量分析。

⑥ 核苷酸和核酸:核苷酸的测定采用离子交换和反相色谱法;核酸的分离要用离子交换或体积排阻色谱法。

⑦ 植物多胺:采用柱前荧光衍生反相色谱法,可对作物种子、植物组织、果树花芽及果实中的游离或结合态多胺进行快速准确测定。

⑧ 植物激素:反相色谱法。

11. 电热鼓风干燥箱

电热鼓风干燥箱又名烘箱(图 1-29),顾名思义,采用电加热方式进行鼓风循环干燥试验。鼓风干燥就是通过循环风机吹出热风,保证箱内温度平衡,主要用来干燥样品。

(1) 工作原理 鼓风干燥箱体的后背装有一个电风扇;用以加快热空气的对流,使箱内物品蒸发的水蒸气加速逸散到箱外的空气中,以提高干燥效率,从而使箱内温度均匀。

电风扇工作运行方式可分为水平送风和垂直送风。

① 水平送风:适用于需放置在托盘中烘烤的物件。水平送风的热风是由工作室两边吹出的,因此可以沐浴在托盘中的物件,达到较好的烘烤效果。

② 垂直送风:适用于烘烤放置在网架上的物件。垂直送风热风是由上而下吹出,由于是网架,这样会使上下流通性好,让热风可完全沐浴在物件上。

图 1-29 电热鼓风干燥箱

(2) 电热鼓风干燥箱的使用方法

① 使用前检查电源,要有良好的地线;使用完毕后,应将电源关闭,以保证使用安全。

② 干燥箱应放置在具有良好通风条件的室内,在其周围不可放置易燃、易爆物品,切勿将易燃物品及挥发性物品放箱内加热,以保证使用安全。

③ 干燥箱内物品放置切勿过挤,必须留出空间,以利于热空气循环。

④ 箱内热风电机应定期保养,清洁灰尘,保持正常使用;鼓风机的电动机轴承应该每半年加油一次。

⑤ 不宜在高电压、大电流、强磁场、带腐蚀性气体环境下使用,以免干扰损坏及发生危险。

⑥ 箱内外应经常保持清洁;长期不用应罩好塑料防尘罩,放在干燥的室内。

⑦ 应做好干燥箱的日常维护保养工作,做到干燥箱的使用、维护应有专职人员进行。

12. 高温马弗炉

高温马弗炉是一种通用的加热设备。依据外观形状可分为箱式炉与管式炉。高温马弗炉在中国的通用叫法有以下几种:电炉、电阻炉、茂福炉、马福炉。高温马弗炉按额定温度来区分一般分为:1000 ℃马弗炉、1200 ℃马弗炉、1300 ℃马弗炉、1600 ℃马弗炉、1700 ℃马弗炉。高温马弗炉常用于质量分析中的灼烧沉淀、测定灰分等工作。

电阻丝结构的高温马弗炉,最高使用温度为950 ℃,短时间可以达到1000 ℃。

高温马弗炉的炉膛是由耐高温而无胀缩碎裂的氧化硅结合体制成。炉膛内外壁之间有空槽,电阻丝串联在空槽中,炉膛四周都有电阻丝。通电后,整个炉膛周围被均匀加热而产生高温。炉膛的外围包有耐火砖、耐火土、石棉板等,外壳包上带角铁的骨架和铁皮。炉门是用耐火砖制成,中间开一小孔,嵌一块透明的云母片,以观察炉内升温情况。炉内用温度控制器控温,一般在灼烧前将控温指针拨到预定温度的位置,从达到预定的温度开始计算灼烧时间。

高温马弗炉的使用注意事项如下:

① 高温马弗炉必须放置在稳固的水泥台上,将热电偶棒从高温马弗炉背后的小孔插入炉膛内,再将热电偶的专用导线接至温度控制器的接线柱上。注意正、负极不要接错,以免温度指针反向而损坏。

② 查明马弗炉所需电源电压,配置功率合适的插头、插座和熔丝,并接好地线,避免危险。炉前地上需铺厚的橡胶布,以保证安全操作。

③ 灼烧完毕后,应先拉下电闸,切断电源,但不应立即打开炉门,以免炉膛骤然受冷碎裂。一般可先开一条小缝,让其先降温,然后用长柄坩埚钳(图1-30),取出被烧物件。

④ 炉膛内要保持清洁,炉子周围不要堆放易燃、易爆物品。在使用高温马弗炉时,要经常照看,防止自控失灵,造成电阻丝烧断等事故。

图1-30 长柄坩埚钳

⑤ 高温马弗炉不用时,应切断电源,并将炉门关好,防止耐火材料受潮气侵蚀。

13. 分析天平

分析天平一般是指能精确称量到0.0001 g的天平。分析天平是定量分析工作中不可缺少的重要仪器,是获得可靠分析结果的保证。

(1) 全机械加码双盘电光天平的构造

全机械加码双盘电光天平的构造(图1-31)分为外框部分、立柱部分、横梁部分、悬挂系统、制动系统、光学读数系统、机械加码装置7部分。

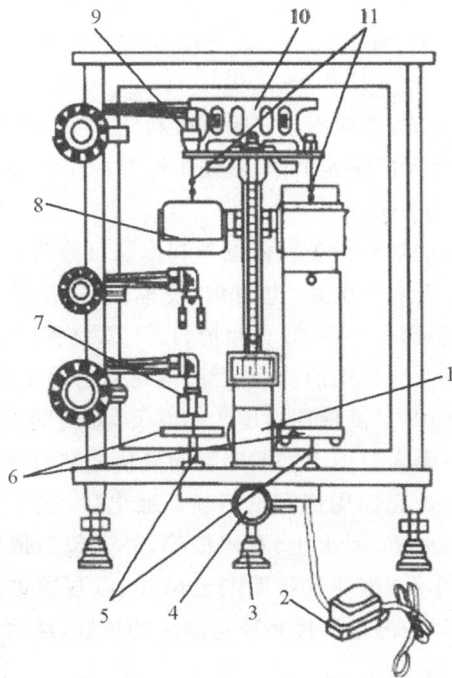

图1-31　全机械加码双盘电光天平
1-光学投影装置　2-变压器　3-避震垫脚　4-形状旋钮
5-托盘　6-称盘　7-环形克砝码　8-阻尼器
9-圆形毫克砝码　10-横梁　11-挂钩

① 外框部分:外框的作用是保护天平,使其不受灰尘、热源、水蒸气、气流等外界因素的影响。外框为木制框架,镶有玻璃;下面是大理石底板,用于固定立柱。底板下面有三个脚,前面两个脚可用来调节天平的水平度;观察安装在立柱上端的水平泡的位置是否处在圆圈中央,可知天平是否水平。底板下面还有控制天平开关的制动器座架。天平的前门可以向上开启,它仅供天平安装和清洁时使用,称量过程中不允许开前门。天平右边有侧门,供称量过程中取放物品时使用。

② 立柱部分:立柱是用金属制成的中空圆柱,其顶部装有托翼,下端固定在天平底座上。制动器的升降拉杆穿过立柱的空心孔,带动大小托翼,可以上下运动。立柱上端中央有中刀垫。

③ 横梁部分:横梁部分由横梁、刀子、重心铊、平衡螺钉、指针组成。横梁上装有3个玛瑙刀,中间为支点刀(中刀),刀刃向下;两边为承重刀(边刀),刀刃向上。刀刃要锋利、无崩缺。要特别注意保护天平刀刃,使其不受外力冲击和减少磨损。横梁下部中央有指针,可用来观察天平的倾斜情况;指针的下端装有微分标牌,经光学读数系统放大后,可成像于投影

屏上。横梁上还有重心铊,可以上下移动,用于调节天平的灵敏度。横梁左右对称的孔内装有平衡调节螺钉,用以调节天平零点。

④ 悬挂系统:悬挂系统由吊耳、阻尼器、称盘组成。吊耳下面挂着阻尼器内筒,它与固定在立柱上的外筒之间保持均匀的间隙;当天平摆动时,空气运动的摩擦阻力能使天平迅速静止,便于读数。称盘挂于吊钩上,盘下装有盘托,不称量时称盘被托起。

⑤ 制动系统:制动系统的作用是保护天平刀刃,减少磨损。为了保护玛瑙刀刃,不使用天平时,用升降钮控制升降拉杆,带动托翼向上运动,将横梁和吊耳托起,使天平处于"休止"状态;称量时慢慢旋转升降钮,托翼下降,横梁落下,各刀刃分别与刀承接触,天平处于工作状态。

⑥ 光学读数系统:光学读数系统的作用是对微分标尺上的读数进行光学放大,并显示于投影屏上。微分标牌上有 20 个大格(−10～＋10),每大格相当于 1 mg。每一大格又分为 10 个小格,每小格相当于 0.1 mg。投影屏上可直接读出 10 mg 以下的质量,读准至 0.1 mg。

⑦ 机械加码装置:全机械加码双盘电光天平的大小砝码全由指数盘操纵。砝码分 3 排悬挂在砝码架上。最下面一排悬挂 9 个砝码,通过不同的组合,可以添加 10～190 g 的质量;中间一排悬挂 4 个砝码,可以添加 1～9 g 的质量;上面一排悬挂 8 个砝码,可以添加 10～990 mg 的质量。

(2)称量的一般程序

① 取下天平罩,最好放在天平左后方台面上。

② 操作者面对天平端坐,记录本放在胸前台面上,所称物品和接受称量物品的容器放在天平的右侧(若为半自动电光天平,则上述物品应放在天平左侧,砝码盒放在天平右侧,以下操作中左右方向亦应调整)。

③ 称量前的检查和调整。检查天平各部件是否齐全;检查天平是否水平,如不水平应调节直至水平状态;检查底板、称盘是否清洁,如有灰尘可用毛刷刷净;再检查横梁、吊耳、称盘的安装位置是否正确,砝码是否到位。

④ 调节零点。

⑤ 试重:将被称物体放入右盘并关好侧门,估计被称物体的大致质量,加上稍大于被称物体质量的砝码,开始试重(初学者也可以先用托盘天平粗称,但所用托盘天平的称盘必须预先处理干净)。在试重的过程中,为了尽快达到平衡,选取砝码应遵循"由大至小,中间截取,逐级试验"的原则;试加砝码时应半开天平,这样就能迅速判断左右两盘孰轻孰重。对于电光天平,要记住"指针总是偏向轻盘,标牌投影总是向重盘方向移动"。

⑥ 读数与记录:称量的数据应立即用钢笔或圆珠笔记录在原始数据记录本上,不能用铅笔书写,也不得记录在零星纸片上或其他物品上。

⑦ 称量结束后应使天平恢复原状。取出被称物体,将各个砝码指数盘转回零位;检查天平零点变动情况(如果超过 2 小格,则应重称)。切断电源,罩好天平,填好"天平使用登记簿",放回坐凳,方可离开天平室。

(3)称量方法及操作

① 直接称量法:对某些在空气中没有吸湿性的试样或试剂,如金属、合金等,可以用直

接称量法称样。用牛角勺取试样放在已知质量的清洁而干燥的表面皿或硫酸纸上,一次称取一定质量的试样,然后将试样全部转移到接收容器中。

② 指定质量称样法:也称固定质量称量法。在分析检验中,当需要用直接称量法配制指定浓度的标准溶液时,常常用指定质量称量法来称取基准物质。此法只能用来称取不易吸湿的、在空气中稳定的粉末状物质。具体方法如下:

a. 调节好天平的零点,用金属镊子将清洁干燥的深凹形小表面皿(通常直径为 6 cm)或扁形称量瓶放到右盘上,在左边加入等重的砝码使其达到平衡。

b. 在左边加入约等于所称试样质量的砝码(一般准确至 10 mg 即可),然后用小牛角勺逐渐加入试样,半开天平进行试重。直到所加试样质量与所加砝码质量差很小时(小于 10 mg),便可以进行下一步操作。

c. 开启天平,小心地以右手持盛有试样的牛角勺,伸向表面皿中心部位上方约 2~3 cm 处,用右手拇指、中指及掌心拿稳牛角勺,以食指轻弹(最好是摩擦)牛角勺柄,让勺里的试样以非常缓慢的速度抖入表面皿。这时,眼睛既要注意牛角勺,同时也要注视着微分标牌投影屏,待微分标牌正好移动到所需要的刻度时(允许波动范围为 ±0.1 mg),立即停止抖入试样。

称好的试样必须定量地由表面皿直接转入接收容器中。若试样为可溶性盐类,沾在表面皿上的少量试样粉末可用蒸馏水冲洗进入接收器。

③ 差减称量法:也称递减称量法。先称称量瓶和物体的总质量,再倒出一部分物体,称量剩下的物体和瓶的总质量,相减即为称量质量,即称取试样的量是由两次称量之差而求得。操作方法如下:

a. 用清洁的纸条叠成约 1 cm 宽的纸带套在称量瓶上(也可戴上纸制的指套或清洁的细纱手套拿取称量瓶),右手拿住纸带尾部把称量瓶放到天平右盘的正中位置,加上适量砝码使之平衡,称出称量瓶加试样的准确质量 m_1(准确到 0.1 mg),并记录。

b. 仍用原纸带将称量瓶从天平盘上取出,拿到接收容器的上方,用纸片夹住瓶盖柄打开瓶盖,但瓶盖绝不能离开接收容器的上方。将瓶身慢慢向下倾斜,用瓶盖轻轻敲击瓶口内缘(图1-32),同时转动称量瓶使试样缓缓接近需要量(通常从体积上估计或试重得知)。这时继续用瓶盖轻敲瓶口,并逐渐将瓶身竖直,使粘在瓶口附近的试样落入接收容器或落入称量瓶底部。

c. 盖好瓶盖,把称量瓶放回天平右盘,取出纸带,关好侧门,准确称其质量 m_2(准确到 0.1 mg),并记录。两次称量读数之差(m_1-m_2)即为倒入接收容器里的样品质量。

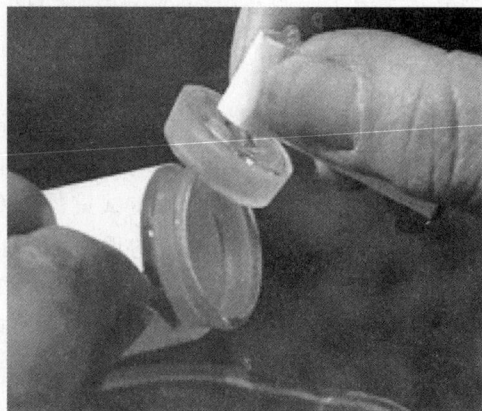

图 1-32 称量瓶的敲击

操作时应注意:

a. 若倒入试样量不够,则可重复上述操作;若超过规定数量,那么需重新称量。

b. 除了放在表面皿和称量盘上或用纸带拿在手中外,称量瓶不得放在其他地方,以免沾污。

c. 套上或取出纸带时,不要碰着称量瓶口,纸带应放在清洁的地方。

d. 粘在瓶口上的试样,应尽量处理干净。

e. 在接收容器的上方打开瓶盖,以免可能粘附在瓶盖上的样品失落在其他地方。

差减称量法简便、快速、准确,在分析检测中常用来称取待测样品和基准物,是最常用的一种称量方法。

（6）天平的使用和保养

① 使用前,首先检查天平是否水平、清洁,各部件的位置是否正确,砝码是否齐全,再调好零点。

② 开启和关闭天平时,必须缓慢、均匀地旋转升降旋钮。严禁在天平开启后取放物体、加减砝码,以免损伤刀口。称量中,物体与砝码质量差大于 10 mg 时,只能半开动天平观察指针摆动情况,如发现不平衡,应立即关上。

③ 被称量的物体只能由边门取、放。加砝码操作时,应一档一档慢慢地添加,防止挂码跳落。

④ 称量时,应该关好两边侧门,前门不能随意打开。试剂、试样都应放在适宜容器中（如表面皿、称量瓶等）进行称量,不允许直接放到天平盘上。

⑤ 天平载物不许超过最大负荷。在同一次实验中,应使用同一台天平,称量数据应立即写在记录本上。

⑥ 称量的物体与天平箱内的温度应一致。过冷、过热的物品应先放在干燥器中,待与室温一致后,再进行称量。称量具有吸湿性、挥发性、腐蚀性的物品时,应分别选用称量瓶、滴瓶、安瓿瓶进行称样。

⑦ 称量完毕后必须关好天平。取出被称量的物品,将砝码盘恢复到零位,切断电源,关好天平门,保证天平内外清洁,最后罩上布罩。为了防潮,在天平箱里应放干燥剂（一般用变色硅胶）,并应勤检查、勤更换。

⑧ 如发现天平损坏或不正常,应立即停止使用,并送有关部门修理;检验合格后,方可再用。

14. 离心机

现在实验室里常用的是电动离心机。

（1）使用方法

① 将盛有被分离混合物的离心管放入离心机的一个套管中,离心管口稍高出套管。注意要在对称位置上放一盛有等量水的离心管,以保持离心机平衡,否则在转动时发生震动,易损坏离心机。

② 离心机应由慢速开始起动,运转平稳后再过渡到快速。

③ 转速和旋转时间应视沉淀形状而定。对于晶形沉淀,转速为 1000 r/min,旋转 1～2 min 即可;非晶形沉淀沉降较慢,转速为 2000 r/min,旋转 3～4 min。若超过上述时间后仍未能使固相和液相分开,则继续旋转已无效,需加热或加电解质使沉淀凝聚。

④ 关机后,待离心机转动自行停止,然后小心地从两侧捏住离心管口边缘,将其从套管中取出（或用镊子夹取）。不得在离心机转动时用手使其停止,也不准用手指插入离心管中拔取离心管。

（2）注意事项

① 离心管要对称放置,如管为单数不对称时,应再加一管装有相同质量的水调整对称。

② 开动离心机时应逐渐加速,当发现声音不正常时,要停机检查,排除故障(如离心管不对称、质量不等、离心机放置台面不水平或者螺母松动等)再运行。

③ 关闭离心机也要逐渐减速,直至自动停止,禁止强制停止。

④ 离心机套管要保持清洁,管底垫上橡胶、玻璃毛或泡沫塑料等物,以免试管破碎。

⑤ 密封式的离心机在工作时要盖好机盖,确保安全。

四、检验用器皿的一些要求

1. 检验用器皿的选用

分析检验时离不开各种器皿,所需的器皿应根据检验方法的要求来选用。一般应选用硬质的玻璃仪器;遇光不稳定的试剂(如硝酸银、碘等)应选择棕色玻璃瓶避光贮存;有些试剂对玻璃有腐蚀性(如氢氧化钠等),需用聚乙烯瓶贮存。选用时还应考虑到容量及容量精度和加热的要求等。

检验中所使用的各种器皿必须洁净,否则会造成结果误差,这是微量和痕量分析中极为重要的问题。

2. 器皿的洗涤

(1)常用洗涤液的配制

① 肥皂水、洗衣粉水、去污粉水:根据洗涤的情况用水配制。

② 铬酸洗液:称取 20 g 的 $K_2Cr_2O_7$,溶于 40 mL 水中,将 360 mL 浓 H_2SO_4 徐徐加入 $K_2Cr_2O_7$ 溶液中(千万不能将水或溶液加入 H_2SO_4 中),边倒边用玻璃棒搅拌,并注意不要溅出,混合均匀,待冷却后,装入洗液瓶备用。新配制的洗液为红褐色,氧化能力很强;当洗液用久后变为黑绿色,即说明洗液已无氧化洗涤能力。

③ 1:3 盐酸洗液:1 份盐酸与 3 份水混合。

④ 王水:3 份盐酸与 1 份硝酸混合。

⑤ 碱性酒精洗液:用体积分数为 95% 的乙醇与质量分数为 30% 的氢氧化钠溶液等体积混合。

(2)器皿的洗涤方法

① 新的玻璃器皿:先用自来水冲洗,晾干后用铬酸洗液浸泡,以除去粘附的其他物质,然后用自来水冲洗干净。

② 有凡士林油污的器皿:先将凡士林擦去,再在洗衣粉水或肥皂水中烧煮,取出后用自来水冲洗干净。

③ 有油污的玻璃器皿:先用碱性酒精洗液洗涤,然后用洗衣粉洗涤,再用自来水冲洗干净。

④ 有锈迹、水垢的器皿:用 1:3 盐酸洗液浸泡,再用自来水冲洗干净。

⑤ 比色皿:先用自来水冲洗,再用稀盐酸洗涤,然后用自来水冲洗干净。

⑥ 瓷坩埚污物:用 1:3 盐酸洗液洗涤,再用自来水冲洗干净。

⑦ 铂坩埚污物:用 1:3 盐酸洗液煮沸洗涤,再用自来水冲洗干净。

⑧ 塑料器皿:用稀硝酸洗涤后,再用自来水冲洗干净。为了保证器皿洗涤后能达到洁净的要求,要用蒸馏水冲洗掉附着的自来水,一般用蒸馏水淋洗 2~3 次。蒸馏水淋洗时应

少量多次,以达到节约蒸馏水和洁净器皿的目的。

3. 仪器设备要求

(1) 玻璃量器的要求　检验时所使用的滴定管、移液管、容量瓶、刻度吸管等玻璃量器均须按国家有关规定进行校正。玻璃量器和玻璃器皿须经彻底洗净后才能使用。

(2) 控温设备的要求　检验方法中所使用的马弗炉、恒温干燥箱、恒温水浴锅等均须按国家有关规程进行测试和校正。

(3) 测量仪器的要求　天平、酸度计、温度计、分光光度计、色谱仪等均应按国家有关规程进行测试和校正。

第三节　检测分析的一般规则与抽样方法

一、专业术语

1. 检验

为确定产品或服务的各特性是否合格,测量、检查、测试或量测产品或服务的一种或多种特性,并且与规定要求进行比较的活动。

2. 批次

同一生产日期生产的、质量相同的、具有同样质量合格证的产品为一批次。

3. 初次检验

对批产品进行的第一次检验。

4. 计数检验

关于规定的一个或一组要求,或者仅将单位产品划分为合格或不合格,或者仅计算单位产品中不合格数的检验。

5. 样品

能够代表被检产品质量的少量实物。可以分为点样、集合样、送检样品(实验室样品中)、试样。

6. 单位产品

能被单独描述和考虑的一个事物。

7. 统计抽样检验

利用从批或过程中随机抽取的样本,对批或过程的质量进行检验。

8. 不合格

不满足规范的要求。在某些情况下,规范与使用方要求一致;在另一些情况下,它们可能不一致,规范要求更宽或者更严。

9. 不合格品

具有一个或一个以上不合格的产品。

10. 缺陷

不满足预期的使用要求。

11. 过程平均

在规定的时段或生产量内质量水平的平均。

12. 接收质量限

当一个连续系列批的新产品被提交验收抽样时,可容忍的最差过程平均质量水平。

13. 正常检验

当过程平均优于接收质量限时,所使用的一种能保证批新产品以高概率接收的抽样方案的检验。

14. 加严检验

使用比相应正常检验抽样方案接收准则更严厉的接收准则的一种抽样方案的检验。

15. 空白试验

除不加试样外,采用与试样测试完全相同的分析步骤、仪器、试剂进行的操作。所得的结果用于扣除试样测试中的本底和计算检验方法的检出限。

16. 平行试验

从实验室样品分样开始或从试样制备后的称样开始,采用完全相同的分析步骤、仪器、试剂进行的操作,以获得相互独立的测试结果。

二、检验时的规则与要求

1. 样品要求

(1) 抽样应按有关规定执行。

(2) 送检样品数量应能满足检验项目的要求,原则上不少于 2 kg。

(3) 根据检验项目的要求,选用适当的容器和包装运送与保存样品。

(4) 运送与保存过程中必须采用适当的措施(密封、低温等),防止样品损坏、丢失,避免可能发生的霉变、氧化、生虫、挥发成分的逸散及污染等。

(5) 检验后的样品在检验结束后应妥善保存 3 个月,以备复检。

2. 试剂要求

(1) 检验用水,未注明其他要求时,均指蒸馏水或去离子水;未指明溶液用何种溶剂配制时,均为用水配制。

(2) 检验中需用到的试剂,除基准物质和特别注明试剂纯度外,均为分析纯;未指明具体浓度的硫酸、硝酸、盐酸、氨水,均指市售试剂规格的浓度。

(3) 标准滴定溶液的制备按 GB/T 601 执行;杂质测定用标准溶液的制备按 GB/T 602 执行;实验中所使用的制剂及制品的制备按 GB/T 603 执行。

(4) 液体的滴 指蒸馏水从标准滴定管流下一滴的量。在 20 ℃时,20 滴约 1 mL。

3. 仪器要求

(1) 仪器符合标准中规定的量程、精度和性能要求。

(2) 对涉及计量的仪器及量具(包括玻璃量具),应按国家有关规定进行检定或校准。

(3) 玻璃量具与器皿按要求洗净后使用。

4. 检验时要求

(1) 准确称取 用天平进行的称量操作,其准确度为 ±0.0001 g。

(2) 称取 用天平进行的称量操作,其准确度要求用数值的有效数位表示,"称取 2.0 g"指称量准确至 ±0.1 g。

（3）恒重　在规定条件下,连续两次干燥或灼烧后的质量差不超过 0.3 mg。

（4）量取　用量筒或量杯取液体物质的操作。

（5）吸取　用移液管或刻度吸管吸取液体物质的操作。

（6）对检验时存在的不安全性因素(如中毒、爆炸、腐蚀、燃烧等)应有防护措施。

5. 结果计算与处理

（1）测定值的运算和有效数字的修约应符合 GB/T 8170 的规定

① 确定修约间隔:指定修约间隔为 10^{-n}(n 为正整数),或指明将数值修约到 n 位小数;指定修约间隔为 1,或指明将数值修约到"个"数位;指定修约间隔为 10^n 数位,或指明将数值修约到"十"、"百"、"千"……数位。

② 进舍规则

a. 拟舍弃数字的最左一位数字小于 5,则舍去,保留其余各位数字不变。例如:将 10.4454修约到个位,得 10;将 10.4454 修约到一位小数,得 10.4。

b. 拟舍弃数字的最左一位数字大于 5,则进一,即保留数字的末位数字加 1。例如:将 1268 修约到"百"数位,得 13×10^2(特定场合可写成 1300)。

c. 拟舍弃数字的最左一位数字是 5,且其后有非 0 数字时进一,即保留数字的末位数字加 1。例如:将 10.5002 修约到"个"数位,得 11。

d. 拟舍弃数字的最左一位数字为 5,且其后没有数字或者皆为 0 时,若所保留的末位数字为奇数(1,3,5,7,9),则进一,即保留数字的末位数字加 1;若所保留的末位数字为偶数(0,2,4,6,8),则舍去。

例 1-4:修约间隔为 0.1(或 10^{-1})

拟修约数值	修约值
1.050	10×10^{-1}(特定场合可写为 1.0)
0.35	4×10^{-3}(特定场合可写为 0.4)

例 1-5:修约间隔为 1000(或 10^3)

拟修约数值	修约值
2500	2×10^3(特定场合可写为 2000)
3500	4×10^3(特定场合可写为 4000)

e. 负数修约时,先将它的绝对值按正数修约一样操作,然后在所得值前面加上负号。

例 1-6:将下列数字修约到"十"数位。

拟修约数值	修约值
-355	-36×10(特定场合可写为 -360)
-325	-32×10(特定场合可写为 -320)

例 1-7:将下列数字修约到三位小数,即修约间隔为 10^{-3}。

拟修约数值	修约值
-0.0365	-36×10^{-3}(特定场合可写为 -0.036)

③ 不允许连续修约

a. 拟修约数字应在确定修约间隔或指定修约数位后一次修约获得结果,不得多次按进舍规则修约。

例如:修约 89.46,修约间隔为 1。正确的做法:89.46→89。不正确的做法:89.46→

89.5→90。

b. 在具体实施中,有时测试与计算部门先将获得数值按指定的修约数位多一位或几位报出,而后由其他部门判定。具体操作如下:

报出数值最右的非零数字为 5 时,应在数值右上角加"＋"、加"－"、不加符号,分别表明已进行过舍、进、未舍未进。例如:14.50^+ 表示实际值大于 14.50,经修约舍弃为 14.50。

对报出的数值需进行修约时,当拟舍弃数字的最左一位数字为 5,且其后没有数字或者皆为零时,数值右上角有"＋"者进一,有"－"者舍去,其他仍按进舍规则进行。

例 1-8:将下列数字修约到"个"数位(报出值多留一位至一位小数)。

实测值	报出值	修约值
15.4546	15.5^-	15
16.5202	16.5^+	17
17.5000	17.5	18

三、抽样方法

样品的采集有代表性取样和随机抽样两种方法。

随机抽样即按照随机原则,从大批物料中抽取部分样品。操作时,可采用多点取样的方法,使所有物料的各部分都有被抽取的机会。代表性取样是用系统抽样法进行采集,根据样品随空间、时间变化规律,采集能代表其相应部分的组成和质量的样品。如按组批取样、随生产过程流动定时取样、定期抽取货架商品取样等。

1. 采样的原则

(1) 采集的样品必须具有代表性。

(2) 采样方法必须与分析目的保持一致。

(3) 在采样及样品制备过程中要设法保持原有的理化指标,避免预测组分发生化学变化或丢失。

(4) 要防止和避免预测组分的污染。

(5) 样品的处理过程尽可能简单易行。

2. 黄酒抽样

(1) 抽样方式　按表 1-6 抽取样品。从每批产品中随机抽取 n 箱,再从 n 箱中各抽取一瓶。抽取的样品一半作为该产品的样本进行检测,另一半由供需双方共同封存,留作复核、仲裁用。样品总量不足 3.0 L 时,应适当按比例加取,并将其中的 1/3 样品封存,保留 3 个月备查。

表 1-6　取样数量表

样本批量范围(袋、箱或坛)	样品数量(袋、瓶或坛)
≤1200	6
1201～35000	9
≥35001	12

（2）抽样单上必须标明：类别、等级、酒精度、净容量、厂名、厂址、批号、商标、封装年月、标准代号及编号。

3. 白酒抽样

抽样依据标准：GB/T 10346—89。

（1）取样方法　批量在 500 箱以下，随机抽取 4 箱，每箱取样一瓶（以 500 mL 计），共 4 瓶。其中两瓶作感官和理化检验用，其余两瓶由供需双方共同封印，作为仲裁样品保存半年。

（2）抽样单上必须标明：类别、等级、酒精度、净容量、厂名、厂址、批号、商标、封装年月、标准代号及编号。

4. 中、小粒粮抽样、分样法

中、小粒粮抽样包数不少于抽样基数的 5%（抽样基数少于 100 包的抽样包数为 5 包）。抽样的包点要分布均匀，一般取中心、4 角 5 个点。堆高在 2 m 以下的，分上、下两层；堆高在 2～3 m 的，分上、中、下 3 层，上面层在粮面下 10～20 cm 处，中间层在粮堆中间，下层在距底部 20 cm 处；如遇到堆高在 3～5 m 时，应分 4 层；堆高在 5 cm 以上的酌情增加层数。按区按点，先上后下逐层抽样，各点抽样数量一致。抽样时，取样器的槽口向下，从包的一端斜对角插入包的另一端，然后槽口向上取出，每包抽样次数一致。取样器如图 1-33 所示。

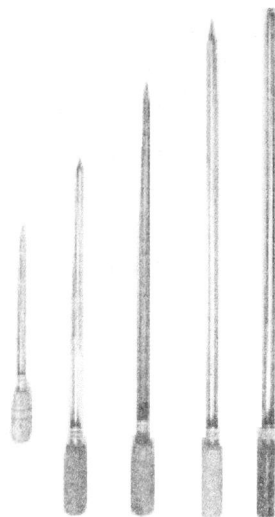

图 1-33　粮食取样器

将原始样品充分混合均匀，进而分取平均样品或试样的过程，称为分样。所抽取的样品可以采用以下方法进行分样：

将样品倒在光滑平坦的桌面上或玻璃板上，用两块分样板将样品摊成正方形，然后从样品左右两边铲起样品约 10 cm 高，对准中心同时倒落，再换一个方向同样操作（中心点不动）。如此反复混合四五次，将样品摊成等厚的正方形，用分样板在样品上划两条对角线，分成四个三角形，取出两个对顶角的样品。剩下的样品再按上述方法反复分取，直至最后剩下的对顶角的样品接近 2 kg（所需试样质量）为止，这种分样方法叫四分法，如图 1-34 所示。所抽样品 3/5 作为检验样品，2/5 作为备用样品。

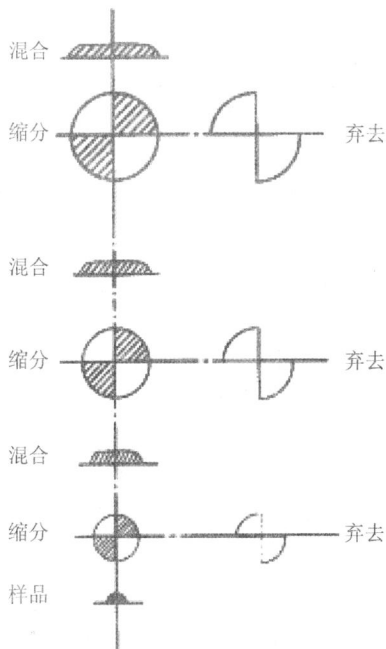

图 1-34　四分法取样图解

第四节　试剂的基础知识及水质要求

一、试剂的分级与储藏

1. 化学试剂的分级

试剂的分级基本上是根据所含杂质的多少来划分的，其杂质的含量在化学试剂标签上均已注明。我国化学工业部标准（HG3—119—64）规定化学试剂分为三级：优级纯试剂（G.R.）、分析纯试剂（A.R.）、化学纯试剂（C.P.）。还有光谱纯试剂（S.P.）、色谱试剂（C.R.）、生物试剂（B.R.）、生物染色剂（B.S.）及实验试剂（L.R.）等，如表1-7所示。

表1-7 化学试剂等级标志及纯度与用途

名　称	英语缩写	瓶签颜色	纯度与用途
优级纯试剂（保证试剂）	G.R.	绿色	纯度高，杂质含量低，适用于科学研究和配制标准溶液
分析纯试剂	A.R.	红色	纯度较高，杂质含量较低，适用于定性、定量分析
化学纯试剂	C.P.	蓝色	质量略低于分析纯，用途同上
基准试剂		绿色	直接配制标准溶液，用来校正或标定其他化学试剂
实验试剂	L.R.	棕色或其他色	质量较低，用于一般定性分析
生物试剂	B.R.	黄色或其他色	用于生化研究和分析试验
生物染色剂	B.S.		用于生物组织学、细胞学及微生物染色
光谱纯试剂	S.P.	绿色、红色、蓝色	纯度比优级纯高，用于光谱分析和标准溶液的配制

2. 化学试剂的储存

黄酒检验需要用到各种化学试剂，除供日常使用外，还需要储存一定量的化学试剂。大部分化学试剂都具有一定的毒性，还有的是易燃、易爆危险品，因此必须了解一般化学药品的性质及保管方法。较大量的化学药品应放在样品储藏间里，由专人保管；危险品应按国家安全部门的管理规定储存。

二、溶液浓度的表示方法

在黄酒检验工作中，随时都要用到各种浓度的溶液。所谓溶液浓度，是指一定量的溶液或溶剂中所含溶质的量。在国际标准和国家标准中，一般用 A 代表溶剂，用 B 代表溶质。1984 年我国颁布了《中华人民共和国法定计量单位》，要求表示溶液浓度统一用"物质 B 的浓度"或"物质 B 的物质的量浓度"。

1. B 的物质的量浓度

物质 B 的物质的量浓度定义为：物质 B 的物质的量除以混合物的体积，符号为 c_B，常用单位是 mol/L。计算公式为

$$c_B = \frac{物质 B 的物质的量}{混合物的体积}$$

2. B 的质量分数

B 的质量分数是指 B 的质量（m_B）与混合物的质量（m）之比，以 ω_B 表示，即

$$\omega_B = \frac{m_B}{m}$$

因为质量分数是同种物理量之比，因此其量纲为 1，但在量值表达上是以纯小数表示的。

如浓盐酸的浓度可表示为：$\omega(HCl)=0.38$，或者 $\omega(HCl)=38\%$。如果分子、分母两个质量单位不同，则质量分数应写上单位，如 mg/g 或 μg/g 等。

在微量或痕量分析中，过去常用 ppm 和 ppb 表示含量。ppm 表示为 μg/g 或 mg/kg；ppb 表示为 ng/g 或 μg/kg。

3. B 的质量浓度

B 的质量浓度是指 B 的质量除以混合物的体积，以 ρ_B 表示，常用单位是 g/L，即

$$\rho_B=\frac{m_b}{V}$$

式中，ρ_B——溶质 B 的质量浓度，g/L；

m_B——溶质 B 的质量，g；

V——混合物（溶液）的体积，L。

4. B 的体积分数

混合前 B 的体积(V_B)除以混合物的体积(V_0)称为 B 的体积分数，以 φ_B 表示。即

$$\varphi_B=\frac{V_B}{V_0}$$

5. 比例浓度

比例浓度是化验室里常用的粗略表示溶液（或混合物）浓度的一种方法。

① 几种固体试剂的混合质量份数。例如 1：100 钙-氯化钠混合指示剂，表示 1 个单位质量的钙指示剂与 100 个单位质量的氯化钠相互混合。这是一种固体稀释方法。

② 液体试剂相互混合或用溶剂（水）稀释时体积份数的表示方法。例如 1：4 盐酸溶液，表示为 1 体积市售浓盐酸与 4 体积蒸馏水相混合而成的溶液。

三、标准滴定溶液的配制与标定

1. 溶液的分类

在日常检验工作中溶液分为一般溶液与标准溶液。

(1) 一般溶液　是指非标准溶液，它在食品检验中常作为溶解样品、调节 pH、分离或掩蔽离子、显色等功能使用。一般溶液配制的浓度要求不高，只需保留 1～2 位有效数字。试剂的质量由托盘天平称量，体积用量筒量取。

(2) 标准溶液　是指已确定其主体物质浓度或其他特性量值的溶液。黄酒检验常用的标准溶液有两种：一种是 pH 测量用标准缓冲液，其具有准确的 pH 数值，由 pH 基准试剂进行配制，主要用于对 pH 计的校准，亦称定位；另一种是滴定分析用标准溶液，也称为标准滴定溶液，主要用于测定样品的主体成分或常量成分，其浓度要求准确到 4 位有效数字。常用的浓度表示方法是物质的量浓度。

2. 滴定分析用标准溶液的制备

(1) 一般规定

标准溶液的浓度准确程度直接影响分析结果的准确度。因此，制备标准溶液在方法、使用仪器、量具和试剂等方面都有严格的要求。国家标准 GB/T 601—2002《化学试剂　标准滴定溶液的制备》中对上述各个方面的要求作了一般规定，即在制备滴定分析（容量分析）用标准溶液时，应达到下列要求：

① 配制标准溶液用水,至少应符合 GB/T 6682—2008 中三级水的规格。

② 所用试剂纯度应在分析纯以上。标定所用的基准试剂应为容量分析工作中使用的基准试剂。

③ 所用分析天平及砝码应定期检定。

④ 所用滴定管、容量瓶及移液管均需定期校正。校正方法按 JJG 196—2006《常用玻璃量器检定规程》的规定进行。

⑤ 制备标准溶液的浓度是指 20 ℃时的浓度。在标定和使用时,如温度有差异,应按 GB/T 601—2002《附录 A》进行补正。

⑥ 标定标准溶液时,平行试验不得少于 8 次,由两人各做 4 次平行测定。检测结果按 GB/T 601—2002 规定的方法进行数据的取舍后取平均值,浓度值取 4 位有效数字。

⑦ 凡规定用"标定"和"比较"两种方法测定浓度时,不得略去其中任何一种。浓度值以标定结果为准。

⑧ 配制浓度等于或低于 0.02 mol/L 的标准溶液时,应于临用前将浓度高的标准溶液用煮沸并冷却的纯水稀释,必要时重新标定。

⑨ 碘量法反应时,溶液温度不能过高,一般为 15～20 ℃。

⑩ 滴定分析用标准溶液在常温 15～25 ℃条件下的,保存时间一般不得超过两个月。

(2) 配制和标定方法

标准溶液的制备有直接配制法和标定法两种。

① 直接配制法

在分析天平上准确称取一定量的已干燥的基准物质(基准试剂)溶于纯水后,转入已校正的容量瓶中,用纯水稀释至刻度,摇匀即可。滴定分析中,并非任意试剂都可用来直接配制标准溶液;可用于直接配制标准滴定溶液或标定溶液浓度的物质称为基准物质(primary reference material)。作为基准物质必须具备以下条件:

a. 组成恒定并与化学式相符。若含结晶水,例如 $H_2C_2O_4 \cdot 2H_2O$,其结晶水的实际含量也应与化学式严格相符。

b. 纯度足够高(达 99.9% 以上),杂质含量应低于分析方法允许的误差限。

c. 性质稳定,不易吸收空气中的水分和二氧化碳,不分解,不易被空气氧化。

d. 有较大的摩尔质量,以减少称量时的相对误差。

e. 试剂参加滴定反应时,应严格按反应式定量进行,没有副反应。

② 标定法

很多试剂并不符合基准物质的条件,例如,市售的浓盐酸中 HCl 很容易挥发,固体 NaOH 很易吸收空气中的水分和二氧化碳,高锰酸钾不易提纯而易分解等,因此它们都不能直接用于配制标准溶液。一般是先将这些物质配成近似所需浓度的溶液,再用基准物测定其准确浓度,这一操作称为标定。标准溶液有三种标定方法:直接标定法、间接标定法、比较法。一般常用的是前两种。

a. 直接标定法(以氢氧化钾-乙醇溶液的标定为例):准确称取一定质量的基准物质,溶于纯水后用待标定溶液滴定,至反应完全。根据所消耗待标定溶液的体积和基准物的质量,计算出待标定溶液的准确浓度。如用基准物质无水碳酸钠标定盐酸或硫酸溶液、基准物质邻苯二甲酸氢钾标定氢氧化钠,就属于这种标定方法。

例如：配制 0.1 mol/L 氢氧化钠标准溶液。

（i）配制：称取 55 g 氢氧化钠溶于 50 mL 水中，放入 60 mL 的聚苯乙烯瓶中，静置数日。待碳酸钠沉淀后取上层清液 5.6 mL，用新煮沸后冷却的蒸馏水稀释至 1000 mL，混匀。

（ii）标定：准确称取经 105～110 ℃烘干至恒重的基准物质邻苯二甲酸氢钾 0.7500 g 放入 250 mL 锥形瓶中，加无二氧化碳的 50 mL 水溶解。加 2 滴 10 g/L 酚酞指示剂，用配制好的氢氧化钠溶液滴定至溶液呈微红色，同时做空白试验。

（iii）浓度计算：

$$c_{NaOH} = \frac{m \times 1000}{204.22 \times (V_1 - V_2)}$$

式中，m——邻苯二甲酸氢钾的质量，g；

V_1——邻苯二甲酸氢钾消耗标准氢氧化钠溶液的体积，mL；

V_2——空白试验消耗标准氢氧化钠溶液的体积，mL；

204.22——邻苯二甲酸氢钾的摩尔质量，g/mol。

b. 间接标定法：有一部分标准溶液没有合适的用以标定的基准试剂，只能用另一已知浓度的标准溶液来标定。当然，间接标定的系统误差比直接标定的要大些。如用高锰酸钾标准溶液标定草酸溶液，用氢氧化钠标准溶液标定乙酸溶液都属于这种标定方法。

（3）注意事项

① 分析实验所用的溶液应用纯水配制，容器应用纯水洗 3 次以上。特殊要求的溶液应事先做纯水的空白值检验。

② 溶液要用带塞的试剂瓶盛装。见光易分解的溶液要装于棕色瓶中。挥发性试剂、见空气易变质及放出腐蚀性气体的溶液，瓶塞要严密。浓碱液应用塑料瓶装，如装在玻璃瓶中，要用橡皮塞塞紧，不能用玻璃磨口塞。

③ 每瓶试剂溶液必须有标明名称、浓度和配制日期的标签，标准溶液的标签还应标明标定日期、标定者。

④ 配制硫酸、磷酸、硝酸、盐酸等溶液时，都应把酸倒入水中。对于溶解时放热较多的试剂，不可在试剂瓶中配制，以免炸裂。

⑤ 用有机溶剂配制溶液时（如配制指示剂溶液），有的有机物溶解较慢，应不时搅拌；也可在热水浴中温热溶液，但不可直接加热。易燃溶剂要远离明火使用；有毒有机溶剂应在通风柜内操作。配制溶液的烧杯应加盖，以防有机溶剂的蒸发。

⑥ 要熟悉一些常用溶液的配制方法，如配制碘溶液应加入适量的碘化钾。配制易水解的盐类溶液应先加酸溶解后，再以一定浓度的稀酸稀释，如氯化亚锡溶液的配制。

⑦ 不能用手接触腐蚀性及有剧毒的溶液。剧毒溶液用后应做解毒处理，不可直接倒入下水道。

总之，溶液的配制是进行黄酒检验的一项基础工作，是保证检验结果准确可靠的前提。一般定量分析所用试剂为分析纯试剂，所用分析用水为三级水。为避免重复，本教材中"溶液的配制"未加说明时，所用试剂均为分析纯试剂，所用实验室用水均为三级水。

3. 溶液体积的校准

一般情况下，滴定分析仪器都是在常温下进行检测时使用的，而滴定分析仪器都是以 20 ℃为标准温度来校准的，但使用时往往不是在 20 ℃温度下，因此，温度变化会引起仪器容积和溶液体积的改变。如果在某一温度下配制溶液,并在同一温度下使用,就不必校准,因为这时所引起的误差在计算时可以抵消;如果在不同的温度下使用则需要校准。当温度变化不大时,玻璃仪器容积变化的数值很小,可忽略不计,但溶液体积的变化不能忽略不计。溶液体积的改变是由于溶液密度的改变所造成的,稀溶液密度的变化和水相近。根据 GB/T 601—2002,表 1-8 列出了在不同温度下,1000 mL 水或稀溶液换算到 20 ℃时,其体积应增减的毫升数。

计算方法举例如下:

例 1-9 在 15 ℃时,滴定用去 26.00 mL 0.1 mol/L 标准滴定水溶液,计算在 20 ℃时该水溶液的体积应为多少?

解:查表 1-8 得,15 ℃时 1 L 0.1 mol/L 溶液的补正数值为 +0.9mL,则在 20 ℃时该溶液的体积应为

$$26.0 + \frac{0.9}{1000} \times 26.0 = 26.02(\text{mL})$$

表 1-8 1 L 溶液由 $t(℃)$ 换算为 20 ℃时的补正数值

(mL/L)

温度 (℃)	水和 0.05 mol/L 以下的各种水溶液	0.1 mol/L 和 0.2 mol/L 的各种水溶液	0.5 mol/L 盐酸溶液	1 mol/L 盐酸溶液	0.5 mol/L 硫酸溶液和氢氧化钠溶液	1 mol/L 硫酸溶液和氢氧化钠溶液	1 mol/L 碳酸钠溶液	0.1 mol/L 氢氧化钾-乙醇溶液
5	+1.38	+1.7	+1.9	+2.3	+2.4	+3.6	+3.3	—
6	+1.38	+1.7	+1.9	+2.2	+2.3	+3.4	+3.2	—
7	+1.36	+1.6	+1.8	+2.2	+2.2	+3.2	+3.0	—
8	+1.33	+1.6	+1.8	+2.1	+2.2	+3.0	+2.8	—
9	+1.29	+1.5	+1.7	+2.0	+2.1	+2.7	+2.6	—
10	+1.23	+1.5	+1.6	+1.9	+2.0	+2.5	+2.4	+10.8
11	+1.17	+1.4	+1.5	+1.8	+1.8	+2.3	+2.2	+9.6
12	+0.99	+1.3	+1.4	+1.6	+1.7	+2.0	+2.0	+8.5
13	+0.88	+1.1	+1.2	+1.4	+1.5	+1.8	+1.8	+7.4
14	+0.77	+1.0	+1.1	+1.2	+1.3	+1.6	+1.5	+6.5
15	+0.64	+0.9	+0.9	+1.0	+1.1	+1.3	+1.3	+5.2
16	+0.50	+0.7	+0.8	+0.8	+0.9	+1.1	+1.1	+4.2
17	+0.34	+0.6	+0.6	+0.6	+0.7	+0.8	+0.8	+3.1
18	+0.18	+0.4	+0.4	+0.4	+0.5	+0.6	+0.6	+2.1
19	+0.18	+0.2	+0.2	+0.2	+0.3	+0.3	+0.3	+1.0
20	0.00	0.00	0.00	0.0	0.0	0.0	0.0	0.0
21	−0.18	−0.2	−0.2	−0.2	−0.3	−0.3	−0.3	−1.1
22	−0.38	−0.4	−0.4	−0.5	−0.5	−0.6	−0.6	−2.2

温度 (℃)	水和0.05 mol/L以 下的各种 水溶液	0.1 mol/L 和0.2 mol/L 的各种水 溶液	0.5 mol/L 盐酸溶液	1 mol/L 盐酸溶液	0.5 mol/L 硫酸溶液 和氢氧化 钠溶液	1 mol/L 硫酸溶液 和氢氧化 钠溶液	1 mol/L 碳酸钠 溶液	0.1 mol/L 氢氧化钾- 乙醇溶液
23	−0.58	−0.6	−0.7	−0.7	−0.8	−0.9	−0.9	−3.3
24	−0.80	−0.9	−0.9	−1.0	−1.0	−1.2	−1.2	−4.2
25	−1.03	−1.1	−1.1	−1.2	−1.3	−1.5	−1.5	−5.3
26	−1.26	−1.4	−1.4	−1.4	−1.5	−1.8	−1.8	−6.4
27	−1.51	−1.7	−1.7	−1.7	−1.8	−2.1	−2.1	−7.5
28	−1.76	−2.0	−2.0	−2.0	−2.1	−2.4	−2.4	−8.5
29	−2.01	−2.3	−2.3	−2.3	−2.4	−2.8	−2.8	−9.6
30	−2.30	−2.5	−2.5	−2.6	−2.8	−3.2	−3.1	−10.6
31	−2.58	−2.7	−2.7	−2.9	−3.1	−3.5	—	−11.6
32	−2.86	−3.0	−3.0	−3.2	−3.4	−3.9	—	−12.6
33	−3.04	−3.2	−3.3	−3.5	−3.7	−4.2	—	−13.7
34	−3.47	−3.7	−3.6	−3.8	−4.1	−4.6	—	−14.8
35	−3.78	−4.0	−4.0	−4.1	−4.4	−5.0	—	−16.0
36	−4.10	−4.3	−4.3	−4.4	−4.7	−5.3	—	−17.0

注：① 本表数值是以 20 ℃为标准温度并以实测法测出的。

② 表中带有"＋"、"－"号的数值是以 20 ℃为分界的。室温低于 20 ℃的补正数值为"＋"，高于 20 ℃的补正数值为"－"。

③ 本表的用法如下：

如 1 L 硫酸溶液$[c(\frac{1}{2}H_2SO_4)]=1$(mol/L)，由 25 ℃换算为 20 ℃时，其体积补正数值为−1.5 mL，故 40.00 mL 换算为 20 ℃时的体积为

$$40.00-\frac{1.5}{1000}\times40.00=39.94(mL)$$

四、实验室用水的水质要求

在黄酒检验中，水的用量最大。除配制溶液外，分析操作、洗涤玻璃器皿和水浴加热及蒸馏酒精等都要用水，而天然水或自来水中存在着很多杂质，不能直接用于黄酒检验，必须将水纯化。通常把未经纯化的水称作原水。根据国家标准的有关规定，一般黄酒检验用水为"蒸馏水、双蒸水或相应纯度的去离子水"。我国国家标准 GB/T 6682—2008 规定，分析实验室用水分三个级别：一级水用于有严格要求的分析试验，如高效液相、气相色谱分析用水；二级水用于无机痕量分析等试验，如原子吸收光谱分析用水；三级水用于一般化学分析试验。分析实验室用水的技术指标见表 1-9。

表 1-9　分析实验室用水要求

项目	一级水	二级水	三级水
外观	无色透明液体		
pH 范围(25 ℃)	—	—	5.0～7.5
吸光度(254 nm,1 cm 光程)	≤0.001	≤0.01	
蒸发残渣(105±2℃)(mg/L)		≤1.0	≤2.0
电导率(25 ℃)(ms/m)	≤0.01	≤0.10	≤0.50
可氧化物质(以 O 计)(mg/L)	—	≤0.08	≤0.4
可溶性硅(以 SiO$_2$ 计)(mg/L)	≤0.01	≤0.02	—

不同级别的黄酒检验用水其制备方法和原水要求不同。制备所用原水应达到饮用水级别或一定的纯度。一级水可用二级水经过石英设备蒸馏或离子交换混合床处理,再经 0.2 μm 微孔滤膜过滤来抽取;二级水可用多次蒸馏或离子交换等方法制取;三级水可用蒸馏或离子交换等方法制取。

为了保证黄酒检验用水的纯度,对其储存的方法与容器都有要求。各级用水均用密闭的、专用聚乙烯容器储存。新容器在使用前需要用质量分数为 20% 的盐酸浸泡 2～3 d,再用待测水反复冲洗,并注满待测水浸泡 6 h 以上。各级水的储存期间,容器中的可溶性成分、空气中的二氧化碳和其他杂质是水质污染的主要来源。所以,一级水不可储存,应在使用前制备;二级水、三级水可适量制备,分别储存于预先经同级水清洗过的相应容器中。

黄酒理化分析与检验方法中所使用的水,未注明其他要求时,均指蒸馏水或去离子水;未指明溶液用何种溶剂配制时,均指水溶液。

第五节　滴定终点实践

一、酸碱滴定实验

1. 实验目的

(1)熟练掌握酸式滴定管和碱式滴定管的使用。

(2)正确地判断甲基橙和酚酞的终点。

2. 实验原理

滴定终点的判断正确与否是影响滴定分析准确度的重要因素之一,必须学会正确判断终点以及检验终点的方法。酸碱滴定的指示剂有甲基橙与酚酞。甲基橙(简写为 MO)的 pH 值变色范围是 3.1(红)～4.4(黄),pH 值 4.0 附近为橙色。以 MO 为指示剂,用 NaOH 溶液滴定酸性溶液时,终点颜色变化是由橙色变为黄色;而用 HCl 溶液滴定碱性溶液时,则应以由黄色变为橙色时为终点。如何判断橙色,对初学者来说有一定的难度,所以在做滴定练习之前,应先练习判断和验证终点。具体做法是:在锥形瓶中加入约 30 mL 水和 1 滴 MO 指示液,从碱式滴定管中放出 2～3 滴 NaOH 溶液,观察其色为黄色;然后用酸式滴定管滴加 HCl 溶液至由黄色变为橙色。如果已滴到红色,再滴加 NaOH 溶液至黄色。如此反复滴加 HCl 和 NaOH 溶液,直至能做到加入半滴 NaOH 溶液由橙色变为黄色(验证:再加半滴 NaOH 溶液颜色不变,或加半滴 HCl 溶液则变为橙色),而加半滴 HCl 溶液由黄色变为橙色(验证:再加半滴 HCl 溶液变为红色,或加半滴 NaOH 溶液能变为黄色)为止,达到能通过加入半滴溶液而确定终点的目的。熟悉了判断终点的方法后,再按以下的实验步骤中(2)和(3)进行滴定练习。在以后的各次实验中,每遇到一种新的指示剂,均应先练习至能正确地判断终点颜色变化后再开始实验。

3. 实验试剂

(1) 常用滴定分析仪器。

(2) 浓 HCl。

(3) NaOH 固体。

(4) 1 g/L 甲基橙(MO)溶液。

(5) 2 g/L 酚酞(PP)乙醇溶液。

(6) 0.1 mol/L HCl 溶液

量取一定量的蒸馏水于 500 mL 烧杯中,加入 8.6 mL 浓 HCl,搅拌后再加入蒸馏水稀释至 500 mL,用 1 L 的容量瓶定容直至刻度。摇匀,转移到试剂瓶中,盖上瓶塞。

(7) 0.1 mol/L NaOH 溶液

称取 4 g NaOH 固体于 500 mL 烧杯中,加入 100 mL 蒸馏水溶解后,再稀释至 500 mL,用 1 L 的容量瓶定容直至刻度。摇匀,转移到试剂瓶中,盖上瓶塞。

4. 实验步骤

(1) 将酸式滴定管和碱式滴定管洗净,并用待装的溶液润洗 3 次。

(2) 用 HCl 溶液滴定 NaOH 溶液

在酸式滴定管中装入 HCl 溶液,去除气泡后调定零点。在碱式滴定管中装入 NaOH 溶液,排除玻璃珠下部管中的气泡,并将液面调节至"0"刻度线处。以 10 mL/min 的流速放出 20.00 mL NaOH 溶液至锥形瓶中(或者先快速放出 19.5 mL,等待 30 s,再继续放到 20.00 mL),加 1 滴甲基橙指示液,用 HCl 溶液滴定到溶液由黄色变为橙色,记录所耗 HCl 溶液的体积(读准至 0.01 mL)。再放出 3.00 mL NaOH 溶液(此时碱式滴定管读数为 23.00 mL),继续用 HCl 溶液滴定至橙色,记录滴定终点读数。如此连续滴定 5 次,得到 5 组数据,计算每次滴定的体积比 $V(\text{HCl})/V(\text{NaOH})$ 及体积比的相对平均偏差,其相对偏差应不超过 0.2%,否则要重新连续滴定 5 次。

(3) 用 NaOH 溶液滴定 HCl 溶液

在酸式滴定管中装入 HCl 溶液,去除气泡后调定零点。在碱式滴定管中装入 NaOH 溶液,排除玻璃珠下部管中的气泡,并将液面调节至"0"刻度线处。以 10 mL/min 的流速放出 20.00 mL HCl 溶液至锥形瓶中(或者先快速放出 19.5 mL,等待 30 s,再继续放到 20.00 mL),加 2 滴酚酞(PP)乙醇指示液,用 NaOH 溶液滴定到溶液由无色变为粉红色且 30 s 之内不褪色即到终点,记录所耗 NaOH 溶液的体积(读准至 0.01 mL)。再放出 3.00 mL HCl 溶液(此时酸式滴定管读数为 23.00 mL),继续用 NaOH 溶液滴定至粉红色,记录滴定终点读数。如此连续滴定 5 次,得到 5 组数据。计算每次滴定的体积比 $V(\text{HCl})/V(\text{NaOH})$ 及体积比的相对平均偏差,其相对偏差应不超过 0.2%,否则要重新连续滴定 5 次。

（4）实验结束后将实验仪器洗净，并将滴定管倒夹在滴定台上（酸式滴定管的活塞要打开）。将仪器收回仪器柜子里，最后将实验台擦净。

5. 数据记录与处理

数据记录与处理如表 1-10 和表 1-11 所示。

表 1-10　HCl 溶液滴定 NaOH 溶液体积消耗表　　　　　　指示剂：甲基橙

项目	1	2	3	4	5
$V(NaOH)(mL)$	20.0	23.0	26.0	29.0	32.0
$V(HCl)(mL)$					
$V(HCl)/V(NaOH)$					
$V(HCl)/V(NaOH)$平均值					
相对偏差（%）					

表 1-11　NaOH 溶液滴定 HCl 溶液体积消耗表　　　　　　指示剂：酚酞

项目	1	2	3	4	5
$V(HCl)(mL)$	20.0	23.0	26.0	29.0	32.0
$V(NaOH)(mL)$					
$V(HCl)/V(NaOH)$					
$V(HCl)/V(NaOH)$平均值					
相对偏差（%）					

6. 注意事项

（1）滴定管装溶液前要用待装溶液润洗。

（2）指示剂不得多加，否则终点难以观察。

（3）碱式滴定管在滴定过程中不得产生气泡。

（4）滴定过程中要注意观察溶液颜色变化的规律。

（5）读数要准确。

（6）$V(HCl)/V(NaOH)$ 亦可用 $V(NaOH)/V(HCl)$ 表示。

 复习思考题

一、填空题

1. 凡袋装原料，按总袋数＿＿＿＿＿袋中取样（可用取样器），并按＿＿＿＿＿5 个点取样。

2. 样品的采集有＿＿＿＿＿和＿＿＿＿＿两种方法。

3. 将酸式滴定管和碱式滴定管洗净，并用待装的溶液润洗＿＿＿＿＿次。

4. 根据所利用的化学反应类型的不同，滴定分析法可以分为＿＿＿＿＿滴定法、＿＿＿＿＿滴定法、＿＿＿＿＿滴定法和＿＿＿＿＿滴定法等。

5. 显微镜观察时应遵守从_____到_____再至_____的观察程序。

6. 复合电极就是把_____和_____做在一起，原理还是一样的，内参比电极加的是_____溶液，而不是_____溶液。

二、判断题

1. 一般用移液管移取液体试剂或溶液。（　　）

2. 溶解基准物质时，用移液管移取 20～30 mL 水加入使其溶解。（　　）

3. 每次滴定完毕后，滴定管中多余试剂不能随意处置，应倒回原来的试剂瓶中。（　　）

4. 二级水可用多次蒸馏或离子交换等方法制取。（　　）

5. 滴定分析中常用的标准溶液，一般选用分析纯试剂配制，再用基准试剂标定。（　　）

6. 校准玻璃仪器可用衡量法和常量法。（　　）

7. 布氏漏斗常用在抽滤方法过滤。（　　）

8. 滴定管体积校正采用的是绝对校正法。（　　）

9. 12 ℃时 0.1 mol/L 某标准溶液的温度补正数值为 ＋1.3，滴定用去 26.35 mL，校正为 20 ℃时的体积是 26.32mL。（　　）

10. 已知 25 mL 移液管在 20 ℃的体积校准值为 －0.01 mL，则 20 ℃该移液管的真实体积是 25.01 mL。（　　）

11. 当需要准确计算时，容量瓶和移液管均需要进行校正。（　　）

12. 在分析天平上称出一份样品，称前调整零点为 0，称得样品质量为 12.2446 g；称后检查零点为 ＋0.2 mg，该样品质量实际为 12.2448 g。（　　）

13. 用电光分析天平称量时，若微缩标尺的投影向左偏移，天平指针也是向左偏移。

14. 滴定管属于量出式容量仪器。（　　）

15. 用浓溶液配制稀溶液的计算依据是稀释前后溶质的物质的量不变。（　　）

16. 容量瓶、滴定管、吸管不可以加热烘干，也不能盛装热的溶液。（　　）

17. 酸式滴定管是用来盛放酸性溶液或氧化性溶液的容器。（　　）

18. 使用移液管吸取溶液时，应将其下口插入液面 0.5～1 cm 处。（　　）

19. 滴定管、容量瓶、移液管在使用之前都需要用试剂溶液进行润洗。（　　）

20. 使用滴定管时，每次滴定应从"0"分度开始。（　　）

21. 在滴定时，$KMnO_4$ 溶液要放在碱式滴定管中。（　　）

22. 滴定管读数时必须读取弯月面的最低点。（　　）

23. 滴定管内壁不能用去污粉刷洗，以免划伤内壁，影响体积准确测量。（　　）

24. 校准滴定管时，用 25 ℃时水的密度计算水的质量。（　　）

25. 天平的零点是指天平空载时的平衡点，每次称量之前都要先测定天平的零点。（　　）

26. 电光分析天平利用的是杠杆原理。（　　）

27. 天平的灵敏度越高越好。（　　）

28. 天平室要经常敞开通风，以防室内过于潮湿。（　　）

29. 氢氧化钠溶液的标定一般用的是基准物质邻苯二甲酸氢钾。（　　）

30. 差减法适于称量多份不易潮解的样品。（   ）

31. 电子天平每次使用前必须校准。（   ）

32. 标准规定"称取1.5 g样品,精确至0.0001 g",其含义是必须用至少分度值为0.1 mg的天平准确称1.4～1.6 g试样。（   ）

33. 在利用分析天平称量样品时,应先开启天平,然后再取放物品。（   ）

34. 滴定管、移液管和容量瓶校准的方法有称量法和相对校准法。（   ）

35. 在10 ℃时,滴定用去35.00 mL 0.1 mol/L标准溶液,如20 ℃时的体积校正值为+1.45,则20 ℃溶液的体积为35.05 mL。（   ）

36. 计算标准溶液实际消耗体积时应加上滴定管校正值。（   ）

37. 滴定管中装入溶液或放出溶液后即可读数,并应使滴定管保持垂直状态。（   ）

三、选择题

1. 天平的零点若发生漂移,将使测定结果（   ）。

A. 偏高   B. 偏低   C. 不变   D. 高低不一定

2. 为保证天平的干燥,下列物品能放入的是（   ）。

A. 蓝色硅胶   B. 石灰   C. 乙醇   D. 木炭

3. 天平及砝码应定期检定,一般规定检定时间间隔不超过（   ）。

A. 半年   B. 一年   C. 两年   D. 三年

4. 使用分析天平进行称量过程中,加、减砝码或取、放物体时,应把天平梁托起,这是为了（   ）。

A. 称量快速   B. 减少玛瑙刀的磨损

C. 防止天平盘的摆动   D. 减少天平梁的弯曲

5. 关于天平砝码的取用方法,正确的是（   ）。

A. 戴上手套用手取   B. 拿纸条夹取

C. 用镊子夹取   D. 直接用手取

6. 10 ℃时,滴定用去26.00 mL 0.1 mol/L标准溶液,该温度下1 L 0.1 mol/L标准溶液的补正值为+1.5 mL,则20 ℃时该溶液的体积为（   ）mL。

A. 26.00   B. 26.04   C. 27.50   D. 24.50

7. 如果在10 ℃时滴定用去25.00 mL 0.1 mol/L标准溶液,在20 ℃时应相当于（   ）mL。已知10 ℃下1000 mL换算到20 ℃时的校正值为1.45 mL。

A. 25.04   B. 24.96   C. 25.08   D. 24.92

8. 用称量法进行滴定管体积的绝对校准时,得到的体积值是滴定管在（   ）下的实际容量。

A. 25 ℃   B. 20 ℃

C. 实际测定温度   D. 0 ℃

9. 现需要配制0.1000 mol/L $K_2Cr_2O_7$溶液,下列量器中最合适的是（   ）。

A. 容量瓶   B. 量筒   C. 刻度烧杯   D. 酸式滴定管

10. 滴定管读数时,视线比液面低,会使读数（   ）。

A. 偏低   B. 偏高

C. 可能偏高也可能偏低   D. 无影响

11. 酸式滴定管尖部出口被润滑油脂堵塞,快速有效的处理方法是( )。

A. 热水中浸泡并用力向下抖　　　　B. 用细铁丝通并用水洗

C. 装满水后利用水柱的压力压出　　D. 用洗耳球对吸

12. 下列溶液中需装在棕色酸式滴定管的是( )。

A. H_2SO_4　　　　B. NaOH　　　　C. $KMnO_4$　　　　D. $K_2Cr_2O_7$

13. 进行滴定操作时,正确的方法是( )。

A. 眼睛看着滴定管中液面下降的位置

B. 眼睛注视滴定管流速

C. 眼睛注视滴定管是否漏液

D. 眼睛注视被滴定溶液颜色的变化

14. 下列关于容量瓶的说法中,错误的是( )。

A. 不宜在容量瓶中长期存放溶液

B. 把小烧杯中的洗液转移至容量瓶时,每次用水 50 mL

C. 定容时的溶液温度应当与室温相同

D. 不能在容量瓶中直接溶解基准物质

15. 放出移液管中的溶液时,当液面降到滴定管尖端后,应等待( )以上。

A. 5 s　　　　B. 10 s　　　　C. 15 s　　　　D. 20 s

16. 指出下列滴定分析操作中,规范的操作是( )。

A. 滴定之前,用待装标准溶液润洗滴定管 3 次

B. 滴定时摇动锥形瓶,有少量溶液溅出

C. 在滴定前,锥形瓶应用待测液淋洗 3 次

D. 滴定时溶液成线状流出

17. 在进行容量仪器的校正时所用的标准温度是( )℃。

A. 25　　　　B. 20　　　　C. 18　　　　D. 15

18. 没有磨口部件的玻璃仪器是( )。

A. 碱式滴定管　　B. 碘瓶　　　　C. 酸式滴定管　　D. 称量瓶

19. 在 21 ℃时由滴定管中放出 10.03 mL 纯水,其质量为 10.0400 g。查表知 21 ℃时 1 mL 纯水的质量为 0.99700 g。该体积段的校正值为( )。

A. +0.04 mL　　B. −0.04 mL　　C. 0.00 mL　　D. 0.03 mL

20. 在 22 ℃时,用已洗净的 25 mL 移液管,准确移取 25.00 mL 纯水,置于已准确称量过的 50 mL 的锥形瓶中,称得水的质量为 24.9613 g,此移液管在 20 ℃时的真实体积为( )。已知 22 ℃时水的密度为 0.99680 g/mL。

A. 25.00 mL　　B. 24.96 mL　　C. 25.04 mL　　D. 25.02 mL

21. 校准移液管的两次校正差不得超过( )。

A. 0.01 mL　　B. 0.02 mL　　C. 0.05 mL　　D. 0.1 mL

22. 用 15 mL 的移液管移出的溶液体积应记为( )。

A. 15 mL　　　B. 15.0 mL　　C. 15.00 mL　　D. 15.000 mL

23. 进行移液管和容量瓶的相对校正时,( )。

A. 移液管和容量瓶的内壁都必须绝对干燥

B. 移液管和容量瓶的内壁都不必干燥

C. 容量瓶的内壁必须绝对干燥,移液管内壁可以不干燥

D. 容量瓶的内壁可以不干燥,移液管内壁必须绝对干燥

24. 16 ℃时 1 mL 水的质量为 0.99780 g,在此温度下校正 10 mL 单标线移液管,称得其放出的纯水质量为 10.04 g,此移液管在 20 ℃时的校正值是(　　) mL。

A. −0.02　　　　　　B. +0.02　　　　　　C. −0.06　　　　　　D. +0.06

四、名词解释

1. 容重

2. 四分法

3. 随机抽样

4. 代表性取样

五、简答题

1. 采样的原则是什么?

2. 锥形瓶使用前是否要干燥? 为什么?

3. 若滴定结束时发现滴定管下端挂有溶液或有气泡应如何处理?

4. 酸式滴定管和碱式滴定管是否要用待装溶液润洗? 如何润洗?

第二章　黄酒原辅料分析与检测

第一节　黄酒原料分析

对于黄酒企业来说,大米是主要的原料,因此必须抓好大米的质量关,尽量减少大米处理过程中产生的废物,比如米糠、小碎米、米浆水等。首先,在大米入库检验中,制订比国家标准更低的米糠含量、碎米率、矿物质含量等指标;其次,在贮存中要注意仓库温度与湿度的控制,严防变质;最后,黄酒企业应建立起米糠、碎米、米浆水处理的后续工艺,提升综合利用率,减少外排。黄酒企业严禁使用农残超标的原辅料及黄陈米。GB 1354—2009 标准规定的大米质量指标如表 2-1 所示;优质大米质量指标如表 2-2 所示;大米的卫生标准符合 GB 2715—2005,如表2-3所示。

一、原料基础知识

1. 大米

(1) 有关大米的术语与定义

① 加工精度

加工后米胚残留以及米粒表面和背沟残留皮层的程度,以国家制订的加工精度标准样品对照检验。在制订加工精度标准样品时,按以下级别来判定:

一级:背沟无皮,或有皮不成线,米胚和粒面皮层去净的占 90％以上。

二级:背沟有皮,米胚和粒面皮层去净的占 85％以上。

三级:背沟有皮,粒面皮层残留不超过 1/5 的占 80％以上。

四级:背沟有皮,粒面皮层残留不超过 1/3 的占 75％以上。

② 不完善粒

a. 未成熟粒　米粒不饱满,外观全部呈粉质的米粒。

b. 虫蚀粒　被虫蛀蚀的米粒。

c. 病斑粒　粒表面有病斑的米粒。

d. 生霉粒　粒表面有霉斑的米粒。

e. 糙米粒　完全未脱皮层的米粒。

③ 糠粉　通过直径 1.0 mm 圆孔筛的筛下物,以及粘附在筛上的粉状物质。

④ 杂质　除大米粒之外的其他物质,包括糠粉、矿物质、带壳稗粒、稻谷粒等。

⑤ 完整米粒　除胚外其余各部分未破损的完善米粒。

⑥ 平均长度　试样中完整米粒长度的算术平均值。

⑦ 碎米　长度小于同批试样米粒平均长度的 3/4、留存在 1.0 mm 圆孔筛上的不完整米粒。

⑧ 小碎米　通过直径 2.0 mm 圆孔筛、留存在直径 1.0 mm 圆孔筛上的不完整米粒。

⑨ 黄粒米　胚乳呈黄色，与正常米粒颜色明显不同的米粒。

⑩ 籼米　用籼型非糯性稻谷制成的大米，米粒一般呈长椭圆形或细长形。

⑪ 粳米　用粳型非糯性稻谷制成的大米，米粒一般呈椭圆形。

⑫ 糯米　用糯性稻谷制成的大米，又分为籼糯米与粳糯米。

a. 籼糯米　用籼型糯性稻谷制成的大米。米粒一般呈长椭圆形或细长形，乳白色，不透明，也有的呈半透明状（俗称阴糯），黏性大。

b. 粳糯米　用粳型糯性稻谷制成的大米。米粒一般呈椭圆形，乳白色，不透明，也有的呈半透明状（俗称阴糯），黏性大。

⑬ 垩白粒率　胚乳中有白色（包括腹白、心白和背白）不透明部分的米粒为垩白粒。垩白粒占试样米粒数的百分率为垩白粒率。

⑭ 品尝评分值　大米制成米饭的气味、色泽、外观结构、滋味等各项因素评分的值的总和。

⑮ 直链淀粉含量　试样所含直链淀粉的质量占试样总质量的百分率。

⑯ 互混　同一批次大米中的其他类型米粒。

⑰ 色泽、气味　整批大米的综合颜色、光泽和气味。

（2）大米分类

① 按类型分为籼米、粳米和糯米 3 类，其中糯米又分为籼糯米和粳糯米。

② 按食用品质分为大米和优质大米。

（3）大米质量要求（见表 2-1～表 2-2）

表 2-1　大米质量指标

品种		籼米				粳米				籼糯米			粳糯米		
等级		一级	二级	三级	四级	一级	二级	三级	四级	一级	二级	三级	一级	二级	三级
加工精度		对照标准样品检验留皮程度													
碎米	总量(%)≤	15.0	20.0	25.0	30.0	7.5	10.0	12.5	15.0	15.0	20.0	25.0	7.5	10.0	12.5
	其中小碎米(%)≤	1.0	1.5	2.0	2.5	0.5	1.0	1.5	2.0	1.5	2.0	2.5	0.8	1.5	2.3
不完善粒(%)≤		3.0		4.0	6.0	3.0		4.0	6.0	3.0	4.0	6.0	3.0	4.0	6.0
杂质最大限量	总量(%)≤	0.25		0.3	0.4	0.25		0.3	0.4	0.25		0.3	0.25		0.3
	糠粉(%)≤	0.15		0.2	0.15	0.2		0.15	0.2	0.15		0.2	0.15		0.2
	矿物质(%)≤	0.02													

续 表

杂质最大限量											
带壳稗粒（粒/kg）≤	3	5	7	3	5	7	3	5	3	5	
稻谷粒（粒/kg）≤	4	6	8	4	6	8	4	6	4	6	
水分(%)≤	14.5			15.5			14.5		15.5		
黄粒米(%)≤	1.0										
互混(%)≤	5.0										
色泽、气味	无异常色泽和气味										

表 2-2　优质大米质量指标

品种		籼米			粳米			籼糯米			粳糯米		
等级		一级	二级	三级	一级	二级	三级	一级	二级	三级	一级	二级	三级
加工精度		对照标准样品检验留皮程度											
碎米	总量(%)≤	5.0	10.0	15.0	2.5	5.0	7.5	5.0	10.0	15.0	2.5	5.0	7.5
	其中小碎米(%)≤	0.2	0.5	1.0	0.1	0.3	0.5	0.5	1.0	1.5	0.2	0.5	0.8
不完善粒(%)≤		3.0		4.0	3.0		4.0	3.0		4.0	3.0		4.0
垩白粒率(%)≤		10.0	20.0	30.0	10.0	20.0	30.0	—			—		
品尝评分值(分)≥		90	80	70	90	80	70	75					
直链淀粉含量(干基)(%)		14.0～24.0			14.0～20.0			≤2.0					
杂质最大限量	总量(%)≤	0.25		0.3	0.25		0.3	0.25		0.3	0.25		0.3
	糠粉(%)≤	0.15		0.2	0.15		0.2	0.15		0.2	0.15		0.2
	矿物质(%)≤	0.02											
	带壳稗粒（粒/kg）≤	3		5	3		5	3		5	3		5
	稻谷粒（粒/kg）≤	4		6	4		6	4		6	4		6
水分(%)≤		14.5			15.5			14.5			15.5		
黄粒米(%)≤		1.0											
互混(%)≤		5.0											
色泽、气味		无异常色泽和气味											

表 2-3　大米的卫生要求

项目	指标(μg/kg)	项目	指标(μg/kg)
磷化物(以 PH$_3$ 计)	0.05	六六六	$\leqslant$0.05
滴滴涕	$\leqslant$0.05	氯化苦	2
黄曲霉毒素 B$_1$	$\leqslant$0.01	砷(以 As 计)	$\leqslant$0.15
无机汞(以 Hg 计)	$\leqslant$0.02	马拉硫磷	$\leqslant$1.5
镉(以 Cd 计)	$\leqslant$0.2	溴甲烷	$\leqslant$5
甲基毒死蜱	$\leqslant$5		

注：其他农药使用方式及限量应符合 GB 2763 的规定。

2. 小麦

小麦是黄酒的另一种原料，是制造麦曲的原料。麦曲素有"酒之骨"之称，所以小麦质量的好坏与黄酒质量有很大关系。针对目前大多数黄酒企业小麦采购的现状，主要存在的问题是麦壳、麦秆等杂质较多，处理起来比较麻烦，所以要尽量控制好企业的验收标准，从源头抓起，从原料进单位检验第一关抓起。制曲是为了培养有益于酿酒的微生物，获得各种有益的酶，故应尽量选用当年产的红色软质小麦，且冬小麦比春小麦好，因为春小麦易生虫。

(1) 对小麦质量的一般要求和标准

① 麦粒完整、颗粒饱满、粒状均匀，无霉烂、无虫蛀、无农药污染；

② 干燥适宜、外皮薄、呈淡红色、两端不带褐色的小麦为好；

③ 选用当年产的小麦，不可带特殊气味；

④ 麦粒饱满、粒度均匀，品种大体近似；

⑤ 尽量不含秕粒、尘土和其他杂质；

⑥ 防止混入毒麦(黑麦属恶性杂草籽，它比小麦瘦小，含毒麦碱，可引起急性中毒。一般采用筛选或漂浮法，将毒麦除净后再使用)。

(2) 有关小麦的术语与定义

① 容重　小麦籽粒在单位容积内的质量，g/L。

② 不完善粒　受到损伤但尚有使用价值的小麦颗粒。包括虫蚀粒、病斑粒、破损粒、生芽粒和生霉粒。

a. 虫蚀粒　被虫蛀蚀、伤及胚或胚乳的颗粒。

b. 病斑粒　粒表面带有病斑、伤及胚或胚乳的颗粒。

c. 破损粒　压扁、破碎并伤及胚或胚乳的颗粒。

d. 生芽粒　芽或幼根虽未突破种皮，但胚部种皮已破裂或明显隆起，且与胚分离的颗粒，或者是芽或幼根突破种皮不超过本颗粒长度的颗粒。

e. 生霉粒　粒面生霉的颗粒。

③ 杂质　除小麦粒以外的其他物质，包括筛下物、无机杂质和有机杂质。

a. 筛下物　通过直径 1.5 mm 圆孔筛的物质。

b. 无机杂质　砂石、煤渣、砖瓦块、泥土等矿质及其他无机物质。

c. 有机杂质　无使用价值的小麦、异种的粮粒与其他有机类物质。

（3）小麦分类

按国家标准（GB 1351—2008）规定,我国小麦根据皮色、粒质分为以下 5 类。

① 白色硬质小麦　种皮为白色或黄白色的麦粒不低于 90%,硬度指数不低于 60 的小麦。

② 白色软质小麦　种皮为白色或黄白色的麦粒不低于 90%,硬度指数不高于 45 的小麦。

③ 红色硬质小麦　种皮为深红色或红褐色的麦粒不低于 90%,硬度指数不低于 60 的小麦。

④ 红色软质小麦　种皮为深红色或红褐色的麦粒不低于 90%,硬度指数不高于 45 的小麦

⑤ 混合小麦　不符合上述规定的小麦。

（4）小麦的质量要求

小麦的质量指标如表 2-4 所示。

表 2-4　小麦质量指标

等级	容重（g/L）	不完善粒（%）	杂质（%）		水分（%）	色泽、气味
			总量	其中矿物质		
1	≥790	≤6.0				
2	≥770	≤6.0				
3	≥750	≤8.0	≤1.0	≤0.5	≤12.5	正常
4	≥730	≤8.0				
5	≥710	≤10.0				
等外	<710	—				

二、取样方法

大米或小麦原料取样由单位检测部门指定专人负责。取样时,必须使试样具有代表性,以真实代表分析对象。用采样器从包装的不同部位（顶部、中部、底部）取样。堆高一般在 2～3 m 左右,所以按上、中、下分层进行取样。如果采取的样品不平均,即无代表性,即使作了最精密的试验,也是无价值的。

1. 大米、小麦的采样方法

（1）对于有完整包装（袋、桶、箱）的均匀固体物料,可先确定采样件数,其确定公式为

$$S = \sqrt{n/2}$$

式中,n——被检测对象的数目;

　S——采样件数。

然后从样品堆放的不同部位按采样件数确定具体采样总件数,再用取样管插入包装容器中采样,回转 180°取出样品。每一包装须由上、中、下三层取样,把许多份检测的样品合起

来即为原始样品;再用"四分法"将原始样做成平均样品:将原始样品充分混匀后堆在桌面上,压成厚度在 3 cm 以下的形状,并划成对角线或十字线,将样品分成四份,取对角的两份混合;再如上分为四份,取对角的两份;重复这样的操作直至取得所需数量为止,一般为 3~4 次。根据企业的实际情况,以供应部送检单注明的数量为一批次。取样包数不少于总包数的 5%~10%,抽样量不少于 0.5~1.0 kg;抽样的包点要分布均匀;抽样时,采样器槽口向下,从包的一端斜对角插入包的另一端,然后槽口向上取出;每包取样次数一致。

大米与小麦的采样方法是相同的,只不过大米是用小的粮食采样器采样,小麦是用大的粮食采样器采样。

三、物理分析

实训 1. 大米与小麦的感官检测

大米的感官评价中优质的大米应色泽洁白,富有光泽,颗粒均匀;应具有新鲜粮食香味,不可有霉味、陈米味及其他异味。我们可从以下几个方面进行粗略鉴别:一看:看大米的色泽和外观。优质大米色泽清白,有光泽,呈半透明状,米粒大小均匀、丰满光滑,很少有碎米、爆腰(米粒上有裂纹)、腹白(米粒上乳白色不透明部分叫作腹白,是由于稻谷未成熟,糊精较多而缺乏蛋白质引起的),无虫,不含杂质。次质、劣质大米的色泽呈白色或微淡黄色,透明度差或不透明;米粒大小不匀,饱满度差,碎米多,有爆腰和腹白,有带壳粒,有虫,有结块等;霉变的米粒表面是绿色、黄色、灰褐色、黑色等。二闻:闻大米的气味。手中取少量大米,向大米哈一口热气,然后立即嗅气味。优质大米具有正常的清香味,无其他异味;微有异味或有霉变气味、酸臭味、腐败味和不正常气味的为次质、劣质大米。三摸:新米光滑,手摸有凉爽感;陈米色暗,手摸有涩感;严重变质米,手捻易成粉状或易碎。四尝:尝大米的味道。可取少量大米放入口中细嚼,或磨碎后再品尝。优质大米味佳,微甜,无任何异味;没有味道、微有异味、酸味、苦味及其他不良滋味的为次质、劣质大米。

正常的小麦籽粒随品种不同而具特有的颜色与光泽。如硬质麦的色泽有琥珀黄色、深琥珀色和浅琥珀色;软质麦除了红、白两种基本色泽外,红软麦的色泽还有深红色、红色、浅红色、黄红色和黄色等。但在不良条件的影响下,小麦会失去光泽,甚至改变颜色。

引起麦粒色泽异常的原因主要有:小麦晚熟,使籽粒呈绿色;受小麦赤霉病菌的侵害,麦粒颜色变浅,有时略带青色,严重时胚部和麦皮上有粉红色斑点或黑色微粒,贮藏时间过久,色泽变得陈旧;受潮会失去光泽、稍带白色;发生霉变,麦粒上出现白色、黄色、绿色和红色斑点,严重的则完全改变其固有颜色,成为黄绿、黑绿色等。

正常的麦粒具有小麦特有的香味,如果气味不正常,说明小麦变质或吸附了其他有异味的气体。引起小麦气味不正常的主要原因有:发热霉变,使小麦带有霉味;小麦发芽,带有类似黄瓜的气味;感染黑穗病,散发类似青鱼的气味;包装和运输工具不干净,使小麦污染后带有煤油、卫生球或煤焦油等气味。越新鲜的小麦麦香味越浓。新鲜小麦不管是气味还是营养,都是比较好的;随着贮藏时间的推移,其内在品质会越来越低,生物酶活性会降低,蛋白质质量也会下降。在贮存条件较差的情况下,小麦发热会导致丧失大部分营养成分,酸败比值高,产生一股"哈"味。

正常小麦的表面光滑并富有光泽。如果贮藏时间过长、发热霉变或受潮的小麦,其表面会失去光泽而出现各种色泽的斑点,使表面的光滑度变差。麦粒的表面状态对于小麦的容重具有决定作用。粗糙的、表面有褶皱的麦粒,其容重比表面光滑的麦粒小。

生产中要采取相应措施,确保用作麦曲的小麦麦粒是有正常光泽的。光泽是分辨小麦是否是新麦的一个最为重要的因素。

1. 实训目的

(1)掌握大米与小麦感官检测的方法;

(2)了解正常的大米与小麦的色泽。

2. 实训原理

本方法采用 GB/T 5492—2008 中的色泽、气味鉴定标准。

3. 仪器

(1)天平 分度值为 1 g。

(2)谷物选筛。

(3)广口瓶。

(4)水浴锅。

4. 操作步骤

(1)色泽鉴定

分取 20～50 g 已去除杂质的样品,放在手掌中均匀地摊平,在散射光线下仔细观察样品的整体颜色和光泽。作为黄酒原料的大米以米色洁白、无杂色、略有光泽者为正常色泽;呈暗黄色或失去光泽者不适于作为酿酒原料;夹有杂色的大米常含有较多的蛋白质与脂肪,也不利于酿酒。大米如图 2-1 所示,糯米如图 2-2～图 2-4 所示。制麦曲用原料小麦(图 2-5),应籽粒饱满,颜色淡黄或淡红而富有光泽,不得有呈褐色、灰色和虫蛀的现象。

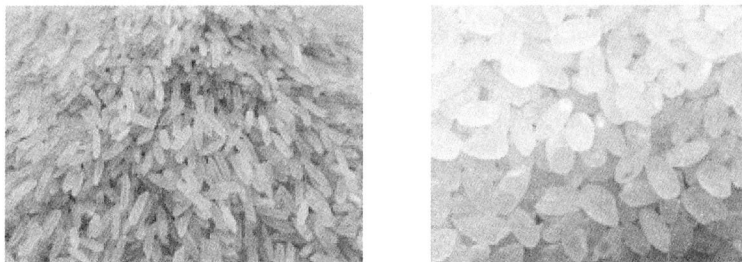

图 2-1   大米

图 2-2   籼糯米

图 2-3   粳糯米

图 2-4   陈糯米

图 2-5　小麦

（2）气味鉴定

分取 20～50 g 样品，简易的检验方法是可取少许试样放在手掌中紧握、哈气或摩擦，提高样品的温度后，立即嗅其气味。对气味不易鉴定的样品，分取 20 g 样品，放入广口瓶中，置于 60～70 ℃的水浴锅里，盖上瓶塞，保温 8～10 min，开盖后，嗅其气味。优质的大米与小麦应具有固有的气味，绝不应有腐败气味及霉味。

5. 结果表示

正常的大米、小麦具有固有的色泽、气味，鉴定结果以"正常"或"不正常"表示。品尝评分值高于 60 分的为"正常"，低于 60 分的为"不正常"，对"不正常"的应加以说明。

实训 2. 容重的检测

容重是原料颗粒在单位容积内的质量，以 g/L 表示。通常容重大的，其颗粒饱满整齐，淀粉含量相对来说也高些。容重愈大，质量愈好，表示虫蛀空壳的、瘪瘦的颗粒愈少。小麦容重的评判标准按表 2-4 小麦质量指标进行。

1. 实训目的

（1）了解容重器的使用方法；

（2）掌握容重的检测方法。

2. 实训原理

本法采用 GB/T 5498—2013《粮食、油料检验容重测定法》国家标准。图2-6所示的容重器是过去旧式的容重器，是用秤的原理手动称量的；图2-7所示的是现在新式的容重器，它是用电子天平称量的。

图 2-6　HGT - 1000 型容重器　　　　图2-7　GHCS - 1000 型电子谷物容重器

3. 仪器

(1) HGT - 1000 型容重器(即增设专用底板的 61—71 型容重器),如图 2-6 所示。

(2) 天平 分度值为 0.1 g。

(3) 谷物选筛 不同粮种选用的筛,按如下规定:

① 小麦:上层筛 4.5 mm,下层筛 1.5 mm。

② 高粱:上层筛 4.0 mm,下层筛 2.0 mm。

③ 谷子:上层筛 3.5 mm,下层筛 1.2 mm。

4. 操作步骤

(1) 试样制备 从平均样品中分取试样约 1000 g,按谷物筛选规定的筛层,分 4 次进行筛选,拣出上层筛上的大型杂质,并弃除下层筛筛下物,合并上、下层筛上的粮食籽粒,混匀,作为测定容重的试样。

(2) 容重器安装与调零(HGT - 1000 型容重器操作方法)

① 打开箱盖,取出所有部件,盖好箱盖。

② 在箱盖的插座上安装立柱,将横梁支架安装在立柱上,并用螺丝固定,再将不等臂式横梁安装在支架上。

③ 将放有排气砣的容量筒挂在吊环上,将大、小游锤移至零点处,检查空载时的零点。如不平衡,则捻动平衡调整砣调整至平衡。

④ 取下容量筒,倒出排气砣,将容量筒安装在铁板底座上,插上插片,放上排气砣,套上中间筒。

(3) 将制备的试样倒入谷物筒内,装满刮平。再将谷物筒套在中间筒上,打开漏斗开关,待试样全部落入中间筒后关闭漏斗开关。握住谷物筒与中间筒接合处,平稳地抽出插片,使酒样与排气砣一同落入容量筒内,再将插片准确地插入豁口槽中。依次取下谷物筒,拿起中间筒和容量筒,倒净插片上多余的试样,抽出插片,将容量筒挂在吊环上称重并记录读数。

5. 结果

平行试验结果允许差不超过 3 g/L,求其平均数,即为测定结果。

实训 3. 大米与小麦杂质、不完善粒的检测

杂物是指混在原料中没有利用价值的,甚至影响酒的品质的物质。

大米杂质是除大米粒之外的其他物质,包括糠粉、矿物质、带壳稗粒、稻谷粒等。大米的杂质与不完善粒的评判标准按表 2-1 大米质量指标进行。

小麦杂质是除小麦粒以外的其他物质,包括通过直径 1.5 mm 圆孔筛的物质:砂石、煤渣、砖瓦块、泥土等矿物质及其他无机物质;无使用价值的小麦、异种粮粒及其他有机类物质。

小麦不完善粒是指受到损伤但尚有使用价值的小麦颗粒,包括被虫蛀蚀、伤及胚或胚乳的颗粒;压扁、破碎或粒面带有病斑、伤及胚或胚乳的颗粒;生芽粒和生霉粒。通常一级小麦的不完善粒不超过 6.0%。小麦的杂质与不完善粒的评判标准按表 2-4 小麦的质量指标进行。

1. 实训目的

(1) 掌握杂质测定的方法;

（2）了解不完善粒的形状。

2. 实训原理

利用原料颗粒通过标准规定的筛的孔径大小来确定，按照 GB 5494—2008 中所述方法。

3. 仪器和要求

（1）天平　分度值为 0.01 g、0.1 g、1 g。

（2）谷物选筛。

（3）电动筛选器（图 2-8）。

（4）分样器和分样板。

（5）分析盘、镊子等。

（6）照明要求　操作过程中照明条件应符合 GB/T 22505—2008 的要求。

图 2-8　电动筛选器

4. 操作步骤和结果计算

（1）样品制备　检验杂质的试样分大样、小样两种。大样是用于检验大样杂质，包括大型杂质和绝对筛层的筛下物；小样是从检验过大样杂质的样品中分出少量试样，检验与粮粒大小相似的并肩杂质。检验小麦中杂质的试样用量如下：大样质量约为 500 g，小样质量约为 50 g。

（2）筛选　电动筛选器选法：按质量标准中规定的筛层套好（大孔筛在上，小孔筛在下，套上筛底），按规定称取试样放在筛上，盖上筛盖，放在电动筛选器上，接通电源，打开开关，筛选器自动地顺时针或逆时针各转 1 min（110～120 r/min）。筛后静止片刻，将筛上物和筛下物分别倒入分析盘内。卡在筛孔中间的颗粒属于筛上物。

（3）大样杂质检验

① 操作方法：从平均样品中，按操作步骤（1）的规定称取大样用量 500 g，精确至 1 g；按操作步骤（2）规定的筛选法分两次进行筛选，然后拣出筛上大型杂质和筛下物合并称重（m_1），精确至 0.01 g（小麦大型杂质在 4.5mm 筛上拣出）。

② 结果计算

大样杂质含量（M）以质量分数（％）表示，按以下公式计算：

$$M = \frac{m_1}{500} \times 100$$

式中，m_1——大样杂质质量，g；

　　500——大样质量，g。

在重复条件下获得的两次独立测试结果的绝对差值不超过 0.3％，求其平均数，即为检验结果。检验结果取一位小数。

（4）小样杂质检验

① 操作方法：从检验过大样杂质的试样中，按照操作步骤（1）的规定用量称取小样用量 50 g，精确至 0.01 g，倒入分析盘中，按质量标准的规定拣出杂质，称重（m_2），精确至 0.01 g。

② 结果计算

小样杂质含量（N）以质量分数（％）表示，按以下公式计算：

$$N = (100 - M) \times \frac{m_2}{50}$$

式中，m_2——小样杂质质量，g；

50——小样质量，g；

M——大样杂质百分率，%。

在重复条件下获得的两次独立测试结果的绝对差值不超过 0.3%，求其平均数，即为检验结果。检验结果取一位小数。

（5）杂质总量计算

杂质总量（B）以质量分数（%）表示，按以下公式计算：

$$B = M + N$$

式中，M——大样杂质百分率，%；

N——小样杂质百分率，%。

计算结果取一位小数。

（6）不完善粒检验

① 操作方法：在检验小样杂质的同时，按质量标准的规定挑出不完善粒，称重（m_3），精确至 0.01 g。

② 结果计算

不完善粒（C）以质量分数（%）表示，按以下公式计算：

$$C = (100 - M) \times \frac{m_3}{50}$$

式中，m_3——不完善粒质量，g；

50——小样质量，g；

C——不完善粒百分率，%。

在重复条件下获得的两次独立测试结果的绝对差值不超过 0.5%，求其平均数，即为检验结果。检验结果取一位小数。

实训 4. 大米中碎米含量的检测

本检测方法来源于 GB/T 5503—2009《粮油检验 碎米检验法》国家标准。本方法适用于大米、高粱米、小米、黍米、稷米中碎米含量的测定。米粒的长度小于同批试样米粒平均长度的 3/4、留存在直径 2.0 mm 圆孔筛上的不完整米粒称为碎米。所谓的小碎米是通过直径 2.0 mm 圆孔筛、留存在直径 1.0 mm 圆孔筛上的米粒。

1. 实训目的

（1）掌握大米中碎米的检测方法；

（2）掌握大米中碎米率的计算公式。

2. 实训原理

以筛分法和人工挑选相结合的方法，分选出样品中的碎米，称量碎米质量，计算碎米含量。

3. 仪器

① 天平：分度值为 0.01 g。

② 筛选器：转速 110～120 r/min，可自动控制以 1 min 为间隔顺时针或逆时针各转动 1 次。

③ 谷物选筛：1.0、1.2、1.5、2.0 mm 圆孔筛,配有筛底和筛盖,可配合筛选器使用。

④ 分样板：长方形平整木板或塑料板,厚约 2 mm,一条长边加工成斜口,便于分样。

⑤ 电动碎米分离器。

⑥ 表面皿、分析盘、镊子等。

4. 操作步骤

(1) 称取试样

按 GB/T 5494—2008 的规定除去样品中的杂质,以四分法分取除去杂质的样品约 10 g (m,精确至 0.01 g)作为检验用试样。

(2) 大米中碎米含量的检验

① 大米中小碎米的检验：先由上至下将 2.0 mm 和 1.0 mm 筛和筛底套装好,再将试样置于直径 2.0 mm 圆孔筛内。盖上筛盖,安装于筛选器上进行自动筛选,或将安装好的谷物选筛置于光滑平面上。用双手以约 100 r/min 的速度,顺时针及逆时针方向各转动 1 min,控制转动范围在选筛直径的基础上扩大 8～10 cm。

将选筛静止片刻,收集留存在直径 1.0 mm 圆孔筛上的碎米和卡在筛孔中的米粒,称量 (m_1),精确至 0.01 g。

② 大米中碎米的检验：将检验小碎米后留存于 2.0 mm 圆孔筛上及卡在筛孔中的米粒倒入碎米分离器,根据粒型调整碎米斗的倾斜角度,使分离效果最佳,分离 2 min。将初步分离出的整米和碎米分别倒入分析盘中,用木棒轻轻敲击分离筒,将残留在分离筒中的米粒并入碎米中,拣出碎米中不小于整米平均长度 3/4 的米粒并入整米,拣出整米中小于整米平均长度 3/4 的米粒并入碎米。将分离出的碎米与小碎米合并称量 (m_2),精确至 0.01 g。

如无碎米分离器,则将 2.0 mm 圆孔筛上的米粒连同卡在筛孔中的米粒倒入分析盘,手工拣出小于整米平均长度 3/4 的米粒,与拣出的小碎米合并称量,精确至 0.01 g。

(3) 小米、高粱米、黍米、稷米中碎米含量的检验

先由上至下将直径 1.5 mm(小米为 1.2 mm)和 1.0 mm 筛和筛底套装好,再将试样置于直径 1.5 mm 圆孔筛(小米为 1.2 mm)内。盖上筛盖,安装于筛选器上进行自动筛选。或将安装好的谷物选筛置于光滑平面上,用双手以约 100 r/min 左右的速度,顺时针及逆时针方向各转动 1 min,控制转动范围在选筛直径的基础上扩大约 8～10 cm。将选筛静止片刻,收集留存在直径 1.0 mm 圆孔筛上的碎米和卡在筛孔中的米粒,称量 (m_3),精确至 0.01 g。

5. 结果计算

① 大米中小碎米率的计算：

$$X_1 = \frac{m_1}{m} \times 100\%$$

式中,X_1——小碎米率(以质量分数计),%;

m_1——小碎米质量,g;

m——试样质量,g。

测定结果以平行试验结果的平均值表示,保留小数点后一位。平行试验结果绝对值差不得超过 0.5%。

② 大米中碎米率的计算：

$$X_2 = \frac{m_2}{m} \times 100\%$$

式中，X_2——碎米率(以质量分数计)，%；

m_2——碎米质量，g；

m——试样质量，g。

测定结果以平行试验结果的平均值表示，保留小数点后一位。平行试验结果绝对值差不得超过 0.5%。

③ 小米、高粱米、黍米、稷米中碎米率的计算：

$$X_3 = \frac{m_3}{m} \times 100\%$$

式中，X_3——碎米率(以质量分数计)，%；

m_3——碎米质量，g；

m——试样质量，g。

测定结果以平行试验结果的平均值表示，保留小数点后一位。平行试验结果绝对值差不得超过 0.5%。

四、化学分析

实训 1. 大米与小麦水分的检测

原料大米与小麦水分测定常用烘干法，包括 GB 5497—1985《粮食、油料检验　水分测定法》国家标准中定温定时烘干法与 105 ℃恒重法。

1. 实训目的

(1) 掌握大米与小麦水分的检测方法；

(2) 掌握大米与小麦水分等级指标数值。

2. 实训原理

采用比水的沸点稍高的温度(105 ℃)加热试样，在一定的时间内，让水分充分蒸发，根据试样减轻的质量计算水分含量。

3. 仪器和用具

(1) 电热恒温干燥箱。

(2) 分析天平　分度值为 0.0001 g。

(3) 实验室用电动粉碎机。

(4) 备有变色硅胶的干燥器。

(5) 谷物选筛。

(6) 铝盒　内径 4.5 cm，高 2.0 cm(图 2-9)。

4. 试样制备

用四分法从平均样品中分取 30～50 g 样品，除去大样杂质和矿物质，粉碎细度通过 1.5 mm 圆孔筛的不少于 90%。

5. 测定方法与操作步骤

方法一(105 ℃恒重法)：调节烘箱温度定在(105±2)℃，用已烘干至恒重的铝盒(W_0)称取试样 2 g(W_1，精

图 2-9　铝盒

确至 0.001 g)。将盛有试样的铝盒送入烘箱内温度计周围的烘网上,在 105 ℃温度下烘 3 h 后取出铝盒,加盖放入干燥器内冷却至室温,称重。再按以上方法进行复烘,每隔 30 min 取出冷却,称重,烘至前后两次质量差不超过 0.005 g 为止。如后一次质量高于前一次质量,以前一次的质量进行计算(W_2)。

方法二(定温定时烘干法):用已烘干至恒重的铝盒称取试样 2 g(精确至 0.001 g),待烘箱温度升至 135~145 ℃时,将盛有试样的铝盒送入烘箱内温度计周围的烘网上,在 5 min 内,将烘箱温度调到(130±2)℃,开始计时,烘 40 min 后取出放入干燥器内冷却,称重。

6. 结果计算

糯米含水量按下述公式计算:

$$水分(\%) = \frac{W_1 - W_2}{W_1 - W_0} \times 100$$

式中,W_0——铝盒重,g;

$\quad W_1$——烘前试样和铝盒重,g;

$\quad W_2$——烘后试样和铝盒重,g。

7. 注意事项

平行试验结果允许差不超过 0.2%,求其平均数,即为测定结果。测定结果取小数点后一位。

一般情况下,样品烘干后置于干燥器内时间短于 30 min 或长于 30 min 均会影响准确性,烘干后称量的最佳时间为 30 min。烘箱一定要用带鼓风装置的烘箱,样品要在盒子内摊开。

实训 2. 大米中粗淀粉的检测(企业法)

1. 实训目的

(1) 了解酸水解法测定大米中的粗淀粉含量;

(2) 掌握大米中粗淀粉含量的检测方法。

2. 实训原理

用酸将淀粉水解,生成还原性的单糖——葡萄糖,

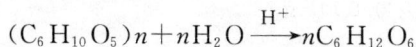

$$(C_6H_{10}O_5)n + nH_2O \xrightarrow{H^+} nC_6H_{12}O_6$$

然后按还原糖的测定方法进行测定,再折算成淀粉含量。这里采用廉-爱侬法,它以斐林溶液为氧化剂。斐林溶液由甲、乙溶液所组成,甲溶液为硫酸铜溶液,乙溶液为酒石酸钾钠与氢氧化钠溶液。当甲、乙两液混合时,硫酸铜与氢氧化钠起反应生成氢氧化铜沉淀。

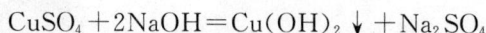

$$CuSO_4 + 2NaOH = Cu(OH)_2\downarrow + Na_2SO_4$$

氢氧化铜与酒石酸钾钠反应,生成可溶性的酒石酸铜络合物,沉淀溶解。

酒石酸钾钠铜中的 Cu^{2+} 是氧化剂,而葡萄糖在碱性溶液中起烯醇化作用,生成的葡萄糖烯二醇是一种较强的还原剂。二者产生氧化还原反应后,Cu^{2+} 被还原成 Cu^+,葡萄糖被氧化为葡萄糖酸。用次甲基蓝作为指示剂,次甲基蓝是氧化型,也具有氧化能力,但较 Cu^{2+} 为弱。当溶液中含有未被还原的 Cu^{2+} 时,滴入的葡萄糖首先使 Cu^{2+} 还原。当 Cu^{2+} 全部还原后,糖液才使次甲基蓝还原。生成的无色次甲基蓝是还原型,溶液的蓝色消失,即为终

点。由于检测时没有除去脂肪与可溶性糖类,所以检测的是粗淀粉的含量。

3. 试剂和仪器

(1) 1：4 盐酸溶液　1 份浓盐酸加入到 4 份水中。

(2) 20% NaOH 溶液　称取 20 g 氢氧化钠,加水溶解并稀释至 100 mL。

(3) 1% 次甲基蓝指示剂　称取 1 g 次甲基蓝,溶于 100 mL 水中。

(4) 10 g/L 酚酞指示剂　称取 1 g 酚酞,溶于乙醇(95%),用乙醇(95%)稀释至 100 mL。

(5) 斐林溶液

斐林甲溶液：称取硫酸铜($CuSO_4 \cdot 5H_2O$)69.28 g,加蒸馏水溶解并定容到 1000 mL。

斐林乙溶液：称取酒石酸钾钠 346 g 及氢氧化钠 100 g,加蒸馏水溶解并定容到 1000 mL,摇匀过滤,备用。

(6) 2.5 g/L 葡萄糖标准溶液　称取经 103~105 ℃烘干至恒重的无水葡萄糖 2.5 g(精确至 0.0001 g),加水溶解,并加浓盐酸 5 mL,再用蒸馏水定容到 1000 mL。

(7) 实验室用电动粉碎机。

(8) 1m 具塞长玻璃管。

(9) 500 mL 容量瓶。

(10) 150 mL 锥形瓶。

(11) 50 mL 酸式滴定管。

(12) 三角漏斗。

(13) 天平(分度值为 0.01 g)。

(14) 250 mL 锥形瓶、电炉。

4. 标定斐林溶液

(1) 标定斐林溶液的预滴定：准确吸取斐林甲、乙溶液各 5 mL 于 150 mL 锥形瓶中,加水 30 mL,混合后置于电炉上加热至沸腾。滴入 2.5 g/L 葡萄糖标准溶液,保持沸腾。待试液蓝色即将消失时,加入次甲基蓝指示液两滴,继续用葡萄糖标准溶液滴定至蓝色刚好消失为终点。记录消耗葡萄糖标准溶液的体积(V)。

(2) 斐林溶液的标定：准确吸取斐林甲、乙溶液各 5 mL 于 150 mL 锥形瓶中,加水 30 mL,混匀后加入比预先滴定体积(V)少 1 mL 的葡萄糖标准溶液,置于电炉上加热至沸腾。加入次甲基蓝指示液 2 滴,保持沸腾 2 min,继续用葡萄糖标准溶液滴定至蓝色刚好消失为终点,记录消耗葡萄糖标准溶液的体积(V_1)。全部滴定操作须在 3 min 内完成。

斐林甲、乙溶液各 5 mL 相当于葡萄糖的质量按下式计算：

$$F = \frac{m \times V_1}{1000}$$

式中,F——斐林甲、乙溶液各 5 mL 相当于葡萄糖的质量,g;

　　　m——称取葡萄糖的质量,g;

　　　V_1——正式标定时,消耗葡萄糖标准溶液的总体积,mL。

5. 操作步骤

用天平准确称取 2.0 g 磨碎的试样,置于 250 mL 锥形瓶中,加 50 mL 1：4 盐酸溶液,轻轻摇动锥形瓶,使酒样充分湿润。在瓶口加上长约 1 m 的长玻璃管,在电炉上加热,保持微沸 0.5 h。冷却后加酚酞指示剂 2 滴,用 20% 氢氧化钠溶液中和至中性。用脱脂棉过滤,滤液用 500 mL 容量瓶接收,用水充分洗涤残渣,洗液并入容量瓶中,然后用蒸馏水定容,摇匀。以试样水解液代替葡萄糖标准溶液,按斐林溶液标定的操作步骤进行测定。

6. 结果计算

$$淀粉含量(\%) = \frac{F \times 500}{V \times W \times 1000} \times 0.9 \times 100$$

式中,F——斐林甲、乙溶液各 5 mL 相当于葡萄糖的质量,mg;

    V——滴定消耗试样水解液的体积,mL;

    W——试样的质量,g;

    500——滤液总体积,mL;

    0.9——葡萄糖与淀粉的换算系数。

7. 注意事项

(1) 本法严格要求在规定的操作条件下进行,加热的温度以 600 W 电炉为好。在电炉上微沸时,要严格做到气体不冲出回馏的玻璃管。米粉不要粘贴在回馏的玻璃瓶壁上。每次滴定时均应保持相同程度的沸腾;如果沸腾程度相差悬殊,则会造成误差。

(2) 由于次甲基蓝也能被空气氧化成为蓝色,同时反应生成的氧化亚铜也易被氧化,因此滴定操作必须在试液沸腾状况下进行,以逐出瓶中的空气,故不能从电炉上取下滴定。

(3) 葡萄糖与斐林溶液反应需要一定的时间,因此滴定的速度不能太快,一般以每 2 s 滴 1 滴为宜。严格掌握滴定的时间,做预备滴定的目的就是便于控制时间,以免造成较大的误差。

(4) 试样经水解、中和后,应立即定糖,不能久置,否则还原糖易变质而导致结果偏低。

(5) 葡萄糖与淀粉换算系数来源:淀粉的相对分子质量 162 ÷ 葡萄糖相对分子质量 180 = 0.9,即 0.9 g 淀粉水解后生成 1 g 葡萄糖,所以葡萄糖换算成淀粉的换算系数为 0.9。

(6) 斐林甲、乙溶液应在临用时量取等容量相混合,因为酒石酸钾钠铜络合物长期在碱性条件下,会缓慢分解从而影响测定结果。如果贮存过久,在使用前须检查是否适用。方法是吸取斐林甲、乙溶液各 5 mL 于 150 mL 的锥形瓶中,加蒸馏水 30 mL,摇匀煮沸数分钟。若混合溶液仍属清澈,则可以继续使用;假使发现有红色氧化亚铜析出,即使是微量,也应重新配制或标定。

(7) 次甲基蓝指示剂的用量也应一定,不然也会造成误差。

实训 3. 大米中淀粉的检测(国标法)

淀粉在食品工业中用途广泛,常用作食品原料或辅料。淀粉为黄酒原料的主要成分,测定原料中的淀粉含量具有重要的意义。原料中淀粉的测定常用酸水解法和酶水解方法两种。淀粉的测定通常采用酸或淀粉酶将淀粉水解为还原性单糖,再按还原糖测定法测定还原糖量,然后折算为淀粉含量。由于淀粉不溶于冷水及有机溶剂,可用溶剂提取、浸泡、去除淀粉中的水溶性糖类及脂肪等杂质,然后再行测定。相对来讲,酸水解法操作方便,但由于酸不但能水解淀粉,同时也能水解原料中的一些其他多糖如半纤维素、多缩戊糖等,使其成为木糖、阿拉伯糖、半乳糖及糖醛酸等还原糖,导致结果偏高。故所测结果只能代表粗淀粉的含量,适用于谷类、薯类原料。酶水解方法测定结果较准确,能代表纯淀粉含量,适宜于含有半纤维素、多缩戊糖较多的原料。由于酶具有专一性,其他多糖不被水解,因此操作很麻烦。所以,黄酒企业一般都采用酸水解法。

方法一:酶水解法

1. 实训目的

(1) 掌握用国标法对大米中淀粉含量的测定方法;

(2) 了解大米淀粉含量检测的基本原理。

2. 实训原理

样品经脱脂处理,除去可溶性糖后,先用淀粉酶将淀粉水解为双糖,再用盐酸将双糖水解为单糖;按还原糖测定方法测定还原糖量,再乘以换算系数,即可得到淀粉含量。

3. 仪器和用具

(1) 水浴锅。

(2) 粉碎机。

4. 试剂

(1) 5 g/L 淀粉酶溶液。

(2) 碘溶液 称取碘化钾 3.6 g,溶于 20 mL 水中,加碘 1.3 g,溶解后再加水至 100 mL。

(3) 6 mol/L 盐酸溶液 取盐酸(密度 1.19 g/mL)50 mL,加水至 100 mL。

(4) 200 g/L 氢氧化钠溶液。

(5) 1 g/L 甲基红-乙醇溶液。

(6) 85% 乙醇溶液。

(7) 乙醚。

(8) 碱性酒石酸铜甲液 称取 15 g 硫酸铜($CuSO_4 \cdot 5H_2O$)及 0.05 g 次甲基蓝,溶于水中并稀释至 1000 mL。

(9) 碱性酒石酸铜乙液 称取 50 g 酒石酸钾钠及 75 g 氢氧化钠,溶于水中,再加入 4 g 亚铁氰化钾,完全溶解后,用水稀释至 1000 mL,贮存于橡胶塞玻璃瓶内。

(10) 葡萄糖标准溶液 准确称取 1.000 g 经(96±2)℃ 干燥至恒重的纯葡萄糖,加水溶解后加入 5 mL 盐酸,并以水稀释至 1000 mL。此溶液每 1 mL 相当于 1.0 mg 葡萄糖。

5. 操作步骤

(1) 样品处理 称取 2~5 g 样品,置于放有折叠滤纸的漏斗内。先用 50 mL 乙醚分 5 次洗涤脂肪,再用约 100 mL 85%(体积分数)的乙醇洗去可溶性糖类,将残留物移入 250 mL 烧杯内,并用 50 mL 水洗涤滤纸及漏斗,洗液并入烧杯内。

(2) 酶解 将烧杯置于沸水浴中加热 15 min,使淀粉糊化,冷却至 60 ℃ 以下,加 20 mL 淀粉酶溶液。在 55~60 ℃ 下保温 1 h,不间断搅拌。在白色点滴板上用碘液检查,取一滴淀粉液加 1 滴碘液应不显蓝色。若显蓝色,再加热糊化,冷却至 60 ℃ 以下,加 20 mL 淀粉酶溶液,继续保温,直至加碘不显蓝色为止。加热至沸腾,冷却后移入 250 mL 容量瓶中定容,摇匀后过滤,弃去初滤液。

(3) 酸解 取 50 mL 滤液置于 250 mL 锥形瓶中,加 5 mL 6 mol/L 盐酸,装上回流冷凝器,在沸水浴中回流 1 h,冷却后加 2 滴甲基红指示液,用 200 g/L 氢氧化钠溶液中和至中性。溶液移入 100 mL 容量瓶中,洗涤锥形瓶,洗液并入 100 mL 容量瓶中,加水至刻度,混匀,备用。

（4）标定碱性酒石酸铜溶液　吸取 5.0 mL 碱性酒石酸铜甲溶液及 5.0 mL 碱性酒石酸铜乙溶液,置于 250 mL 锥形瓶中。加水 10 mL、玻璃珠 3 粒,从滴定管中滴加约 9 mL 标准葡萄糖溶液,使其在 2 min 内加热至沸,立即以 0.5 滴/秒的速度继续滴加糖液,直至溶液蓝色刚好褪去即为终点。记录消耗葡萄糖溶液的体积,平行操作 3 次,取其平均值。

计算每 10 mL（甲、乙溶液各 5 mL）碱性酒石酸铜溶液相当于葡萄糖质量（mg）,其计算公式为

$$m = V \times c$$

式中,c——葡萄糖标准溶液的浓度,mg/mL;

V——标定时消耗葡萄糖标准溶液的总体积,mL;

m——10 mL 碱性酒石酸铜溶液相当于葡萄糖的质量,mg。

（5）样品预测　吸取碱性酒石酸铜甲液及乙液各 5.0 mL,置于 150 mL 锥形瓶中,加水 10 mL、玻璃珠 3 粒,使其在 2 min 内加热至沸腾。一沸腾马上以先快后慢的速度从滴定管中滴加样品液（须始终保持溶液的沸腾状态）,待溶液蓝色变浅时,以 0.5 滴/秒的速度滴定,直至溶液蓝色刚好褪去即为终点。记录消耗样品溶液的体积。

（6）样品测定　吸取碱性酒石酸铜甲液及乙液各 5.0 mL,置于 150 mL 锥形瓶中,加玻璃珠 3 粒,从滴定管中加入比预测体积少 1 mL 的样品液,使其在 2 min 内加热至沸腾。一沸腾马上以 0.5 滴/秒的速度继续滴定,直至蓝色刚好褪去即为终点。记录消耗样品液的体积,平行操作 3 次,得出平均消耗体积。

同时取 50 mL 水及与样品处理、酶解、酸解相同量的淀粉酶溶液、试剂做空白试验。

6. 结果计算

淀粉质量分数的计算公式为

$$X_1 = \frac{(m_1 - m_2) \times 0.9}{m \times \dfrac{50}{250} \times \dfrac{V}{100} \times 1000} \times 100$$

式中,X_1——样品中淀粉的含量,%;

m_1——测定用样品中还原糖的含量,m;

m_2——空白试验中还原糖的含量,mg;

0.9——还原糖（以葡萄糖计）换算成淀粉的换算系数;

m——称取样品的质量,g;

V——测定用样品处理液的体积,mL。

还原糖的含量测定按 GB/T 5009.7—2008 食品中还原糖的测定。

7. 注意事项

（1）若样品中脂肪含量很少,可免去用乙醚清洗的步骤。

（2）淀粉酶需事先了解其活力,以确定其水解时的加入量。可配制一定浓度的淀粉溶液少许,加一定量的淀粉酶液,在 50～60 ℃水上加热 1 h,用碘液检查。

（3）此法适于含有半纤维素等非淀粉多糖的样品。

方法二：酸水解法

1. 实训目的

(1) 掌握用酸水解法测定大米淀粉含量；

(2) 了解酸水解法测定大米淀粉的基本原理。

2. 实训原理

样品经除去脂肪及可溶性糖类后，其中淀粉用酸水解成具有还原性的单糖，然后按还原糖测定方法测定还原糖，再折算成淀粉。

3. 仪器

(1) 水浴锅。

(2) 粉碎机。

(3) 皂化装置并附 250 mL 锥形瓶。

4. 试剂

(1) 乙醚。

(2) 85％乙醇溶液。

(3) 6 mol/L 盐酸溶液。

(4) 40％氢氧化钠溶液。

(5) 10％氢氧化钠溶液。

(6) 甲基红指示液：0.2％乙醇溶液。

(7) 精密 pH 试纸。

(8) 20％乙酸铅溶液。

(9) 10％硫酸钠溶液。

其余试剂与酶水解法试剂中的(8)、(9)、(10)相同。

5. 操作步骤

(1) 样品处理

称取 2.0～5.0 g 磨碎过 40 目筛的样品，置于放有慢速滤纸的漏斗中，用 30 mL 乙醚分 3 次洗去样品中脂肪，弃去乙醚。再用 150 mL 85％乙醇溶液分数次洗涤残渣，除去可溶性糖类物质。滤干乙醇溶液，以 100 mL 水洗涤漏斗中残渣并转移至 250 mL 锥形瓶中，加入 30 mL 6 mol/L 盐酸，接好冷凝管，置沸水浴中回流 2 h。回流完毕后，立即置流水中冷却。待样品水解液冷却后，加入 2 滴甲基红指示液，先以 40％氢氧化钠溶液调至黄色，再以 6 mol/L 盐酸校正至水解溶液刚变为红色为宜。若水解液颜色较深，可用精密 pH 试纸测试，使样品水解液的 pH 值约为 7。然后加 20 mL 20％乙酸铅溶液，摇匀，放置 10 min。再加 20 mL 10％硫酸钠溶液，以除去过多的铅。摇匀后将全部溶液及残渣转入 500 mL 容量瓶中，并用水洗涤锥形瓶，洗液合并于容量瓶中，加水稀释至刻度。过滤，弃去初滤液 20 mL，收集滤液供测定用。

(2) 测定

按照酶水解法操作步骤中的(4)、(5)、(6)进行。

6. 结果计算

$$X_2 = \frac{(m_3 - m_4) \times 0.9 \times 500}{m \times V_2 \times 1000} \times 100$$

式中,X_2——样品中淀粉的含量,%;

　　　m_3——测定用样品水解液中还原糖的含量,mg;

　　　m_4——空白试验中还原糖的含量,mg;

　　　m——样品的质量,g;

　　　V_2——测定用样品水解液的体积,mL;

　　　500——样品液体的总体积,mL;

　　　0.9——还原糖折算成淀粉的换算系数。

实训 4. 糯米互混的检测

大米按类型分为籼米、粳米和糯米 3 类,糯米又分为籼糯米和粳糯米。互混是指同一批次大米中的其他类型米粒,比如说糯米中含有粳米与籼米类型的米粒所占的百分数。

1. 实验目的

(1) 掌握检测糯米互混的方法;

(2) 了解检测糯米互混的实验原理。

2. 实验原理

在糯米中,支链淀粉占 98%,直链淀粉占 2%;粳米中,支链淀粉占 83%,直链淀粉占17%;籼米中支链淀粉占 70%,直链淀粉占 30%。

直链淀粉遇到碘液成蓝色而支链淀粉成紫色。直链淀粉显蓝色,是由于葡萄糖单位形成 6 圈以上螺旋所致,其相对分子质量为 $1\times10^4\sim2\times10^6$,由 $250\sim260$ 个葡萄糖分子以(1,4)糖苷键聚合而成。一个螺旋圈所含葡萄糖基数称为聚合度或重合度。当淀粉形成螺旋时,碘原子进入其中,糖的羟基成为电子供体,碘原子成为电子受体,形成络合物。而支链淀粉除了(1,4)糖苷键组成糖链外,在支点处存在(1,6)糖苷键,相对分子质量较高,遇碘显紫红色。

3. 试剂与仪器

(1) 0.1% 碘-乙醇溶液。

(2) 可用的培养皿。

4. 操作步骤

非糯性与糯性稻谷互混不易鉴别时,不加挑选地取出 200 粒完整粒,用清水洗涤后,再用 0.1% 碘-乙醇溶液浸泡 1 min 左右,然后洗净,观察米粒着色情况。糯性米粒呈紫红色,非糯性米粒呈蓝色。拣出混有异类型的粒数 M。

5. 结果计算

$$互混(\%)=\frac{M}{200}\times100$$

式中,M——异类粒数;

　　　200——试样粒数。

在重复性条件下获得的两次独立测试结果的绝对差值不大于 1%,求其平均数即为测试结果。检验结果取整数。

实训 5. 大米中粗蛋白质的检测(凯氏定氮法)

1. 实训目的

(1) 学习凯氏定氮法测定蛋白质的原理;

(2) 掌握凯氏定氮法的操作技术,包括样品的消化处理、蒸馏、滴定及蛋白质含量的计算。

2. 实训原理

原料与浓硫酸和催化剂(五水硫酸铜)共同加热消化,使蛋白质分解,产生的氨与硫酸结合生成硫酸铵,留在消化液中;然后加碱蒸馏使氨游离,用硼酸吸收后,再用盐酸标准溶液滴定。由盐酸的消耗量乘以蛋白质换算系数,即得蛋白质含量。

3. 仪器与试剂

(1) 定氮蒸馏装置(图 2-10)。

(2) 硫酸铜($CuSO_4 \cdot 5H_2O$)。

(3) 硫酸钾。

(4) 硫酸(密度为 1.8419 g/L)。

(5) 40 g/L 硼酸溶液

(6) 混合指示剂:1 g/L 甲基红乙醇溶液与 1 g/L 溴甲酚绿乙醇溶液,临用时按 1∶5 比例混合。

(7) 400 g/L NaOH 溶液。

(8) 0.1 mol/L HCl 标准溶液:量取浓盐酸 9 mL 加水稀释至 1000 mL。

标定:准确称取经 270～300 ℃灼烧至恒重的基准无水碳酸钠 0.17 g(准确至 0.0002 g),溶于 50 mL 水中,加 5 滴溴甲酚绿-甲基红混合指示液,用配制好的盐酸溶液滴定至溶液由绿色变为暗红色,煮沸 2 min,冷却后继续滴定至溶液再呈暗红色。同时做空白试验。

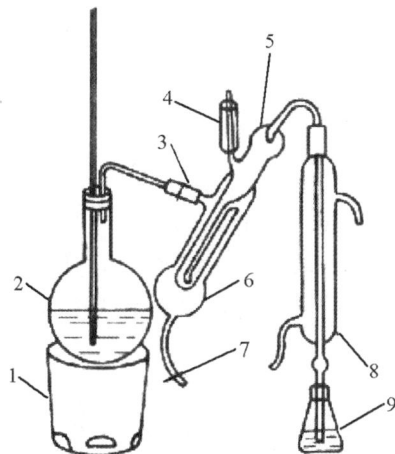

图 2-10　定氮蒸馏装置
1-电炉;2-水蒸气发生器(2 L 烧瓶);
3-螺旋夹;4-小漏斗及棒状玻璃(样品入口处);
5-反应室;6-反应室外层;7-橡皮管及螺旋夹;
8-冷凝管;9-蒸馏液接收瓶。

计算公式:

$$C_{HCl}(mol/L) = \frac{m}{(V_1 - V_2) \times 0.05299}$$

式中,m——无水碳酸钠的质量,g;

V_1——消耗 HCl 溶液的体积,mL;

V_2——空白试验消耗 HCl 溶液的体积,mL;

0.05299——消耗 1 mL 1 mol/L HCl 标准溶液相当于无水碳酸钠的质量,g/mmol。

4. 操作步骤

(1) 样品消化　准确称取粉碎样品 1～2 g,移入干燥的 250 mL 凯氏烧瓶中。加入 1 g 硫酸铜、10 g 硫酸钾及 20 mL 浓硫酸,小心摇匀后,于瓶口置一小漏斗,将瓶颈 45°角倾斜置于电炉上,在通风橱内加热消化(若无通风橱可于瓶口倒插入一口径适宜的干燥管,用胶管与水力真空管相连,利用水力抽除消化过程所产生的烟气)。先以小火缓慢加热,待到内容

物完全炭化、泡沫消失后,加大火力,消化至溶液清澈透明呈蓝绿色。取下漏斗,继续加热
0.5 h,取下放冷,小心加入 20 mL 水,冷却至室温,移入 100 mL 容量瓶中,并用少量水清洗
凯式烧瓶,洗液并入容量瓶中,再加水至刻度,混匀备用。同时做试剂空白试验。

(2) 蒸馏、吸收 安装好蒸馏装置,冷凝管下端浸入接收瓶液面之下(瓶内预先装有 50
mL 40 g/L 硼酸溶液及混合指示剂 5~6 滴)。在凯氏烧瓶内加入 100 mL 水和数颗玻璃珠,
从安全漏斗中慢慢加入 70 mL 400 g/L NaOH 溶液,溶液应呈蓝褐色。将凯式烧瓶连接好,
加热蒸馏 30 min,然后将蒸馏装置出口离开液面继续蒸馏 1 min,用水淋洗尖端后停止蒸馏。

(3) 滴定 将接收瓶内的硼酸液用 0.1 mol/L HCl 标准溶液滴定至终点。同时做空白
试验(除不加样品外,从消化操作开始完全相同)。

5. 结果计算

$$蛋白质含量(\%) = (V - V_0) \times C \times 0.014 \times \frac{1}{m} \times F \times 100$$

式中,C——HCl 标准溶液的浓度,mol/L;

V——试样滴定消耗 HCl 标准溶液的体积,mL;

V_0——空白滴定消耗 HCl 标准溶液的体积,mL;

m——样品的质量,g;

0.014——消耗 1 mL 1 mol/L HCl 标准溶液相当于氮的质量,g/mmol;

F——蛋白质系数(6.25)。

6. 讨论

(1) 所用试剂应用无氨水配制。

(2) 消化过程应注意转动凯氏烧瓶,利用冷凝酸液将附在瓶上炭粒冲下,以促进消化
完全。

(3) 硫酸铜起到催化作用,加速氧化分解。硫酸铜也是蒸馏时样品液碱化指示剂,若所
加碱量不足,分解液呈蓝色,不生成氢氧化铜沉淀,需再增加 NaOH 用量。

(4) 消化时硫酸与硫酸钾作用生成硫酸氢钾,可提高沸点至 400 ℃,从而加快消化
速度。

(5) 一般消化至呈透明状后,继续消化 30 min,使杂环氨基酸上的氮分解释放。

(6) 若样品消化液不澄清透明,可将凯氏烧瓶冷却,加 2~3 mL 30%过氧化氢后再加热。

(7) 蒸馏过程应注意接头处不要漏液,蒸馏完毕,先将蒸馏出口离开液面,继续蒸馏 1
min,将附着在尖端的吸收液都洗入吸收瓶内,再将吸收瓶移开,最后关闭电源,否则吸收液
将发生倒吸。

第二节 麦曲分析与检测

麦曲是指以小麦作为原料,培养繁殖糖化菌而制成的黄酒糖化剂。麦曲在黄酒酿造中
有两方面的作用:一是利用麦曲中的各种酶,主要是淀粉酶、蛋白酶,使米饭中淀粉和蛋白
质等分解溶出;另一个作用是利用麦曲内蓄积的糖化菌等微生物代谢产物,赋予黄酒独特的
风味。麦曲质量的优劣,直接影响到黄酒的质量和产量。麦曲在酿造绍兴酒与仿绍酒中占

有极其重要的地位,用量约为原料的 1/10～1/6,被称为"酒之骨"。传统黄酒酿造采用自然培养的生麦曲。自然培养的生麦曲中微生物种类较多,生长最多的是米曲霉、根霉和毛霉;此外,尚有数量不多的黑曲霉、灰绿曲霉及青霉等。浙江古越龙山绍兴酒股份有限公司与江南大学合作,采用现代分子生物学技术结合传统分离培养法,鉴定出麦曲中的真菌有:曲霉属、犁头霉属、根霉属、毛霉属、青霉属、散囊菌属、枝孢属、毕赤酵母属、球毛壳属、念珠属和伊萨酵母属。自然培养的生麦曲由于多种微生物的共同作用,使其酿成的酒一般风味较好,但是它的缺点是糖化力低,所以用曲量大;制麦曲时间一般要 8 d 左右,而且受季节限制;淀粉出酒率低和酒质不太稳定;劳动强度大和劳动生产率低;不易实现机械化操作等。为适应黄酒现代化生产的要求,随后又产生了纯种培养麦曲的方法。不管是自然培养的块曲(图 2-11)还是纯种培养的散曲,麦曲的检测方法都是一样的。

图 2-11　块曲

一、取样方法

块曲:以每班(也可几班混合)为一批次,曲堆前、中、后、上、下面分别抽取曲块。

熟麦曲:以每房为一批次,曲池四周及中间分别取适量作为样品。

所取样品经粉碎,用四分法缩减后取适量作为样品,共取约 250 g 装入干燥的磨口瓶中。

二、感官鉴定

正常麦曲的感官标准如下:

1. 色泽

块曲的颜色主要从断面检查。把块曲从中间打断,观察断面的颜色,应布满灰白色菌丝,不得有黑心、烂心。熟麦曲的色泽应为浅黄绿色,布满分生孢子。

2. 气味

应具有麦曲的特有香味,不得有臭味、霉烂味。

三、化学分析

实训 1. 糖化曲(块曲、爆麦曲)水分的检测

1. 实训目的

掌握糖化曲(块曲、爆麦曲)水分的检测方法。

2. 实训原理

原料水分测定常用烘干法,本方法采用 GB 5497—1985 中定温定时烘干法。试样经 (103±2) ℃的鼓风电热干燥,其中的水分被蒸发,称重减少的质量就是麦曲中水分的含量。

3. 仪器

(1) 电热恒温干燥箱。

(2) 天平　分度值为 0.01 g。

(3) 瓷盒。

4. 操作步骤

(1) 取样

爆麦曲:以每房为一批次,曲池四周及中间分别取适量作为样品,用四分法缩减后取适量作为样品,共取约 250 g 装入干燥的磨口瓶中。

块曲:以每班(也可几班混合)为一批次,曲堆前、中、后、上、下面分别抽取曲块,经粉碎,用四分法缩减后取适量作为样品,共取约 250 g 装入干燥的磨口瓶中。

(2) 糖化曲水分测定　在托盘天平称取 5.0 g 糖化曲,在 100～105 ℃ 的鼓风电热干燥箱中烘 3 h 后冷却,称重为 G,算得其水分含量。

5. 结果计算

曲中水分含量:

$$水分含量(\%) = \frac{5.0 - G}{5.0} \times 100$$

式中,G——烘干后曲的质量,g;

　　5.0——试样质量,g。

实训 2. 生麦曲水分的检测

1. 实训目的

掌握酿制过程中生麦曲水分的检测方法。

2. 实训原理

根据水与油沸点不同的原理。

3. 仪器

(1) 500 mL 锥形瓶。

(2) 25 mL 量筒。

(3) 冷凝管冷却装置。

(4) 菜油。

(5) 200 ℃ 水银温度计。

4. 操作步骤

称取拌匀且有代表性的麦曲 25.0 g 于 500 mL 锥形瓶中,加入已经在 200 ℃ 处理过的菜油约 150 mL。塞好装有 200 ℃ 水银温度计及玻璃弯管的橡皮塞,接好冷凝管(冷凝管预先用水冲洗一下),用 25 mL 量筒盛接冷凝管下端,并加热至 200 ℃。停止加热,冷却至 170 ℃。先取下锥形瓶,再取下冷凝管下端的 25 mL 量筒,读出盛接的水分体积 V。

5. 结果计算

$$麦曲水分含量(\%) = \frac{V}{25.0} \times 100$$

式中,V——蒸馏所得水分,mL;

25.0——试样质量,g。

结果保留一位小数。

实训 3. 麦曲(糖化曲)糖化力的检测

1. 实训目的

(1) 了解糖化曲的色泽、气味;

(2) 掌握糖化曲的糖化力的检测方法;

(3) 掌握糖化曲糖化力的计算公式。

2. 实训原理

糖化酶有催化淀粉水解的作用,能从淀粉分子非还原性末端开始,分解 α-1,4 葡萄糖苷键,生成葡萄糖。也就是说,淀粉在一定操作条件下受糖化酶的作用,生成葡萄糖,然后可用测得的葡萄糖含量来计算糖化力的大小。

3. 试剂和仪器

(1) 斐林溶液

① 斐林甲液:称取硫酸铜($CuSO_4 \cdot 5H_2O$)69.28 g,加蒸馏水溶解并定容到 1000 mL,摇匀备用。

② 斐林乙液:称取酒石酸钾钠 346 g 和氢氧化钠 100 g,加蒸馏水溶解并定容到 1000 mL,摇匀备用。

(2) 2.5 g/L 葡萄糖标准溶液　称取经 103~105℃烘干至恒重的无水葡萄糖 2.5 g(精确到 0.0001 g),加水溶解,并加入浓盐酸 5 mL,再用蒸馏水定容到 1000 mL。

(3) pH 值为 4.6 的醋酸-醋酸钠缓冲溶液

① 醋酸溶液:吸取冰醋酸 11.8 mL,加水定容到 1000 mL。

② 醋酸钠溶液:称取醋酸钠($CH_3COONa \cdot 3H_2O$)27.2 g,加水定容至 1000 mL。

③ 将醋酸溶液与醋酸钠溶液等体积混合即可得 pH 值为 4.6 的缓冲溶液。

(4) 20 g/L 可溶性淀粉溶液　称取 2.00 g 经 100~105 ℃烘 2 h 的可溶性淀粉,加 10 mL 蒸馏水调匀,徐徐倾入 60 mL 沸水中,用 10 mL 蒸馏水洗净烧杯,洗液并入沸水中,搅匀,煮沸至透明,冷却后用蒸馏水定容到 100 mL。此溶液需要当天配制。

(5) 0.1 mol/L NaOH 溶液。

(6) 恒温水浴锅。

(7) 250 mL 锥形瓶。

(8) 50、100 mL 容量瓶。

(9) 5、10 mL 的吸管各一支。

4. 操作步骤

(1) 糖化曲浸出液的制备　称取 5.0 g 糖化曲(以绝对干曲计)于 250 mL 锥形瓶中,加水 90 mL 及 pH 值为 4.6 的醋酸-醋酸钠缓冲溶液 10 mL,搅匀,于 30 ℃水溶液中保温浸取 1 h,每隔 15 min 搅拌一次。用脱脂棉过滤,滤液为 5%固体曲浸出液。

(2) 糖化　吸取 20 g/L 可溶性淀粉溶液 25.0 mL 于 50 mL 容量瓶中,加 pH 值为 4.6 的醋酸-醋酸钠缓冲溶液 5 mL,于 30 ℃水浴预热 10 min,准确加入 5.0 mL 酶液,立即摇匀计时,于 30 ℃水浴中准确保温糖化 1 h,迅速加入 15 mL 0.1 mol/L NaOH 溶液,终止酶解反应。冷却至室温后,用蒸馏水定容到 50 mL,摇匀,得到糖化液。

同时做空白试验:吸取 20 g/L 淀粉溶液 25.0 mL,置入 50 mL 容量瓶中,加 pH 值为 4.6 的醋酸-醋酸钠缓冲溶液 5 mL。先加入 15 mL 0.1 mol/L NaOH 溶液,然后再准确加入 5.0 mL 酶液,用蒸馏水定容到 50 mL,摇匀。

(3) 测定

① 空白液预滴定:吸取斐林溶液甲、乙液各 5.0 mL 于 250 mL 锥形瓶中,加水 30 mL,准确加入 5.0 mL 空白液于锥形瓶中,摇匀。在电炉上加热至沸,用滴定管逐滴加入 2.5 g/L 标准葡萄糖溶液。滴定时溶液保持沸腾,待溶液蓝色即将消失时加入 2 滴 10 g/L 次甲基蓝指示剂,溶液复呈蓝色,继续滴定葡萄糖液至蓝色消失。此滴定在 1 min 内完成。

② 空白液正式滴定:吸取斐林溶液甲、乙液各 5.0 mL 于 250 mL 锥形瓶中,加水 30 mL,准确加入 5.0 mL 空白液于锥形瓶中,并用滴定管加入比预滴定少 1 mL 的 2.5 g/L 标准葡萄糖溶液,在电炉上加热至沸。滴入 2 滴 10 g/L 次甲基蓝指示剂,保持沸腾 2 min 后,继续滴定 2.5 g/L 标准葡萄糖溶液至蓝色消失。此滴定在 1 min 内完成。记录消耗葡萄糖标准溶液的总体积 V_0。

③ 糖化液测定:吸取 5.0 mL 糖化液代替 5.0 mL 空白液,其余操作步骤同上述步骤①和②,得到糖化液正式滴定时消耗 2.5 g/L 标准葡萄糖溶液体积 V。

5. 结果计算

糖化曲的糖化力:1 g 绝干曲在 30 ℃、pH 值为 4.6、糖化 1 h 的条件下酶解可溶性淀粉为葡萄糖的质量(mg)。

$$糖化力(葡萄糖,mg/(g \cdot h)) = \frac{(V_0-V) \times c}{m_s \times \frac{5}{100} \times \frac{5}{50} \times t} = 100(V_0-V)$$

式中,V_0——5 mL 空白液滴定消耗葡萄糖的体积,mL;

V——5 mL 糖化液滴定消耗标准葡萄糖的体积,mL;

c——2.5 g/L 葡萄糖标准溶液的浓度,mg/mL;

m_s——以绝干曲计的曲称取量(5.00 g);

t——酶解时间,h。

6. 注意事项

(1) 要严格控制糖化温度与时间,以免影响结果。

(2) 空白试验用以消除糖化酶本身和可溶性淀粉中所含有的还原物质的影响。

(3) 糖化酶活力与所用可溶性淀粉质量有关,故需注明淀粉牌子与厂名(一般采用国药集团生产的化学纯试剂)。

(4) 对于同一固体曲,称取 5 g 含水曲与 5 g 绝干曲,在相同的条件下测定糖化酶活力,其结果是不同的。5 g 含水曲的糖化酶活力偏低,所以不同水分下绝干固体曲称取量要经过换算,换算公式:$\frac{5}{1-水分(\%)}$。

实训 4. 麦曲(糖化曲)酸度的检测

1. 实训目的

学习与掌握麦曲(糖化曲)酸度的测定方法。

2. 实训原理

根据酸碱中和的原理检测曲中的含酸量。

3. 仪器与试剂

(1) 500 mL 锥形瓶、150 mL 锥形瓶、水浴锅、玻璃漏斗、脱脂棉、10 mL 吸管、100 mL 量筒。

(2) 0.1 mol/L 氢氧化钠标准溶液(GB/T 601—2002)。

4. 操作步骤

称取成品麦曲(糖化曲)10.0 g(以绝对干曲计)于 500 mL 锥形瓶中,加蒸馏水 100 mL 于 30 ℃水浴锅中保温 0.5 h,每隔 15 min 搅拌一次。用脱脂棉过滤,吸取滤液 10 mL 于 150 mL 锥形瓶中,加蒸馏水 30 mL,加酚酞指示剂 3 滴,用 0.1 mol/L 氢氧化钠滴定至溶液呈微红色,0.5 min 不消失为终点,并记录氢氧化钠消耗的体积 V。

5. 结果计算

麦曲酸度:1 g 绝干曲(10 mL 滤液)所消耗 0.1 mol/L 氢氧化钠的毫升数。

$$酸度(mL) = c \times V \div 0.1$$

式中,c——氢氧化钠的浓度,mol/L;

V——滤液消耗氢氧化钠的毫升数,mL。

将结果记录在表 2-5 中。

表 2-5　麦曲检测记录

	批号	水分(%)	酸度(mL)	糖化率(mg/g·h)
麦曲				

实训 5. 麦曲(糖化曲)液化力的检测

方法一:碘反应法

1. 实训目的

(1) 掌握用碘反应法检测麦曲液化力的方法;

(2) 了解碘反应法测麦曲液化力的检测原理。

2. 实训原理

α-淀粉酶(α-1,4-糊精酶)能将淀粉水解,产生大量糊精及少量麦芽糖和葡萄糖,使淀粉浓度下降,黏度降低。由于碘液对不同分子质量的糊精呈现不同颜色,因此在水解过程中,对碘液的呈色反应为蓝色→紫色→红色→无色,常以蓝色消失所需时间来衡量液化力的大小。

3. 试剂与仪器

(1) 20 g/L 可溶性淀粉溶液　见糖化率测定。

(2) 原碘液　称取 2.2 g 碘与 4.4 g 碘化钾,加少量蒸馏水溶解后,加蒸馏水定容到 100 mL,贮于棕色瓶中。

(3) 稀碘液　吸取原碘液化 0.4 mL,添加碘化钾 4 g,加蒸馏水定容到 100 mL,贮于棕色瓶中。

(4) 标准终点色溶液

甲液：准确称取 40.2439 g 氯化钴($CoCl_2 \cdot 6H_2O$)，0.4878 g 重铬酸钾(K_2CrO_7)溶于蒸馏水中，加蒸馏水定容到 500 mL。

乙液：准确称取 40 mg 铬黑 T($C_{20}H_{12}N_{13}NaO_7S$)溶于蒸馏水中，加蒸馏水定容到 100 mL。

使用时吸取甲液 40 mL 与乙液 5 mL 混合。此混合液宜冰箱保存，使用 7 d 后需要重新配制。

(5) 酶液制备　见本章糖化力测定。

(6) 白瓷板

(7) 恒温水浴锅　温控±1 ℃。

(8) 大试管。

3. 操作步骤

(1) 取 2 滴标准终点色溶液于白瓷板空穴内，作为比较颜色的标准。

(2) 准确吸取 20 g/L 可溶性淀粉溶液 10 mL 及水 35 mL 于大试管(25 mm×200 mm)中，置于 30 ℃ 恒温水浴中保温 10 min。

(3) 准确吸取酶液 5 mL 于上述保温淀粉溶液中，立刻计时，摇匀(以后定时取出液化液 1 滴于预先放有稀碘液 1 滴的白瓷板空穴内)。颜色由紫色逐渐变为红棕色，当与标准终点色相同时，即为反应终点，记录所需时间(min)。

4. 结果计算

液化力以每克绝干曲在 30 ℃作用 1 h 能液化淀粉的克数表示。

$$液化力 = \frac{60}{t} \times \frac{0.2}{0.25}$$

式中，t——加酶液后到遇稀的碘液呈现标准终点色所需的时间，min；

60——换算成 1 h 的作用时间；

0.2——10 mL 20 g/L 可溶性淀粉溶液相当于 0.2 g 淀粉；

0.25——5 mL 酶液相当于 0.25 g 绝干曲。

5. 注意事项

(1) 麦曲中液化酶与糖化酶同时存在，碘反应时间随糖化酶含量增加而缩短，所以结果有一定的误差。但由于此法简便、迅速，常被采用。

(2) 注明淀粉的牌号、厂名。

方法二：比色法

1. 实训目的

(1) 掌握用比色法检测麦曲液化力的方法；

(2) 了解比色法测麦曲液化力的检测原理。

2. 实训原理

当淀粉被 α-淀粉酶作用后，生成不同分子量的糊精，当葡萄糖残基在 20 个左右时，遇碘呈紫色或暗红色。本法选择碘液与糊精呈紫红色为反应终点，规定波长在 650 nm 时，其透光度为 60%。

3. 试剂与仪器

(1) 原碘液　称取 5.5 g 碘和 11.0 g 碘化钾,用少量蒸馏水溶解后,加蒸馏水定容到 250 mL。

(2) 稀碘液　吸取原碘液 2.0 mL、10％盐酸溶液 25 mL,混匀后加蒸馏水定容到 500 mL。此溶液不易保存,用时现配。

(3) 20 g/L 可溶性淀粉溶液　见本章糖化力测定。

(4) 10％盐酸溶液　量取浓盐酸(相对密度 1.19)10 mL,用蒸馏水稀释到 100 mL。

(5) 酶液制备　见本章糖化力测定。

(6) 722 型分光光度计。

(7) 25 mL 比色管。

(8) 恒温水浴锅　温控±1 ℃。

(9) 大试管。

(10) 10 mL 吸管

4. 操作步骤

(1) 取 10 个 25 mL 比色管,准确吸取 5 mL 稀碘液于各比色管中。

(2) 准确吸取 20 g/L 可溶性淀粉液 20 mL 于大试管(25 mm×200 mm)中,置于 30 ℃ 恒温水浴中保温 10 min。

(3) 量取酶液 25 mL 于另一大试管中,置于 30 ℃ 恒温水浴中保温 10 min。

(4) 准确吸取保温酶液化 10 mL 于上述保温淀粉溶液中,立刻计时,摇匀。并准确吸取混合液 1 mL 于盛有稀碘液的比色管中,以后每隔 0.5 min(1.0 min)吸取液化液 1 mL 分别注入盛有稀碘液的比色管中,得一列呈现不同颜色的试管。

(5) 准确吸取 20 mL 水于大试管中,置于 30 ℃ 恒温水浴中保温 10 min,再准确加入保温的酶液 10 mL,摇匀。立即吸取混合液 1 mL 于盛有稀碘液的比色管中,摇匀后作为空白液。

(6) 以空白液透光度为 100％,在波长 650 nm 下,用 1 cm 比色皿进行透光度测定。

(7) 作出透光度与反应时间曲线(注意不是直线,而是光滑曲线),从中找出透光度为 60％的反应时间。

(8) 结果计算

液化力:1 g 绝干曲在 30 ℃,作用 30 min,所能液化 2％淀粉溶液的毫升数。

$$液化力 = \frac{30}{t} \times \frac{20}{0.5}$$

式中,t——酶液反应的时间,min;

30——换算成 30 min 的作用时间,min;

20——20 g/L 可溶性淀粉溶液的体积,mL;

0.5——10 mL 酶液相当于 0.5 g 绝干曲,g。

5. 注意事项

(1) 实验所得的透光度在 25％～80％为宜,否则应稀释酶液或延长反应时间。

(2) 注明淀粉牌号和厂名。

实训 6. 麦曲(糖化曲)蛋白质分解力(蛋白酶活力)的检测

1. 实训目的

(1) 掌握麦曲蛋白质分解力的检测方法;

(2) 了解麦曲蛋白质分解力的检测原理。

2. 实训原理

蛋白酶能水解酪蛋白,其产物酪氨酸能在碱性条件下使福林试剂还原成蓝色化合物(钼蓝与钨蓝),用比色法测定。

3. 试剂与仪器

(1) 福林试剂 取钨酸钠($NaWO_4 \cdot 2H_2O$)50 g、钼酸钠($NaMoO_4 \cdot 2H_2O$)12.5 g 与水 350 mL,置于 1000 mL 磨口圆底烧瓶中,溶解后加入 25 mL 85%磷酸及 50 mL 浓盐酸。装上磨口回流冷凝管,小火沸腾回流 10 h。除去冷凝器,加入硫酸锂 50 g、水 25 mL 及浓溴水(99%)数滴,摇匀。开口煮沸 15 min,以除去多余的溴(在通风柜内进行)。此时溶液须呈金黄色(若溶液仍带绿色,于冷却后再加溴水数滴,再煮沸除溴)。冷却后加蒸馏水定容到 500 mL,混匀,过滤,制得的试剂贮存于棕色瓶中。

福林试剂稀释液:取 1 份福林试剂与 2 份蒸馏水混匀。

(2) 0.4 mol/L 碳酸钠溶液 称取无水碳酸钠(Na_2CO_3)42.4 g,用蒸馏水溶解后,加蒸馏水定容到 1000 mL。

(3) 0.05 mol/L 乳酸-乳酸钠缓冲液(pH=3)

乳酸溶液:称取 10.6 g 乳酸(80%~90%),加蒸馏水溶解并定容到 1000 mL。

乳酸钠溶液:称取 16.0 g 乳酸钠(70%~80%),加蒸馏水溶解并定容到 1000 mL。

取乳酸溶液 8 mL 与乳酸钠溶液 1 mL,用蒸馏水稀释 1 倍,即成 pH=3 的缓冲溶液。

(4) 0.4 mol/L 三氯醋酸溶液 称取 65.4 g 三氯醋酸用蒸馏水溶解,加蒸馏水定容到 1000 mL。

(5) 2%酪素溶液 称取酪素 2.000 g,用几滴乳酸润湿,加入适量的乳酸-乳酸钠缓冲溶液,在沸水浴中加热(不断搅拌),使完全溶解,冷却后移入 100 mL 容量瓶内,用乳酸-乳酸钠缓冲溶液定容至刻度。

(6) 酶液制备 称取 10.0 g 绝干曲试样,加乳酸-乳酸钠缓冲溶液 100 mL,在 30 ℃浸渍 1 h(每隔 15 min 搅拌 1 次),用滤纸或脱脂棉过滤。

(7) 酪氨酸标准溶液(100 μg/mL) 精确称取经 105 ℃烘 2~3 h 的 L-酪氨酸 0.1000 g,逐步加入 1 mol/L 盐酸溶液 6 mL,使其溶解。用 0.2 mol/L 的盐酸溶液定容至 100 mL。吸取溶液 10 mL,用 0.2 mol/L 盐酸溶液定容至 100 mL,即成 100 μg/mL 酪氨酸标准溶液。

(8) 0.2 mol/L 盐酸溶液 量取 1.7 mL 浓盐酸(相对密度 1.19),用蒸馏水稀释到 100 mL。

(9) 6 mol/L 盐酸溶液 量取 50 mL 浓盐酸(相对密度 1.19),用蒸馏水稀释到 100 mL。

(10) 722 型分光光度计。

3. 操作步骤

(1) 标准曲线绘制 取 7 支试管,按表 2-6 稀释酪氨酸标准溶液。

表 2-6　稀释酪氨酸标准溶液

编号	0	1	2	3	4	5	6
100 μg/mL 的酪氨酸溶液(mL)	0	1	2	3	4	5	6
水(mL)	10	9	8	7	6	5	4
酪氨酸溶液浓度(μg/mL)	0	10	20	30	40	50	60

从上述各管中,各吸取 1 mL 于另外 7 支试管中,分别准确加入 5 mL 0.4 mol/L 碳酸钠溶液和 1 mL 福林试剂稀释液,于 40 ℃ 恒温水浴中显色 20 min,在 680 nm 波长下测定各管溶液吸光度。

以吸光度作纵坐标,酪氨酸浓度作横坐标,绘制标准曲线。求出斜率 K,即标准曲线中吸光度为 1 度时所相当的酪氨酸微克数(μg/mL)。

(2)试样测定

① 吸取 5 mL 酶液,用水稀释(2~5 倍)成酶稀释液。

② 分别吸取 1 mL 酶稀释液于 3 支编号试管中,放入 40 ℃ 恒温水浴中预热 3~5 min,然后严格准确地按表 2-7 所示的顺序加入试剂。

表 2-7　溶液加入顺序表

编号 试剂	空白	试样	
	0	1	2
0.4 mol/L 三氯醋酸(mL)	2	0	0
2% 酪素溶液(mL)	1	1	1
40 ℃ 恒温水解 10 min			
0.4 mol/L 三氯醋酸(mL)	0	2	2

加入三氯醋酸溶液后,立即摇匀,以停止酶的作用。

③ 分别吸取 1 mL 滤液于另 3 支试管中,各管准确加入 5 mL 0.4 mol/L 碳酸钠溶液及 1 mL 福林试剂稀释液,摇匀。于 40 ℃ 恒温水浴中显色 20 min,在 680 nm 波长下,以 0 号管为空白,测定吸光度,取其平均值。

5. 结果计算

蛋白质分解力:1 g 绝干曲在 40 ℃ 每分钟分解酪蛋白为酪氨酸的微克数。

$$蛋白质分解力 = \frac{K \times A \times 100 \times 4 \times n}{10 \times 10}$$

式中,K——标准曲线中吸光度为 1 时所相当的酪氨酸微克数,μg/mL;

$\qquad A$——试样管的平均吸光度,L/(mol·cm);

$\qquad$100——麦曲总浸出液的体积,mL;

$\qquad$4——酶水解时总体积,mL;

$\qquad$10——绝干曲称取量,g;

$\qquad$10——酶水解时间,min;

$\qquad n$——酶液的稀释倍数。

6. 说明

(1) 黄酒麦曲酶系中蛋白酶吸收高峰为 pH＝3 和 pH＝6。如考虑到酿酒 pH 条件,可采用 pH＝3。也可根据具体情况选定合适的 pH 值,但在测定结果中必须注明。

(2) 测定中,水解温度、时间、吸取量都需准确,以减小误差。

(3) 配制酪素定容时,泡沫过多,可加几滴酒精消泡。酪素溶液需于 4 ℃冰箱中保存。发现变质,应重新配制。

(4) 注明酪素牌号、厂号(一般采用国药试剂分析纯)。

实训 7. 麦曲糖化发酵力的检测

1. 实训目的

(1) 掌握麦曲糖化发酵力检测方法;

(2) 了解麦曲糖化发酵力检测原理。

2. 实训原理

酒药或曲的糖化发酵力以产酒精量为指标进行测定。

3. 试剂与仪器

(1) 1∶4 的盐酸溶液　1 体积的浓盐酸(相对密度 1.19)加入 4 体积的蒸馏水。

(2) 200 g/L NaOH 溶液　称取 200 g 氢氧化钠,加蒸馏水溶解并稀释到 1000 mL。

(3) 10 g/L 次甲基蓝指示剂　称取 1 g 次甲基蓝,溶于 100 mL 水中。

(4) 斐林溶液

① 斐林甲液:称取硫酸铜($CuSO_4 \cdot 5H_2O$)69.28 g,加蒸馏水溶解并定容到 1000 mL。

② 斐林乙液:称取酒石酸钾钠 346 g 及氢氧化钠 100 g,加蒸馏水溶解并定容到 1000 mL,摇匀,过滤,备用。

(5) 2.5 g/L 葡萄糖标准溶液:称取经 103～105 ℃烘干至恒重的无水葡萄糖 2.5 g(精确至 0.0001 g),加水溶解,并加浓盐酸 5 mL,再用蒸馏水定容到 1000 mL。

斐林试剂标定:同大米粗淀粉的测定。

(6) 培养箱。

(7) 常压蒸饭装置、蒸馏装置一套等。

4. 操作步骤

(1) 发酵　将 100 g 大米洗净后,装入容器中,加水并使其吸水后的质量为 220 g 左右。再置于蒸饭容器内,用蒸气蒸 40 min,要求饭粒熟而不烂,内无白心。用容量为 300 mL 的锥形瓶,每瓶装饭 66 g,相当于原料大米 30 g。塞上棉塞,用牛皮纸包扎瓶口中。再用常压蒸气灭菌 1 h 后,趁热将饭粒摇散,并冷却至 35 ℃时,加入 0.3％的要测试的根霉曲,置于 30 ℃恒温箱中培养 24 h。然后加入 100 mL 无菌水,瓶口塞上棉塞,每天称重 1 次,至发酵基本结束为止,为期 7～9 d。总检查减重应高于 10 g。

(2) 蒸馏　将上述发酵醪倒入 500 mL 圆底形蒸馏瓶中,并用 100 mL 水洗净锥形瓶,洗液并入发酵醪中一起蒸馏。接取 100 mL 馏出液,量取温度及酒精体积分数,查附录一的酒精体积分数。

(3) 用酸水解法测知大米的淀粉含量。

5. 结果计算

$$糖化发酵力(\%)=\frac{\varphi/100\times100\times0.79}{30\times A/100\times0.568}=\frac{\varphi}{A}\times4.636$$

式中,φ——酒精体积分数,%;

0.79——酒精的近似密度,g/L;

30——大米质量,g;

0.568——理论上淀粉产酒精的换算(质量分数表示),%;

A——大米的淀粉含量,g。

实训 8. 麦曲粗纤维的检测

1. 实训目的

(1) 掌握麦曲中粗纤维的检测方法;

(2) 了解麦曲中粗纤维的检测原理。

2. 实训原理

纤维素是组成植物细胞壁的基本物质,是自然界中分布最广的一种多糖。纤维素的测定方法有多种,麦曲中粗纤维的测定采用酸碱法。试样经酸碱处理后,使淀粉、半纤维素、蛋白质及脂肪等分解为可溶性物质而被除去,残留的纤维素和其他物质的膜壁都称为粗纤维,经过烘干称重后即可定量。

3. 试剂与仪器

(1) 1.25%硫酸溶液　量取 7.1 mL 的浓硫酸,缓慢倒入适量水中,并用水稀释至 1000 mL。

(2) 1.25%氢氧化钠溶液　称取 12.5 g 氢氧化钠,用水溶解并稀释至 1000 mL。

(3) 乙醚。

(4) 乙醇。

4. 测定步骤

(1) 准确称取曲试样 2～3 g,置于 500 mL 三角瓶中,加 100 mL 乙醚,盖严,静止过夜,以除去脂肪。用倾泻法除乙醚再用乙醚洗涤残渣,残存少量乙醚于水浴蒸发除去。加 200 mL 1.25%硫酸溶液,煮沸 0.5 h,抽滤(滤器可用布氏漏斗,上铺亚麻布,或用 1～2 号耐酸玻璃坩埚),用热水洗涤至滤液呈中性。

将残渣用 1.25%氢氧化钠溶液转入 250 mL 烧杯中,补足 1.25%氢氧化钠溶液至 100 mL,微沸 0.5 h。用经过烘干至恒重的玻璃坩埚过滤,用热水洗涤至滤液呈中性,再用乙醇与乙醚洗涤。

玻璃坩埚连同纤维素经 100～105 ℃ 干燥至恒重（W_1）(图 2-12)。

图 2-12　玻璃坩埚与粗纤维素

5. 结果计算

$$粗纤维素(\%)=\frac{W_1-W_2}{W}$$

式中,W_1——坩埚和粗纤维的质量,g;

   W_2——坩埚的质量,g;

   W——曲的质量,g。

6. 注意事项

(1) 试样必须磨细,一般要求通过 80 目筛。

(2) 处理时间与试剂浓度、体积严格按照要求。

实训 9. 麦曲中黄曲霉毒素 B_1 的测定

黄曲霉毒素是某些黄曲霉的代谢产物,包括 B_1、B_2、G_1 及 G_2 等。对于黄曲霉毒素 B_1 的检测有两种方法:第一种方法是薄层板上黄曲霉毒素 B_1 的最低检出量为 0.0004 μg,检出限为 5 $\mu g/kg$;第二种方法对黄曲霉毒素 B_1 的检出限为 0.01 $\mu g/kg$。

方法一

1. 实训目的

(1) 掌握麦曲中黄曲霉毒素 B_1 的检测方法;

(2) 了解麦曲中黄曲霉毒素 B_1 的检测原理。

2. 实训原理

试样中黄曲霉毒素 B_1 经提取、浓缩、薄层分离后,在波长 365 nm 的紫外光下产生蓝紫色荧光,根据其在薄层上显示荧光的最低检出量来测定含量。

3. 试剂与仪器

(1) 三氯甲烷。

(2) 正己烷或石油醚(沸点 30～60 ℃或 60～90 ℃)。

(3) 甲醇。

(4) 苯。

(5) 乙腈。

(6) 无水乙醚或乙醚经无水硫酸钠脱水。

(7) 丙酮。

以上试剂在试验时先进行一次试剂空白试验,如不干扰测定即可使用,否则需逐一进行重蒸。

(8) 硅胶 G 薄层色谱用。

(9) 三氟乙酸。

(10) 无水硫酸钠。

(11) 氯化钠。

(12) 苯-乙腈混合液 量取 98 mL 苯,加 2 mL 乙腈,混匀。

(13) 55:45 甲醇水溶液。

(14) 黄曲霉毒素 B_1 标准溶液

① 仪器校正:测定重铬酸钾溶液的摩尔消光系数,以求出使用仪器的校正因子。准确称取 25 mg 经干燥的重铬酸钾(基准级),用 0.5:1000 硫酸溶解后并准确稀释至 200 mL,

相当于$[c(K_2Cr_2O_7)=0.0004\ mol/L]$。再吸取 25 mL 此稀释液于 50 mL 容量瓶中,加
0.5:1000 硫酸稀释至刻度,相当于 0.0002 mol/L 溶液。再吸取 25 mL 此稀释液于 50 mL
容量瓶中,加 0.5:1000 硫酸稀释至刻度,相当于 0.0001 mol/L 溶液。用 1 cm 石英杯,在
最大吸收峰的波长(接近 350 nm 处)用 0.5:1000 硫酸作空白,测得以上 3 种不同浓度的摩
尔溶液的吸光度,并按下式计算出以上 3 种浓度的摩尔消光系数的平均值。

$$E_1=\frac{A}{C}$$

式中,E_1——重铬酸钾溶液的摩尔消光系数;

    A——测得重铬酸钾溶液的吸光度;

    C——重铬酸钾溶液的摩尔浓度。

再以此平均值与重铬酸钾的摩尔消光系数值 3160 比较,即求出使用仪器的校正因素,
按下式进行计算。

$$f=\frac{3160}{E}$$

式中,f——使用仪器的校正因素;

    E——测得的重铬酸钾摩尔消光系数平均值。

若 f 大于 0.95 或小于 1.05,则使用仪器的校正因素可略而不计。

② 黄曲霉毒素 B_1 标准溶液的制备:准确称取 1~1.2 mg 黄曲霉毒素 B_1 标准品,先加
入 2 mL 乙腈溶解后,再用苯稀释至 100 mL,避光,置于 4 ℃ 冰箱保存。该标准溶液约为 10
$\mu g/mL$。用紫外分光光度计测此标准溶液的最大吸收峰的波长及该波长的吸光度值。

结果计算:黄曲霉毒素 B_1 标准溶液的浓度按下式进行计算。

$$X=\frac{A\times M\times1000\times f}{E_2}$$

式中,X——黄曲霉毒素 B_1 标准溶液的浓度,$\mu g/mL$;

    A——所测的吸光度值;

    M——黄曲霉毒素 B_1 的分子量 312;

    f——使用仪器的校正因素;

    E_2——黄曲霉毒素 B_1 在苯-乙腈混合液中的摩尔消光系数值 19800。

根据计算,用苯-乙腈混合液调到标准溶液浓度恰为 10.0 $\mu g/mL$,并用分光光度计核对
其浓度。

③ 纯度的测定:取 5 μL 10 $\mu g/mL$ 黄曲霉毒素 B_1 标准溶液,滴加于涂层厚度 0.25 mm
的硅胶 G 薄层板上,用 4:96 甲醇-三氯甲烷与 8:92 丙酮-三氯甲烷展开剂展开。在紫外
光灯下观察荧光的产生,应符合以下条件:

在展开后,只有单一的荧光点,无其他杂质荧光点。原点上没有任何残留的荧光物质。

(15)黄曲霉毒素 B_1 标准使用液　准确吸取 1 mL 标准溶液(10 $\mu g/mL$)于 10 mL 容量
瓶中,加苯-乙腈混合液至刻度,混匀。此溶液每毫升相当于 1.0 μg 黄曲霉毒素 B_1。吸取
1.0 mL 此稀释液,置于 5 mL 容量瓶中,加苯-乙腈混合液稀释至刻度,此溶液每毫升相当于
0.2 μg 黄曲霉毒素 B_1。再吸取黄曲霉毒素 B_1 标准溶液(0.2 $\mu g/mL$)1.0 mL 置于 5 mL 容
量瓶中,加苯-乙腈混合液稀释至刻度。此溶液每毫升相当于 0.04 μg 黄曲霉毒素 B_1。

(16)次氯酸钠溶液(消毒用)　取 100 g 漂白粉,加入 500 mL 水,搅拌均匀。另将 80 g

工业用碳酸钠 ($Na_2CO_3 \cdot 10H_2O$)溶于 500 mL 温水中。再将两液混合、搅拌，澄清后过滤，此滤液含次氯酸浓度约为 25 g/L。若用漂粉精制备，则碳酸钠的量可以加倍。所得溶液的浓度约为 50 g/L。污染的玻璃仪器用 10 g/L 次氯酸钠溶液浸泡 0.5 d，或用 50 g/L 次氯酸钠溶液浸泡片刻后，即可达到去毒效果。

（17）小型粉碎机。

（18）样筛。

（19）电动振荡器。

（20）全玻璃浓缩器。

（21）玻璃板　5 cm×20 cm。

（22）薄层板涂布器。

（23）展开槽　内长 25 cm、宽 6 cm、高 4 cm。

（24）紫外光灯　100～125 W，带有波长 365 nm 滤光片。

（25）微量注射器或血色素吸管。

5. 操作步骤

（1）取样

试样中污染黄曲霉毒素高的霉粒一粒就能影响测定结果，而且有毒霉粒的比例小，同时分布不均匀。为避免取样带来的误差，应大量取样，并将该大量试样粉碎，混合均匀，才有可能得到的确能代表一批试样的相对可靠的结果，因此采样应注意以下几点：

① 根据规定采取有代表性试样。

② 对局部发霉变质的试样检验时，应单独取样。

③ 每份分析测定用的试样应从大样经粗碎与连续多次用四分法缩减至 0.5～1 kg，然后全部粉碎。粮食试样全部通过 20 目筛，混匀。或将好、坏试样分别测定，再计算其含量。酒样不需制备，但取样时应搅拌均匀。必要时，每批试样可采取 3 份大样作试样制备及分析测定用，以观察所采试样是否具有一定的代表性。

（2）提取

① 甲法：称取 20.00 g 粉碎过筛麦曲试样，置于 250 mL 具塞锥形瓶中，加 30 mL 正己烷或石油醚和 100 mL 甲醇水溶液，在瓶塞上涂上一层水，盖严防漏。振荡 30 min，静置片刻，以叠成折叠式的快速定性滤纸过滤于分液漏斗中，待下层甲醇水溶液分清后，放出甲醇水溶液到另一具塞锥形瓶内。取 20.00 mL 甲醇水溶液（相当于 4 g 试样）置于另一 125 mL 分液漏斗中，加 20 mL 三氯甲烷，振摇 2 min，静置分层，如出现乳化现象可滴加甲醇促使分层。放出三氯甲烷层，经盛有约 10 g 预先用三氯甲烷湿润的无水硫酸钠的定量慢速滤纸，过滤于 50 mL 蒸发皿中，再加 5 mL 三氯甲烷于分液漏斗中，重复振摇提取，三氯甲烷层一并滤于蒸发皿中。最后用少量三氯甲烷洗过滤器，洗液并于蒸发皿中。将蒸发皿放在通风柜于 65 ℃水浴上通风挥干，然后放在冰盒上冷却 2～3 min 后，准确加入 1 mL 苯-乙腈混合液（或将三氯甲烷用浓缩蒸馏器减压吹气蒸干后，准确加入 1 mL 苯-乙腈混合液）。用带橡皮头的滴管的管尖将残渣充分混合。若有苯的结晶析出，将蒸发皿从冰盒上取出，继续溶解、混合，晶体即消失，再用此滴管吸取上清液转移于 2 mL 具塞试管中。

② 乙法：称取 20.00 g 粉碎过筛试样于 250 mL 具塞锥形瓶中，用滴管滴加约 6 mL 水，使试样湿润；准确加入 60 mL 三氯甲烷，振荡 30 min；加 12 g 无水硫酸钠，振摇后，静置

30 min,用叠成折叠式的快速定性滤纸过滤于 100 mL 具塞锥形瓶中。取 12 mL 滤液(相当 4 g 试样)于蒸发皿中,在 65 ℃水浴上通风挥干,准确加入 1 mL 苯-乙腈混合液,用带橡皮头的滴管的管尖将残渣充分混合。若有苯的结晶析出,将蒸发皿从冰盒上取出,继续溶解、混合,晶体即消失,再用此滴管吸取上清液转移于 2 mL 具塞试管中。

(3)测定

① 单向展开法

a. 薄层板的制备:称取约 3 g 硅胶 G,加相当于硅胶量 2～3 倍左右的水,用力研磨 1～2 min 至成糊状后立即倒于涂布器内,推成 5 cm×20 cm(厚度约 0.25 mm)的薄层板 3 块。在空气中干燥约 15 min 后,在 100 ℃活化 2 h,取出,放干燥器中保存。一般可保存 2～3 d。若放置时间较长,可再活化后使用。

b. 点样:将薄层板边缘附着的吸附剂刮净,在距薄层板下端 3 cm 的基线上用微量注射器滴加样液。一块板可滴加 4 个点,点距边缘和点间距约为 1 cm,点直径约 3 mm。在同一块板上滴加点的大小应一致,滴加时可用吹风机冷风边吹边加。滴加样式如下:

第一点:10 μL 黄曲霉毒素 B_1 标准使用液(0.04 μg/mL)。

第二点:20 μL 样液。

第三点:20 μL 样液＋10 μL 0.04 μL/mL 黄曲霉毒素 B_1 标准使用液。

第四点:20 μL 样液＋10 μL 0.2 μL/mL 黄曲霉毒素 B_1 标准使用液。

c. 展开与观察:在展开槽内加 10 mL 无水乙醚,预展开 12 cm,取出挥干。再于另一展开槽内加 10 mL 8∶92 丙酮-三氯甲烷,展开 10～12 cm,取出。在紫外光下观察结果,方法如下。

由于样液点上加滴黄曲霉毒素 B_1 标准使用液,可使黄曲霉毒素 B_1 标准点与样液中的黄曲霉毒素 B_1 荧光点重叠。如样液为阴性,薄层板上的第三点中黄曲霉毒素 B_1 为 0.0004 μg,可用作检查在样液内黄曲霉毒素 B_1 最低检出量是否正常出现;如为阳性,则起定性作用。薄层板上的第四点中黄曲霉毒素 B_1 为 0.002 μg,主要起定位作用。

若第二点在与黄曲霉毒素 B_1 标准点的相应位置上无蓝紫色荧光点,表示试样中黄曲霉毒素 B_1 含量在 5 μg/kg 以下;如在相应位置上有蓝紫色荧光点,则需进行确证试验。

d. 确证试验:为了证实薄层板上样液荧光系由黄曲霉毒素 B_1 产生的,加 1 滴三氟乙酸,产生黄曲霉毒素 B_1 的衍生物,展开后此衍生物的比移值约在 0.1 左右。于薄层板左边依次滴加两个点:

第一点:0.04 μg/mL 黄曲霉毒素 B_1 标准使用液 10 μL。

第二点:20 μL 样液。

于以上两点各加 1 小滴三氟乙酸盖于其上,反应 5 min 后,用吹风机吹热风 2 min,使热风吹到薄层板上的温度不高于 40 ℃,再于薄层板上滴加以下两个点:

第三点:0.04 μg/mL 黄曲霉毒素 B_1 标准使用液 10 μL。

第四点:20 μL 样液。

再展开(同步骤 c),在紫外光灯下观察样液是否产生与黄曲霉毒素 B_1 标准点相同的衍生物。未加三氟乙酸的第三、四点可依次作为样液与标准的衍生物空白对照。

e. 稀释定量:样液中的黄曲霉毒素 B_1 荧光点的荧光强度如与黄曲霉毒素 B_1 标准点的最低检出量(0.0004 μg)的荧光强度一致,则试样中黄曲霉毒素 B_1 含量即为 5 μg/kg。如样液中荧光强度比最低检出量强,则根据其强度估计减少滴加微升数或将样液稀释后再滴加不同微升数,直至样液点的荧光强度与最低检出量的荧光强度一致为止。滴加式样如下:

第一点:10 μL 黄曲霉毒素 B₁ 标准使用液(0.04 μg/mL)。

第二点:根据情况滴加 10 μL 样液。

第三点:根据情况滴加 15 μL 样液。

第四点:根据情况滴加 20 μL 样液。

f. 结果计算:试样中黄曲霉毒素 B₁ 的含量按下式进行计算。

$$X = 0.0004 \times \frac{V_1 \times D}{V_2} \times \frac{1000}{m}$$

式中,X——试样中黄曲霉毒素 B₁ 的含量,μg/kg;

V_1——加入苯-乙腈混合液的体积,mL;

V_2——出现最低荧光时滴加样液的体积,mL;

D——样液的总稀释倍数;

m——加入苯-乙腈混合液溶解时相当试样的质量,g;

0.0004——黄曲霉毒素 B₁ 的最低检出量,μg。

② 双向展开法

如用单向展开法展开后,薄层色谱由于杂质干扰掩盖了黄曲霉毒素 B₁ 的荧光强度,需采用双向展开法。薄层板先用无水乙醚作横向展开,将干扰的杂质展至样液点的一边而黄曲霉毒素 B₁ 不动,然后再用 8:92 丙酮-三氯甲烷作纵向展开,试样在黄曲霉毒素 B₁ 相应处的杂质底色大量减少,因而提高了方法灵敏度。如用双向展开中滴加两点法展开仍有杂质干扰时,则可改用滴加一点法。

滴加两点法:

a. 点样

取薄层板 3 块,在距下端 3 cm 基线上滴加黄曲霉素 B₁ 标准使用液与样液。即在 3 块板的距左边缘 0.8~1 cm 处各滴加 10 μL 黄曲霉毒素 B₁ 标准使用液(0.04 μg/mL),在距左边缘 2.8~3 cm 处各滴加 20 μL 样液,然后在第二块板的样液点上加滴 10 μL 黄曲霉毒素 B₁ 标准使用液 (0.04 μg/mL),在第三块板的样液点上加滴 10 μL 0.2 μg/mL 黄曲霉毒素 B₁ 标准使用液。

b. 展开

横向展开:在展开槽内的长边置一玻璃支架,加 10 mL 无水乙醇,将上述点好的薄层板靠标准点的长边置于展开槽内展开,展至板端后,取出挥干,或根据情况需要时可再重复展开 1~2 次。

纵向展开:挥干的薄层板以 8:92 丙酮-三氯甲烷展开至 10~12 cm 为止,丙酮与三氯甲烷的比例根据不同条件自行调节。

c. 观察及评定结果

在紫外光灯下观察第一、二板,若第二板的第二点在黄曲霉素 B₁ 标准点的相应处出现最低检出量,而第一板在与第二板的相同位置上未出现荧光点,则试样中黄曲霉毒素 B₁ 含量在 5 μg/kg 以下。

若第一板在与第二板的相同位置上出现荧光点,则将第一板与第三板比较,看第三板上第二点与第一板上第二点的相同位置上的荧光点是否与黄曲霉毒素 B₁ 标准点重叠,如果重叠,再进行确证试验。在具体测定中,第一、二、三板可以同时做,也可按照顺序做。如按顺序做,当在第一板出现阴性时,第三板可以省略;如第一板为阳性,则第二板可以省略,直接做第三板。

d. 确证试验

另取薄层板两块,于第四、第五两板距左边缘 0.8～1 cm 处各滴加 10 μg 黄曲霉毒素 B₁ 标准使用液(0.04 μg/mL)及 1 小滴三氟乙酸;在距左边缘 2.8～3 cm 处,于第四板滴加 20 μL 样液及 1 小滴三氟乙酸;于第五板滴加 20 μL 样液、10 μL 黄曲霉毒素 B₁ 标准使用液(0.04 μg/mL)及 1 小滴三氟乙酸。反应 5 min 后,用吹风机吹热风 2 min,使热风吹到薄层板上的温度不高于 40 ℃。再用双向展开法展开后,观察样液是否产生与黄曲霉毒素 B₁ 标准点重叠的衍生物。观察时,可将第一板作为样液的衍生物空白板。如样液黄曲霉毒素 B₁ 含量高时,则将样液稀释后,按单向展开法步骤 d 做确证试验。

e. 稀释定量

如样液黄曲霉毒素 B₁ 含量高时,按单向展开稀释定量操作。如黄曲霉毒素含量低,稀释倍数小,在定量的纵向展开板上仍有杂质干扰,影响结果的判断,可将样液再做双向展开法测定,以确定含量。

f. 结果计算:同单向展开。

滴加一点法:

a. 点样:取薄层板 3 块,在距下端 3 cm 基线上滴加黄曲霉毒素 B₁ 标准使用液与样液。即在 3 块板距左边缘 0.8～1 cm 处各滴加 20 μL 样液,在第二板的点上滴加 10 μL 黄曲霉毒素 B₁ 标准使用液(0.04 μg/mL),在第三板的点上滴加 10 μL 黄曲霉毒素 B₁ 标准溶液(0.2 μg/mL)。

b. 展开:同横向展开与纵向展开。

c. 观察及评定结果:在紫外光灯下观察第一、二板,如第二板出现最低检出量的黄曲霉毒素 B₁ 标准点,而第一板与其相同位置上未出现荧光点,试样中黄曲霉毒素 B₁ 含量在 5 μg/kg 以下。如第一板在与第二板黄曲霉毒素 B₁ 相同位置上出现荧光点,则将第一板与第三板比较,看第三板上与第一板相同位置的荧光点是否与黄曲霉毒素 B₁ 标准点重叠,如果重叠再进行以下确证试验。

d. 确证试验:另取两板,于距左边缘 0.8～1 cm 处,第四板滴加 20 μL 样液、1 滴三氟乙酸;第五板滴加 20 μL 样液、10 μL 0.04 μg/mL 黄曲霉毒素 B₁ 标准使用液及 1 滴三氟乙酸。产生衍生物及展开方法同滴加两点法。再将以上二板在紫外光灯下观察,以确定样液点是否产生与黄曲霉毒素 B₁ 标准点重叠的衍生物,观察时可将第一板作为样液的衍生物空白板。经过以上确证试验定为阳性后,再进行稀释定量。如含黄曲霉毒素 B₁ 低,不需稀释或稀释倍数小,杂质荧光仍有严重干扰,可根据样液中黄曲霉毒素 B₁ 荧光的强弱,直接用双向展开法定量。

e. 结果计算:同单向展开。

方法二

1. 实训目的

(1) 掌握麦曲中黄曲霉毒素 B₁ 的检测方法;

（2）了解麦曲中黄曲霉毒素 B_1 的检测原理。

2. 实训原理

试样中的黄曲霉毒素 B_1 经提取、脱脂、浓缩与定量特异性抗体反应,多余的游离抗体则与酶标板内的包被抗原结合,加入酶标记物和底物后显色,与标准比较测定黄曲霉毒素 B_1 含量。

3. 试剂

（1）抗黄曲霉毒素 B_1 单克隆抗体,由卫生部食品卫生监督检验所进行质量控制。

（2）人工抗原 AFB_1-牛血清白蛋白结合物。

（3）黄曲霉毒素 B_1 标准溶液 用甲醇将黄曲霉毒素 B_1 配制成 1 mg/mL 溶液,再用 20∶80 甲醇–PBS 溶液稀释至约 10 μg/mL,用紫外分光光度计测定此溶液最大吸收峰的光密度值,代入下式计算:

$$X = \frac{A \times M \times 1000 \times f}{E}$$

式中,X——该溶液中黄曲霉毒素 B_1 的浓度,μg/mL;

A——测得的光密度值;

M——黄曲霉毒素 B_1 的相对分子质量,为 312;

E——摩尔消光系数,取值 21800;

f——使用仪器的校正因素。

根据计算将该溶液配制成 10 μg/mL 标准溶液,检测时,用甲醇–PBS 溶液将该标准溶液稀释至所需浓度。

（4）三氯甲烷。

（5）甲醇。

（6）石油醚。

（7）牛血清白蛋白（BSA）。

（8）邻苯二胺（OPD）。

（9）洗液（PBS -T）的制备：PBS 加体积分数为 0.05% 的吐温– 20。

（10）抗体稀释液的制备：BSA 1.0 g,加 PBS -T 至 1000 mL。

（11）底物缓冲液的制备如下:

A 液（0.1 mol/L 柠檬酸水溶液）：柠檬酸（$C_6H_8O_7 \cdot H_2O$）21.01 g,加蒸馏水至 1000 mL。

B 液（0.2 mol/L 磷酸氢二钠水溶液）：$Na_2HPO_4 \cdot 12H_2O$ 71.6 g,加蒸馏水至 1000 mL。

使用前按 A 液∶B 液∶蒸馏水＝24.3∶25.7∶50 的比例（体积比）配制。

4. 仪器

（1）小型粉碎机。

（2）电动振荡器。

（3）酶标仪,内置 490 nm 滤光片。

（4）恒温水浴锅。

（5）恒温培养箱。

（6）酶标微孔板。

（7）微量加样器及配套吸头。

5. 步骤操作

（1）取样　同方法一。

（2）提取

试样粉碎后过 20 目筛，称取 20.0 g，加入 250 mL 具塞锥形瓶中。准确加入 60 mL 三氯甲烷，盖塞后滴水封严。以转速 150 r/min 振荡 30 min。静置后，用快速定性滤纸过滤于 50 mL 烧杯中。立即取 12 mL 滤液（相当 4.0 g 试样）于 75 mL 蒸发皿中，在 65 ℃ 水浴中通风挥干。用 2.0 mL 20% 甲醇-PBS 分 3 次（0.8 mL、0.7 mL、0.5 mL）溶解并彻底冲洗蒸发皿中凝结物，移至小试管，加盖振荡后静置待测。此液每毫升相当 2.0 g 试样。

（3）间接竞争性酶联免疫吸附测定（ELISA）

① 包被微孔板：人工抗原包被酶标板，150 μL/孔，4 ℃ 过夜。

② 抗体抗原反应：将黄曲霉毒素 B_1 纯化单克隆抗体稀释后，分别做如下操作：

a. 与等量不同浓度的黄曲霉毒素 B_1 标准溶液用 2 mL 试管混合振荡后，4 ℃ 静置。此液用于制作黄曲霉毒素 B_1 标准抑制曲线。

b. 与等量试样提取液用 2 mL 试管混合振荡后，4 ℃ 静置。此液用于测定试样中黄曲霉毒素 B_1 含量。

③ 封闭：已包被的酶标板用洗液洗 3 次，每次 3 min，加抗体稀释液封闭，250 μL/孔，置 37 ℃ 下 1 h。

④ 测定：酶标板用洗液洗 3 次，每次 3 min，加抗体抗原反应液（在酶标板的适当孔位加抗体稀释液或 Sp2/0 培养上清液作为阴性对照），130 μL/孔，置 37 ℃ 下 2 h。酶标板用洗液洗 3 次，每次 3 min，加酶标二抗[1∶200（体积分数）]，100 μL/孔，置 37 ℃ 下 1 h。酶标板用洗液洗 5 次，每次 3 min。加 10 mg 底物溶液（OPD）、25 mL 底物缓冲液、37 μL 30% H_2O_2，100 μL/孔，置 37 ℃ 下 15 min。然后加 2 mol/L H_2SO_4，40 μL/孔，以终止显色反应。用内置 490 nm 滤光片的酶标仪测出 OD 值。

⑤ 结果计算

黄曲霉毒素 B_1 的浓度按下式进行计算。

$$\omega = \frac{c \times V_1 \times D}{V_2 \times m}$$

式中，ω——黄曲霉毒素 B_1 的浓度，ng/g；

　　c——黄曲霉毒素 B_1 的含量，ng；

　　V_1——试样提取液的体积，mL；

　　V_2——滴加样液的体积，mL；

　　D——稀释倍数；

　　m——试样质量，g。

由于按标准曲线直接求得的黄曲霉毒素 B_1 的浓度（c_1）的单位为 ng/mL，而测孔中加入的试样提取的体积为 0.065 mL，所以上式中，$c = 0.065 \times c_1$，而 $V_1 = 2$ mL，$V_2 = 0.065$ mL，$D = 2$，$m = 4$ g 代入式（6），则

$$黄曲霉毒素 B_1 浓度 = \frac{0.065 \times c_1 \times 2 \times 2}{0.065 \times 4} = c_1 (ng/g)$$

所以，在对试样提取完全按本方法进行时，从标准曲线直接求得的数值 c_1 即为所测试样中黄曲霉毒素 B_1 的浓度（ng/g）。

第三节 小曲(酒药)分析

随各地的习惯和酿制方法不同,黄酒曲种类繁多。按原料分,有麦曲、米曲和小曲(酒药)。在我国南方,使用酒药较为普遍,不论是传统黄酒生产或小曲白酒生产都要用酒药。现代黄酒生产常采用纯种培养法生产酒曲,主要是根霉曲。酒药(小曲)中含有根霉、毛霉、酵母、细菌等糖化菌和发酵菌。酒药中的主要糖化菌是根霉。在糖化阶段,主要是根霉、毛霉生长,分泌出淀粉酶及蛋白酶等多种酶类,将淀粉及蛋白质分解为糖类及氨基酸等成分。将糖化液加水稀释后,酵母菌大量繁殖,醪液的酒精含量逐渐上升,其他菌类就陆续被淘汰。

一、取样方法

取样时从盛曲容器中或堆积场所各个不同点(如麻袋则从上、中、下及四角部位取样)取 1.0~2.0 kg,然后用四分法缩减两次,装入磨口瓶中备用。分析时将试样取出,用研钵研碎或用小型粉碎机粉碎,直至全部通过40目筛孔,混匀。绍兴酒药的形状如图 2-13 所示。

图 2-13 绍兴酒药

二、感官鉴定

1. 色泽

绍兴酒药的剖面应呈一致的颜色,白色或稍显白灰色。如有其他杂色,皆不是好的酒药。

2. 气味

具有酒药的清香味,不得带有霉酸味。

3. 菌丝

酒药应疏松,中心应有微小的菌丝生长。

三、化学分析

小曲(酒药)分以下 3 个实训项目。

实训 1. 原始酸度的检测

1. 实训目的

掌握小曲(酒药)原始酸度的检测方法。

2. 实训原理

利用酸碱中和原理。以酚酞为指示剂,用 0.1 mol/L 氢氧化钠标准溶液进行滴定。

3. 试剂与仪器

(1) 1%酚酞指示剂 称取 1.0 g 酚酞溶于 100 mL 95%乙醇中。

(2) 0.1 mol/L 氢氧化钠标准溶液。

(3) 锥形瓶 150 mL。

(4) 移液管 10 mL。

(5) 碱式滴定管 5 mL。

(6) 烧杯 200 mL。

(7) 恒温水浴锅。

4. 操作步骤

(1) 称取酒药 10 g,放入烧杯中,加 100 mL 水,在 30 ℃ 水浴中浸泡 1 h(中间每隔 15 min 搅拌 1 次),用滤纸或脱脂棉过滤。

(2) 吸取滤液 20 mL 于 150 mL 三角瓶中,加 2 滴 1% 酚酞指示剂,用 0.1 mol/L 氢氧化钠标准溶液滴至呈现微红色,0.5 min 内不褪色为止。

5. 结果计算

原始酸度:以 100 g 酒药消耗 1 mol/L 氢氧化钠溶液的体积(mL)表示。

$$原始酸度 = C \times V \times \frac{100}{20} \times \frac{100}{10}$$

式中,C——氢氧化钠标准溶液的摩尔浓度,mol/L;

V——20 mL 滤液消耗氢氧化钠标准溶液的体积,mL;

100/20——20 是测定时吸取滤液的体积,mL,其中 100 是酒药总浸出液的体积,mL;

100/10——10 g 酒药换算成 100 g 酒药的倍数。

实训 2. 发酵酸度的检测

1. 实训目的

掌握发酵酸度的检测方法。

2. 实训原理

同原始酸度测定。

3. 试剂与仪器

同原始酸度测定。

4. 操作方法

(1) 扩大培养 称取 50.0 g 大米于 500 mL 锥形瓶中,加入水 50 mL,浸渍 10 h,用油纸包裹棉塞于常压下蒸 40 min(或 0.1 MPa 灭菌 20 min)。取出,稍冷,在无菌室中用玻棒搅散饭团。待冷却至 30 ℃ 时,小心撒入酒药粉末 0.25 g(0.5%),搅拌匀,置于 30 ℃ 培养箱中培养 26~30 h。

(2) 测定 首先观察瓶内生长状态和气味,如果米饭粘成棉絮似的团状,一般为好的酒药;如米粒松散,则酒药质量欠佳。

在扩大培养后的大米醅中加入 100 mL 水,浸泡 1 h(中间每隔 15 min 搅拌 1 次),用滤纸或脱脂棉过滤。吸取滤液 25 mL 于 250 mL 锥形瓶中,加入 1% 酚酞指示剂 2 滴,用 0.1 mol/L 氢氧化钠标准溶液滴定至微红色,0.5 min 内不消失为止。

5. 结果计算

发酵酸度:100 g 大米经酒药作用后所生成的酸量,以 1.0 mol/L 氢氧化钠溶液的毫升数表示,即 100 g 大米经酒药作用后消耗 1 mL 1.0 mol/L 氢氧化钠溶液称为 1 度。

$$发酵酸度 = \frac{C \times V \times 100}{25} \times 2 = 8C \times V$$

式中,C——NaOH 溶液的摩尔浓度,mol/L;

V——滴定消耗 NaOH 的体积,mL;

25——测定时吸取滤液的体积,mL;

100——总的浸出液的体积,mL;

2——50 g 大米换成 100 g 的倍数。

所得结果保留至一位小数。

6. 注意事项

(1)撒入酒药时,勿使酒药粘在三角瓶壁上。

(2)灭菌后的饭粒易结成团状,必须用玻璃搅散,使饭粒间有空隙,让菌丝均匀繁殖。

实训 3. 发酵率(淀粉利用率)的检测

1. 实训目的

掌握小曲(酒药)发酵率的检测方法。

2. 实训原理

利用小曲(酒药)中的微生物,先把大米中的淀粉转化成还原糖,酵母菌再利用糖经过厌氧发酵产生酒精。利用水与酒精不同沸点的性质,蒸馏出酒精,得到酒精的含量,经过计算得到发酵率。

3. 仪器与试剂

(1)电热恒温培养箱。

(2)酒精蒸馏装置一套。

(3)量筒　100 mL。

(4)容量瓶　100 mL。

(5)碳酸钠(粉末)。

(6)1%酚酞指示剂。

4. 操作步骤

(1)扩大培养方法与发酵酸度测定相同。在 30 ℃培养 26~30 h 后取出,加无菌水 100 mL,再继续培养至全部时间为 120 h。

(2)测定　将锥形瓶中的酒醪倒入 1000 mL 圆底烧瓶中,用 100 mL 水洗涤锥形瓶,洗液并入圆底烧瓶中,加 2 滴 1%酚酞指示剂,用碳酸钠粉末中和至微酸性蒸馏,待馏出液达 95 mL 时停止蒸馏。加水定容到刻度,摇匀,将容量瓶中馏出液倒入 100 mL 量筒中,用酒精计测定酒精度(以弯月面下缘为准),并记录馏出液的温度。蒸馏装置如图 2-14 所示。

图 2-14　酒精蒸馏装置

5. 结果计算

(1) 酒精含量计算　查附录一将酒精度校正为 20 ℃时酒精度,再查附录三求出 100 mL 中所含的酒精克数。

(2) 发酵率计算

$$发酵率(\%)=\frac{纯酒精含量}{50\times大米淀粉含量\%\times0.5678}\times100$$

式中,50——大米质量,g;

0.5678——1 g 淀粉理论上产生纯酒精的量,g;

100——换算成百分率。

第四节　黄酒用活性干酵母分析

现在有的企业也用活性干酵母来生产黄酒,使用最多的是安琪黄酒高活性干酵母,它是从绍兴酒醪中分离出来的优良酵母菌种,是黄酒生产的优良酒化剂。对于如何区分它的质量优劣,目前企业在短时间内能检测的只有两个项目:水分与活细胞率。黄酒用活性干酵母(图 2-15)水分与活细胞率两个项目的实训内容如下。

图 2-15　黄酒用活性干酵母

实训 1. 酵母水分的检测

1. 实训目的

掌握黄酒用活性干酵母水分的检测方法。

2. 实训原理

原料水分测定常用烘干法,本方法采用 GB 5497—1985 中定温定时烘干法。

3. 仪器

(1) 电热恒温干燥箱。

(2) 天平　分度值为 0.01 g。

(3) 瓷盒。

4. 操作方法

称取样品 3 g(精度 0.0002 g),置于已烘干至恒重的称量瓶中,在 103 ℃干燥箱中干燥 6 h,移入干燥器中冷却 30 min,再精确地称重。其测定公式如下:

$$水分(\%)=\frac{m_1-m_2}{m_1-m}\times100$$

式中，m——称量瓶的质量，g；

m_1——干燥前称量瓶加样品的总质量，g；

m_2——干燥后称量瓶加样品的总质量，g。

实训 2. 酵母活细胞率的分析检测

1. 实训目的

掌握酵母活细胞率的检测方法。

2. 实训原理

取一定量的干酵母，用无菌生理盐水活化，然后做适当稀释与染色。用显微镜、血球计数板所测得的酵母活细胞数和总酵母细胞数之比的百分数，即为该样品的酵母活细胞率。

3. 试剂与仪器

(1) 无菌生理盐水的制法 称取 0.85 g NaCl，加蒸馏水至 100 mL，在 0.1 MPa 的蒸气压下灭菌 20 min 即可。

(2) 染色液 因染色液的浓度和作用时间等因素均影响酵母死活细胞的确认，故应选用一种较为灵敏的染色液。

配制方法：取 0.025 g 次甲基蓝、0.042 g KCl、0.048 g $CaCl_2 \cdot 6 H_2O$、0.02 g $NaHCO_3$、1.0 g 葡萄糖，用无菌生理盐水溶解并定容到 100 mL。

(3) 血球计数板 25×16。

(4) 血球计数板专用盖玻片 20 mm×20 mm。

4. 操作步骤

(1) 活性干酵母的活化 称取活性干酵母 0.1 g(精度 0.0002 g)，用无菌吸管吸取 20 mL 38~40 ℃的无菌生理盐水稀释后，在 32 ℃恒温水浴中活化 1 h。这样的浓度适于死活酵母细胞的计数。

(2) 检测 用无菌吸管吸取上述刚活化的酵母液 0.1 mL，加入上述染色液 0.9 mL 摇匀；在 20 ℃下染色 10 min 后，立即在显微镜下用血球计数板检测。应先调整显微镜的视野，酵母细胞在计数范围内需分散均匀。凡呈现无色透明者，能将次甲基蓝还原的为活细胞；被染上蓝色者为死细胞。可数左上、右上、左下、右下和中心的中方格内的无色及蓝色酵母数，取平行试验的平均值进行计算。

5. 结果计算

$$酵母活细胞率(\%)=\frac{活细胞总数}{活细胞总数+死细胞总数}\times100$$

若采用平板培养法检测活性干酵母的细胞数，则结果更为可靠。还可根据菌落的形态，初步了解酵母的纯度。一般情况下，正常的活性干酵母活细胞率在 80% 以上，而含水量在 5% 以下。

第五节 食品添加剂焦糖色

黄酒的颜色根据不同类型与品种呈现深浅不一，从浅黄色到黄褐色。这种颜色虽然一部分来自麦曲与原料本身以及发酵、杀菌、成酿、金属离子反应等过程，但其中最主要还是来自于焦糖色。焦糖色在黄酒中主要有增色、增香、调和、增加醇厚度等作用，但是对黄酒的稳定性会产生一些影响。焦糖色质量的优劣会对黄酒的质量产生一定的影响。企业对焦糖色的感官指标以及吸光度与干燥失重两个理化指标进行检测，另外的一些指标一般不检测。焦糖色检测指标采用 GB 8817—2001 中相应的方法。如图 2-16 所示是桶装液体焦糖色素。

图 2-16　桶装液体焦糖色素

一、取样方法

焦糖色总样本小于 10 的全部取样；样本数在 11～181 的，按样本数的 10％以上的数量取样；样本数在 182～500 的，按样本数的 5％～10％数量取样；总样本多于 500 的，按 5％的数量采样。每一桶取样时要均匀，同批次各容器所取的样混合均匀后再进行检测。

二、感官鉴定

1. 色泽、外观形状

色泽呈黑褐色，外观形状呈稠状液体或粉粒状。经稀释后应澄明，无混浊和沉淀。

2. 气味

具有焦糖色素的焦香味，无异味。

实训 1. 感官检测

1. 实训目的

（1）掌握焦糖色的外观色泽；

（2）掌握焦糖色的气味。

2. 实训原理

利用人的视觉与嗅觉来检测焦糖色的色泽与气味。

3. 仪器

（1）比色管。

（2）500 mL 烧杯。

（3）天平　感量 0.01 g。

4. 操作步骤

(1) 色泽和外观形态 将样品倒入无色烧杯中,观察其色泽和外观形状。

(2) 气味 将样品稀释成 5～20 g/L 的水溶液,嗅其气味。

(3) 澄明度 将样品稀释成 2～4 g/L 的水溶液,置入 50 mL 比色管中,在明亮处由上到下观察。

5. 结果描述

将看到与嗅到的情况进行如实描述。

三、化学分析

焦糖色的理化指标:吸光度 E(0.1‰样品浓度,1 cm 的比色皿,610 nm 波长)——固体为 0.05～0.6,液体为 0.03～0.6;固体干燥失重<5%。

实训 1. 吸光度的测定

1. 实训目的

(1) 掌握焦糖色素吸光度的测定方法;

(2) 掌握可见分光光度计的操作。

2. 实训原理

溶液中的物质在光的照射下,产生了对光吸收的效应。物质对光的吸收是具有选择性的,各种不同的物质都具有其各自的吸收光谱,因此,当某单色光通过溶液时,其能量就会被吸收而减弱。光能量减弱的程度和物质的浓度有一定的比例关系,也即符合比色原理。由比尔定律 $T = I/I_0$,

$$A = \lg(1/T) = \lg(I_0/I) = KcL$$

式中,T——透射比;

I_0——入射光强度;

I—— 透射光强度;

A——吸光度;

K——吸收系数;

L——溶液的光程长;

c——溶液的浓度。

3. 仪器

722 型分光光度计。

4. 操作步骤

(1) 先将波长调节至 610 nm,将分光光度计接通电源预热 30 min 待用。

(2) 调节零点 将蒸馏水放入一只空白清洁的比色皿中至 80% 容积处,并用滤纸吸干比色皿外水分,将其放入比色槽内调节好零点。

(3) 样品的测定

称取样品 0.5 g(精确至 0.002 g),用蒸馏水定容于 500 mL 容量瓶中,摇匀,将该溶液置于空白清洁的 1 cm 比色皿中 80% 容积处,并用滤纸吸干比色皿外的酒液,放入同蒸馏水一起的比色槽中,进行比色。在 610 nm 处用分光光度计测定其吸光度,并记录显示屏中读数。

5. 结果

吸光度＝所得读数。

所得读数的吸光度 E 值：固体焦糖色在 0.05～0.6 之间为合格，液体的焦糖色在 0.03～0.6 之间为合格。

实训 2. 干燥失重的测定

1. 实训目的

学习与掌握焦糖色素干燥失重的测定方法。

2. 实训原理

试样经过 105 ℃加热，其中可挥发性的物质被蒸发，剩余的残留物即为焦糖色素的固形物，被蒸发的可挥发性的物质就是它的失重量。

3. 仪器

(1) 天平　分度值为 0.0001 g。

(2) 电热干燥箱　温控 ±1 ℃。

(3) 干燥器　内盛有效干燥剂。

(4) 称量瓶(空盒)

4. 操作步骤与结果计算

① 操作步骤：用已恒重过的称量瓶称取样品 2 g(精确至 0.0002 g)，于 105 ℃干燥 2 h，冷却，称重。

② 计算与判断：

$$X_1 = \frac{m_1 - m_2}{m} \times 100$$

式中，X_1——试样的干燥失重，%；

m_1——试样烘干前称量瓶和样品的质量，g；

m_2——试样烘干后称量瓶和样品的质量，g；

m——试样质量，g。

固体干燥失重<5％为合格。

复习思考题

一、填空题

1. 正常的活性干酵母活细胞率在_____以上，含水量在_____以下。

2. 在浙江绍兴酒酿制中，把曲比喻为_____。

3. 原料中淀粉的测定常用_____与_____两种方法。

4. 直链淀粉与碘酒作用显_____，支链淀粉与碘酒作用显_____。

5. 对于黄酒企业来讲大米是主要的原料，有"_____"之称。

6. 大米按类型分为_____、_____和_____三类，糯米又分为_____和_____。

7. 大米按食用品质分为_____和_____。

8. 水是黄酒原料之一,素有_____之称。

二、是非题

1. 2.5 g/L 葡萄糖标准溶液配制时加入 5 mL 浓盐酸是为了不防腐。(　　)

2. 正常的活性干酵母活细胞率在 70％以上,含水量在 15％以下。(　　)

3. 酒药中的主要糖化菌是根霉。(　　)

三、简答题

1. 大米的色泽与气味如何鉴定及如何表示结果?

2. 小麦色泽异常的原因有哪些?

3. 简述生麦曲水分测定的操作步骤?

4. 原料中淀粉的测定常用酸水解与酶水解两种方法,它们的优缺点有哪些?

5. 我国小麦根据皮色、粒质分为哪五类?

6. 斐林氏甲、乙溶液贮存过久,使用前需如何检测?

7. 正确检测粗淀粉时应注意哪些事项?

8. 糯米互混测定的原理是什么?

9. 常量凯氏定氮法的原理是什么?

10. 粗淀粉测定的原理是什么?

11. 酒药、麦曲鉴定的正常感官标准是怎样的?

12. 黄酒用活性干酵母是如何进行活化的?

13. (麦曲)糖化力测定的原理是什么? 它的测定步骤是怎样的?

14. (麦曲)液化力测定中碘反应法的原理是什么?

四、计算题

1. 标定斐林溶液时,消耗 20.5 mL 2.5 g/L 葡萄标准溶液,求斐林甲、乙液各 5 mL 相当于葡萄糖的质量是多少?

2. 用酸水解法测定粗淀粉含量时,称取 2.0 g 米粉,经酸水解处理后,滤液用 500 mL 容量瓶接收。用水充分洗涤残渣,洗液并入容量瓶中,然后用水定容,摇匀。用水解液滴定已标定过的斐林溶液,F 值为 52.35 mg,到终点时消耗水解液 16.5 mL。求粗淀粉的含量是多少?

第三章　黄酒半成品分析与检测

第一节　米饭分析与检测

一、取样方法

可根据分析要求采集不同试样。蒸桶取样,在米饭入缸时从上、中、下部取样。蒸饭机则考虑从不同时间、出口处不同部位(左、中、右)取样(亦可从蒸煮条件最差场所取样,以检查蒸煮死角)。取样后装入磨口瓶中,不可久置,应立即分析。

二、感官鉴定

1. 色泽

白色或正常色,颜色均一,光泽好。

2. 形态

颗粒完整无异物。

3. 香气

天然米饭香气浓郁。

4. 成熟度

熟而不粘,内无白心,软而不烂。

三、化学分析

实训 1. 米饭水分的检测

1. 实训目的

掌握米饭水分测定方法与计算方法。

2. 实训原理

试样中含水量超过 16% 时,一是粉碎困难,二是粉碎时水分损失较多,因此常将试样先在 60 ℃ 干燥箱内烘干,直到米饭含水量在 16% 以下,测出的水分称为前水分。再将试样进行粉碎,在 100～105 ℃ 干燥箱内烘干到恒重,测出水分称为后水分。由前水分及后水分计算出总水分。

3. 仪器

(1) 天平　分度值为 0.0001 g。

（2）电热干燥箱　温控 ±1 ℃。

（3）干燥器　内盛有效干燥剂。

（4）称量瓶（空盒）

4. 操作步骤和结果计算

（1）前水分　称取试样 10.0 g 于 60 ℃干燥箱内烘 3～4 h，使其烘干到含水量 16% 以下，测出前水分（%）。

（2）后水分　将测定前水分后的试样进行粉碎，在 100～105 ℃干燥箱中烘至恒重，测出后水分（%）。

（3）计算（水分测定方法见黄酒原料分析中大米与小麦水分的检测）

$$米饭总水分（\%）=前水分+后水分×\frac{100-前水分}{100}$$

实训 2. 出饭率及吸水率的检测

出饭率及吸水率在传统工艺中可用称重法测定。在机械化连续生产中可用千粒重法、比较法测定。

1. 实训目的

掌握米饭吸水率与出饭率的检测方法。

2. 原理

利用称重法的原理。

3. 实训仪器

（1）天平　分度值为 0.0001 g。

（2）电热干燥箱　温控 ±1 ℃。

（3）干燥器　内盛有效干燥剂。

（4）称量瓶（空盒）

4. 操作步骤与结果计算

方法一：称重法

（1）操作步骤

① 称取白米重 G g。

② 蒸煮成饭后称重为 G_1 g。

（2）结果计算

$$出饭率（\%）=\frac{G_1}{G}×100$$

$$吸水率（\%）=\left(\frac{G_1}{G}-1\right)×100$$

方法二：千粒重法

（1）操作步骤

① 白米千粒重：称取白米 G g（约 20.00 g），分出整粒米数 m 和碎米数 n。分别称出整粒米质量为 A g 及碎米质量为 B g。

$$碎米系数 K=\frac{B/n}{A/m}$$

$$白米千粒重 = \frac{G \times 1000}{n \times K + m} = \frac{G \times 1000}{(B/A+1)m}$$

② 蒸饭千粒重：抽取蒸饭约 28 g 放入称量瓶中，并迅速盖闭，称其质量为 G_1 g（准确至 0.01 g）。数出其中整粒饭的数值 m_2，称出其质量 A_2 g，碎饭质量为 B_2 g。由于操作过程中米饭水分的蒸发，因此要折算成初始质量 A_1 g 和 B_1 g，使 $A_1 + B_1 = G_1$。

$$初始整粒饭重 \ A_1 = \frac{A_2}{A_2 + B_2} \times G_1$$

$$初始碎饭粒重 \ B_1 = \frac{B_2}{A_2 + B_2} \times G_1$$

$$蒸饭千粒重 = \frac{G \times 1000}{(B_1/A_1 + 1)m_2}$$

（2）结果计算

$$蒸饭出饭率(\%) = \frac{蒸饭千粒重}{白米千粒重} \times 100$$

$$蒸饭吸水率(\%) = \left(\frac{蒸饭千粒重}{白米千粒重} - 1\right) \times 100$$

（3）说明：一个批量的整粒米与碎粒米的碎米系数 K 是一个常数，只需标出一个 K 值即可。

方法三：比较法

上述千粒重法，数粒麻烦，称重次数多，计算程序多，操作时间长，水分易挥发，存在着一定的误差性。

这里推出一种比较法，即在实验室用锅蒸饭求出出饭率。再将锅蒸法的米饭含水量和机蒸法的米饭含水量相比较，以机蒸法的米饭含水量为准，校正锅蒸法出饭率，即为机蒸法出饭率。

（1）操作步骤

取大生产的同批大米 1 kg，按大米生产的浸米时间浸米，在铝锅中蒸成熟饭，按大米生产工艺摊凉或淋水后称取其质量，得到锅蒸法的出饭率 A。同时抽取锅蒸法和机蒸法的试饭样各 10 g，用烘干法测定含水量，锅蒸饭含水率为 m，机蒸饭含水率为 n。

（2）结果计算

机蒸法出饭率(%) = 锅蒸法出饭率 A + (机蒸饭含水率 n - 锅蒸饭含水率 m)

实训 3. 米饭生心率的检测

1. 实训目的

（1）掌握米饭生心率的检测方法；

（2）了解米饭生心率的检测原理。

2. 实训原理

次甲基蓝或溴酚蓝遇到未糊化的生淀粉不能使其染色的原理。

3. 试剂

（1）1%次甲基蓝溶液　称取 1 g 次甲基蓝，溶于 95%酒精中，并稀释至 100 mL。

（2）1%溴酚蓝指示剂　称取 1 g 溴酚蓝，溶于 95%酒精中，并稀释至 100 mL。

4. 操作步骤

（1）将测定的米饭放在培养皿中,加入1％次甲基蓝溶液(或1％溴酚蓝指示剂),使米饭浸没。

（2）1 min 后,倒去次甲基蓝或溴酚蓝溶液,将每粒米饭用刀片切成两段,看其中心染色情况,在未糊化处,不能染上颜色。

5. 结果计算

计算 100 粒米饭中其内心未染色的百分数,即为生心率。

第二节　黄酒发酵醪分析与检测

一、取样方法

1. 机械化生产黄酒发酵醪取样

不同的企业发酵醪检测时间可不同,有的企业一个发酵周期按 1 d、5 d、15 d、榨前检测,有的企业是按 2 d、7 d、15 d、榨前检测。

每罐为一批次,随机抽取,然后用双层纱布过滤(榨前用绸袋进行过滤);样液不少于 250 mL;榨前取样前需要开耙,使酒体均匀一致,从而保证取样样品的准确性。

2. 传统手工黄酒带糟取样

带糟(8 d、15 d、30 d、榨前):每作酒为一批次,在每作带糟化验弄的一边最上面一层,每坛取样少许,混匀样液(如有必要也可用纱布过滤或用离心机离心操作),样液不少于 250 mL。

二、化学分析

实训 1. 发酵醪酸度检测

1. 实训目的

（1）学会半成品发酵醪酸度的测定方法;

（2）掌握半成品发酵醪取样的方法。

2. 实训原理

用酸碱中和的原理测定出发酵醪中的含酸量。用酚酞作为指示剂,用 0.1 mol/L 的 NaOH 溶液进行滴定。

3. 试剂和仪器

（1）0.1 mol/L NaOH 溶液。

（2）10 g/L 酚酞指示剂。

（3）150 mL 锥形瓶。

（4）5 mL 吸管。

（5）50 mL 碱式滴定管。

4. 操作步骤

（1）试样制备　对发酵醪液进行两层纱布过滤（如图 3-1 所示），有的企业采用离心法取出上清液。

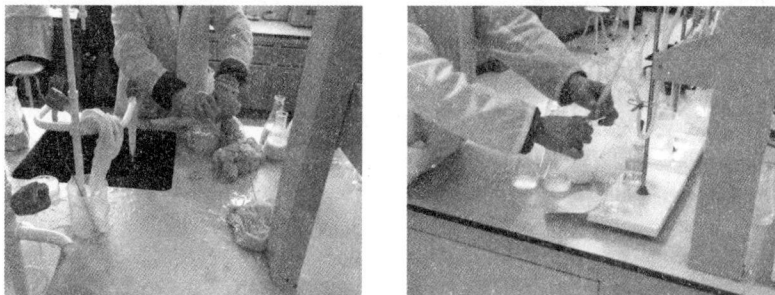

图 3-1　发酵醪过滤与酸度滴定

（2）测定　吸取发酵醪各 5.0 mL 于两只 150 mL 锥形瓶中，加 50 mL 水，分别滴入 3 滴酚酞指示剂。用 0.1 mol/L NaOH 溶液滴定至溶液呈微红色，30 s 内不褪色为其终点。（若酵母活力强的发酵 1 d、5 d 的半成品，酸度滴定时速度要快，一到微红色就行了，不用等 30 s 不褪色。）记录消耗 NaOH 溶液的体积 V，同时做试样空白试验，记录消耗 NaOH 溶液的体积 V_0。

5. 结果计算

$$酸度（以乳酸计，g/L）= \frac{c \times (V - V_0) \times 90}{10.0}$$

式中，c——NaOH 标准溶液的浓度，mol/L；

　　10.0——吸取试样的体积，mL；

　　V——测定试样时消耗 NaOH 标准溶液的体积，mL；

　　V_0——空白试验时消耗 NaOH 标准溶液的体积，mL；

　　90——乳酸的摩尔质量的数值，g/mol。

所得结果保留至一位小数。

6. 允许差

同一试样的两次测定结果之差，不得超过 0.1 g/L。

实训 2. 半成品发酵醪酒精度的检测

1. 实训目的

学会半成品发酵醪中酒精度的测定方法。

2. 实训原理

发酵醪经过蒸馏，用酒精计测定馏出液中酒精的示值，用温度计测出馏出液的温度，换算成 20 ℃时的酒精度（%vol）。

3. 仪器

100 mL 量筒，冷凝回流装置，500 mL 锥形瓶，电炉，酒精计（标准温度 20 ℃，分度值为 0.2），水银温度计（50 ℃，分度值为 0.1 ℃）。

4. 操作步骤

量取 100.0 mL 发酵醪，倒入 500 mL 锥形瓶中。用 100 mL 左右水洗涤量筒，把洗液倒入锥形瓶中,酒体较混浊时加适量菜油或消泡剂。装上冷凝管,通入冷却水,用原 100 mL 量筒接收馏出液,加热蒸馏,直至收集馏出液体积约为 95 mL 时,取下量筒,加水至刻度线,摇匀。分别用温度计和酒精计量出温度和酒精度,对照附录一表格查出 20 ℃时的酒精度,即为检测结果。

5. 结果计算

所得结果保留至一位小数。

6. 允许差

同一发酵醪的两次测定结果之差,不得超过 0.2%vol。

实训 3. 发酵醪发酵前期糖度的检测

1. 实训目的

(1) 学会发酵醪发酵前期糖度的测定方法;

(2) 理解发酵醪发酵前期糖度的测定原理;

(3) 掌握发酵醪发酵前期糖度的计算方法。

2. 实训原理

斐林溶液与还原糖共沸,生成氧化亚铜沉淀。以次甲基蓝为指示液,用发酵醪稀释液滴定沸腾状态的斐林溶液。达到终点时,稍微过量的还原糖将次甲基蓝还原成无色。依据发酵醪稀释液的消耗体积,计算还原糖含量。

3. 仪器

(1) 斐林溶液　同第二章第一节"化学分析实训 2"中所提及的大米中粗淀粉的检测。

(2) 300～500 W 电炉。

(3) 150 mL 锥形瓶、5 mL 的移液管、吸球。

(4) 1%次甲基蓝指示剂　称取 1 g 次甲基蓝,溶于乙醇(95%),用乙醇(95%)稀释至 100 mL。

(5) 50 mL 酸式滴定管。

4. 操作步骤

(1) 发酵醪稀释液的制备　吸 10 mL 发酵醪液到 100 mL 的容量瓶中,用水稀释并定容到刻度,摇匀。

(2) 发酵醪稀释液的测定　准确吸取斐林甲、乙液各 5 mL 于 150 mL 锥形瓶中,加水 30 mL,混合后置于电炉上加热至沸腾。滴入发酵醪稀释液,保持沸腾,待试液蓝色即将消失时,加入次甲基蓝指示液两滴,继续用发酵醪稀释液滴定至蓝色刚好消失为终点。记录消耗发酵醪稀释液的体积(V_1)。

5. 结果计算

发酵醪中还原糖含量的计算:

$$发酵前期醪液\ X = 100 \times \frac{F}{10 \times V_1} \times 1000$$

式中,X——发酵醪中还原糖的含量,g/L;

　　　F——斐林甲、乙液各 5 mL 相当于葡萄糖的质量,g;

　　　10——吸取发酵醪的体积,mL;

　　　V_1——滴定时消耗发酵醪稀释液的体积,mL。

所得结果保留至一位小数。

6. 精密度

在重复性条件下获得的两次独立测定结果的绝对差值,不得超过算术平均值的 5%。

实训 4. 发酵醪发酵后期糖度的检测

1. 实训目的

(1)学会发酵醪发酵后期糖度的测定方法;

(2)理解发酵醪发酵后期糖度的测定原理;

(3)掌握发酵醪发酵后期糖度的计算方法。

2. 实训原理

斐林溶液与还原糖共沸,在碱性溶液中将铜离子还原成 1 价铜离子,并与溶液中的亚铁氰化钾络合而呈黄色。以次甲基蓝为指示剂,达到终点时,稍微过量的还原糖将次甲基蓝还原成无色为终点。依据 1.0 g/L 葡萄糖标准溶液消耗的体积,计算还原糖含量。

3. 试剂和仪器

(1)微量甲溶液 称取硫酸铜($CuSO_4 \cdot 5H_2O$)15.0 g 及次甲基蓝 0.05 g,加蒸馏水溶解并定容到 1000 mL,摇匀备用。

(2)微量乙溶液 称取酒石酸钾钠 50 g、氢氧化钠 54 g、亚铁氰化钾 4 g,加蒸馏水溶解并定容到 1000 mL,摇匀备用。

(3)1.0 g/L 葡萄糖标准溶液 称取经 103~105 ℃烘干至恒重的无水葡萄糖 1 g(精确至 0.0001 g),加水溶解,并加浓盐酸 5 mL,再用蒸馏水定容到 1000 mL,摇匀备用。

(4)分析天平 分度值为 0.0001 g。

(5)分析天平 分度值为 0.01 g。

(6)电炉 300~500 W。

(7)150 mL 锥形瓶。

(8)5 mL 移液管。

(9)50 mL 酸式滴定管。

(10)100 mL 容量瓶。

4. 操作步骤

(1)空白试验

准确吸取微量甲、乙溶液各 5 mL 于 150 mL 锥形瓶中,加入葡萄糖标准溶液 9 mL,混匀后置于电炉上加热,在 2 min 内沸腾。然后以 4~5 s 一滴的速度继续滴入葡萄糖标准溶液,直至蓝色消失立即呈现黄色为终点。记录消耗葡萄糖标准溶液的总量(V_0)。

(2)酒样的测定

① 酒样稀释液制备 吸取酒样 10 mL 于 100 mL 容量瓶中,用水定容到 100 mL,摇匀,作为酒样稀释液备用。

② 滴定:准确吸取微量甲、乙溶液各 5 mL 及酒样稀释液 5 mL 于 150 mL 锥形瓶中,先加入 7 mL 1.0 g/L 葡萄糖标准溶液,摇匀后置于电炉上加热至沸腾,继续用葡萄糖标准溶液滴定至终点,记录消耗葡萄糖标准溶液的体积(V)。接近终点时,滴入的葡萄糖标准溶液的用量应控制在 0.5~1.0 mL。

5. 结果计算

酒样中还原糖含量按下式计算：

$$X = \frac{c(V_0 - V) \times 100}{5 \times 10} \times 1000$$

式中, X——酒样中还原糖的含量, g/L;

V_0——空白试验时消耗葡萄糖标准溶液的体积, mL;

V——酒样测定时消耗葡萄糖标准溶液的体积, mL;

c——葡萄糖标准溶液的浓度, g/mL;

10——吸取酒样的体积, mL;

5——吸取酒样稀释液的体积, mL;

100——酒样稀释液的总体积, mL。

所得结果保留至一位小数。

6. 精密度

在重复性条件下获得的两次独立测定结果的绝对差值, 不得超过算术平均值的 5%。所得结果保留至一位小数。

阅读材料

绍兴投醪河来历

投醪河, 如图 3-2 所示, 又名劳师泽, 亦写作箪醪河。从浙江省绍兴市鲍家桥至稽山中学的投醪河河段, 东西长 251 m, 宽约 7 m, 至今保存完整。勾践在公元前 473 年出师伐吴雪耻, 三军师行之日, 越国父老敬献壶浆, 祝越王旗开得胜, 勾践"跪受之", 并投之于上流, 令军士迎流痛饮。士兵感念越王恩德, 同仇敌忾, 战气百倍, 人百其勇, 无不用命, 奋勇杀敌, 终于打败了吴国。投醪河亦由此长传不朽。

图 3-2 投醪河

第三节 锥形瓶培养液中残糖、酵母数与出芽率分析与检测

纯种培养酒母是选择优良的黄酒酵母, 从试管菌种出发, 经过逐级扩大培养, 增殖到多量的酵母。其扩大培养过程: 原菌→斜面试管培养→液体试管培养→锥形瓶培养(图3-3)→酒母。在黄酒企业中, 检测人员对锥形瓶与酒母进行检测, 锥形瓶的检测指标为酸度、酵母数、出芽率、残糖, 而酒母的检测指标是酸度、酵母数、出芽率、酒精度。酒母中酒精度的检测方法与发酵醪相同, 而另外 3 个指标的检测方法为与锥形瓶检测指标相同的方法。为了避免教材编写的重复性, 所以只编写锥形瓶的检测方法, 而省去了酒母的检测方法。酒母检测时, 取样方法是以每罐为一批, 搅拌均匀后用两层纱布过滤, 取样 250 mL。

一、取样方法

取样：每天随机抽取培养液一瓶。

二、化学分析

实训1. 锥形瓶培养液中的残糖检测

1. 实训目的

(1) 学会糖度计的使用方法；

(2) 学会锥形瓶培养液中残糖的测定方法；

(3) 了解锥形瓶培养液的组成成分。

图3-3 锥形瓶培养液

2. 实训原理

光线从一种介质进入另一种介质时会产生折射现象，且入射角与折射角正弦之比恒为定值，此比值称为折光率。培养液中可溶性固形物含量与折光率在一定条件下(同一温度、压力)成正比例，故测定培养液的折光率可求出培养液的浓度(含糖量的多少)。

3. 仪器

(1) 手持式糖度计。

(2) 5 mL 吸管一支。

4. 操作步骤

(1) 先用蒸馏水调整糖度计的零位。

(2) 吸取培养液滴入手持式糖度计的棱镜镜面上，轻轻合上糖度计盖板，不要产生气泡，使溶液遍布棱镜表面。将仪器进光板对准光源或明亮处，用肉眼通过目镜观察视场，转动目镜调节手轮，使视场红白分界线清晰，分界线的刻度值即为溶液的糖度值，并记录数值。

(3) 冲洗干净糖度计，吸干水分，放回原处。

5. 结果计算

糖度值＝分界线中的所视刻度值。

实训2. 锥形瓶培养液中酵母数与出芽率的检测

1. 实训目的

学会锥形瓶培养液中残糖的测定方法。

2. 实训原理

在显微镜下，利用血球计数板来计数稀释液中的酵母，通过计算来得出酒样中所含酵母数与出芽数。

3. 仪器

(1) 蒸馏水。

(2) 100 mL 容量瓶。

(3) 血球计数板。

(4) 显微镜。

(5) 5 mL、1 mL 移液管各 1 支。

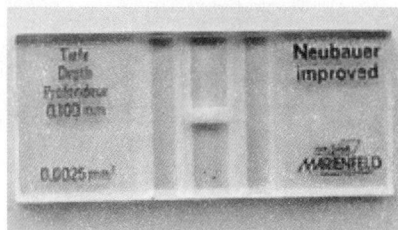

图 3-4 血球计数板

血球计数板(图 3-4)是一块特制的厚型载玻片,载玻片上有 4 个槽构成 3 个平台。中间的平台较宽,其中间又被一短横槽分隔成两半,每个半边上面各刻有一小方格网,每个方格网共分 9 个大方格,中央的一大方格作为计数用,称为计数区。计数区的刻度有两种:一种是计数区分为 16 格中方格(大方格用 3 线隔开),而每个中方格又分成 25 格小方格;另一种是一个计数区分成 25 格中方格(中方格之间用双线分开),而每个中方格又分成 16 格小方格。但是不管计数区是哪一种构造,它们都有一个共同特点,即计数区都由 400 格小方格组成。计数区边长为 1 mm,则计数区的面积为 1 mm²,每个小方格的面积为 1/400 mm²。盖上盖玻片后,计数区的高度为 0.1 mm,所以每个计数区的体积为 0.1 mm³,每个小方格的体积为 1/4000 mm³。使用血球计数板计数时,先要测定每个小方格中微生物的数量,再换算成每毫升菌液(或每克样品)中微生物细胞的数量(1 mL = 1000 mm³)。

4. 操作步骤

(1) 稀释 吸取 10.0 mL 样品于 100 mL 容量瓶中,加蒸馏水定容后摇匀,即试样。

(2) 加样 取洁净干燥的血球计数板一块,在计数区上盖上一块盖玻片,用 1 mL 移液管滴 1 小滴试样,从计数板中间平台两侧的沟槽内沿盖玻片的下边缘滴入 1 小滴(不宜过多),让试样利用液体的表面张力充满计数区,勿使气泡产生,并用吸水纸吸去沟槽中流出的多余试样。也可以将试样直接滴加在计数区上(不要使计数区两边平台沾上试样,以免加盖盖玻片后,造成计数区深度的升高),然后加盖盖玻片(勿使产生气泡)。静置片刻,使细胞沉降到计数板上,不再随液体漂移。将血球计数板放置于显微镜的载物台上夹稳,先在低倍镜下找到计数区后,再转换高倍镜观察并计数。由于生活细胞的折光率和水的折光率相近,观察时应减弱光照的强度。静置 2 min。

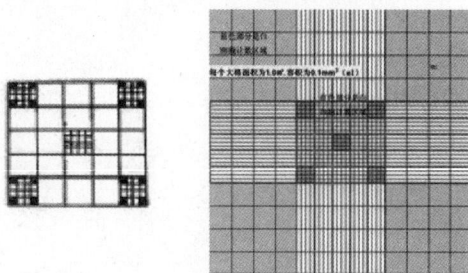

图 3-5 计数五个大方格

(3) 镜检计数 用 400 倍显微镜观察。调节显微镜使计数室清晰,计数时若计数区是由 16 个大方格组成,按对角线方位,数左上、左下、右上、右下的 4 个大方格(即 100 小格)的菌数。如果是 25 个大方格组成的计数区(如图 3-5),除了数上述 4 个大方格的菌数外,还需数中央 1 个大方格的菌数(即 80 个小格)。为了保证计数的准确性,避免重复计数和漏记,在计数时,对沉降在格线上的细胞的统计应有统一的规定。如菌体位于大方格的双线上,计数时则数上线不数下线,数左线不数右线,以减少误差。即位于本格上线和左线上的细胞计入本格,本格的下线和右线上的细胞按规定计入相应的格中。对于出芽的酵母菌,芽体达到母细胞大小一半时,即可作为两个菌体计算。每个样品重复计数 2～3 次(每次数值不应相差过大,否则应重新操作),按以下公式计算出每 mL 菌悬液所含细胞数量。酵母与芽孢的形态如图 3-6、图 3-7 所示。

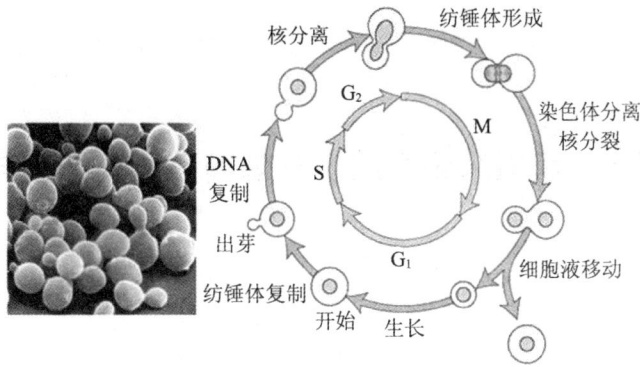

图 3-6 酵母的形态

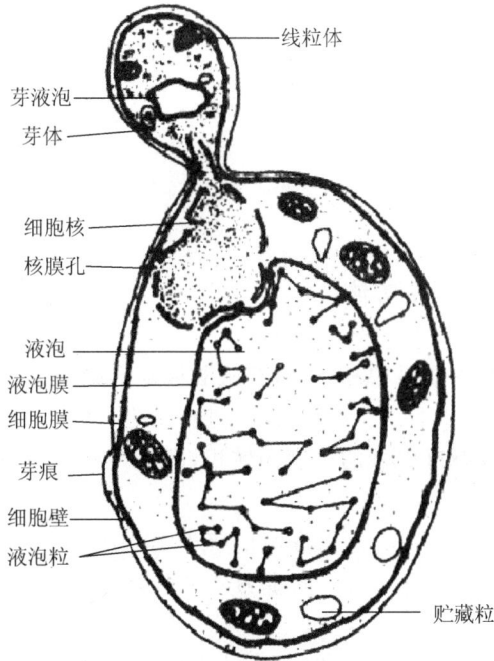

线粒体
芽液泡
芽体
细胞核
核膜孔
液泡
液泡膜
细胞膜
芽痕
细胞壁
液泡粒
贮藏粒

图 3-7 酵母芽孢的形态

（4）清洗 测数完毕，取下盖玻片，用水将血球计数板冲洗干净，切勿用硬物洗刷或抹擦，以免损坏网格刻度；洗净后自行晾干或用吹风机吹干，放入盒内保存。

5. 结果计算

（1）酵母数

16×25 规格的计数板：

$$酒母中的酵母数（个/mL）=\frac{100 小格细胞酵母数}{100}×400×10000×稀释倍数$$

25×16 规格的计数板：

$$酒母中的酵母数（个/mL）=\frac{80 小格细胞酵母数}{80}×400×10000×稀释倍数$$

（2）出芽率

$$出芽率(\%)=\frac{出芽酵母数}{酵母总数}\times100$$

第四节 黄酒米浆水酸度与酒糟残酒率分析与检测

一、取样方法

米浆水与酒糟以每班为一批次，为了保准取样的真实性与代表性，米浆水取样时要先放掉管道中上次残留的浆水后才能取样，取样量为 200 mL 左右。酒糟取样时，要考虑到中间的酒糟比边缘的酒糟厚，残酒率比边缘的酒糟高，因此整块酒糟的边缘与中间都要取到。

二、化学分析

实训 1. 米浆水酸度检测

1. 实训目的

（1）掌握米浆水酸度的测定方法；

（2）学会米浆水酸度的计算方法。

2. 实训原理

酸度的测定原理是利用酸碱中和原理，有机酸被标准碱液滴定时，可被中和成盐类。以酚酞作为指示剂，用 0.1 mol/L 的 NaOH 溶液进行滴定，滴定至溶液呈现淡红色，30 s 内不褪色即为终点。根据所耗标准碱液的浓度和体积，即可计算样品中酸的含量。

3. 试剂与仪器

（1）10 g/L 酚酞指示剂 称取 1 g 酚酞溶解于 100 mL 95% 酒精中。

（2）0.1 mol/L NaOH 标准溶液 同本书第二章第二节"化学分析实训 4"的麦曲（糖化曲）酸度检测。

（3）150 mL 锥形瓶，10 mL 吸管，50 mL 碱式滴定管，分析天平（分度值为 0.0001 g）。

4. 操作步骤

（1）取样 以每班为一批次，抽取 200 mL。

（2）测定 吸取酒样 10.0 mL 置于 150 mL 锥形瓶中，加 50 mL 水，分别滴入 3 滴酚酞指示剂。用 0.1 mol/L NaOH 溶液滴定至溶液呈微红色，30 s 内不褪色即为其终点。记录消耗 NaOH 溶液的体积 V_2。同时做试样空白试验，记录消耗 NaOH 溶液的体积 V_1。

5. 结果计算

$$酸度(以乳酸计,g/L)=\frac{(V_2-V_1)\times c\times90}{10.0}$$

式中，c——NaOH 标准溶液的浓度，mol/L；

10.0——吸取试样的体积，mL；

V_2——测定试样时消耗 NaOH 标准溶液的体积，mL；

V_1——空白试验时消耗 NaOH 标准溶液的体积,mL;

90——乳酸的摩尔质量的数值,g/mol。

所得结果保留至一位小数。

实训 2. 黄酒酒糟中残酒率的分析

1. 实训目的

学习与掌握黄酒酒糟残酒率的检测方法。

2. 实训原理

酒糟在 103 ℃左右直接干燥的情况下所减少的质量,就是失去的酒精含量。

3. 操作仪器

(1) 电子天平。

(2) 鼓风电热恒温干燥箱。

(3) 瓷盒。

3. 方法步骤

(1) 取样　每块板糟(图 3-8)的中间及周边都应适当取样,共约 250 g。

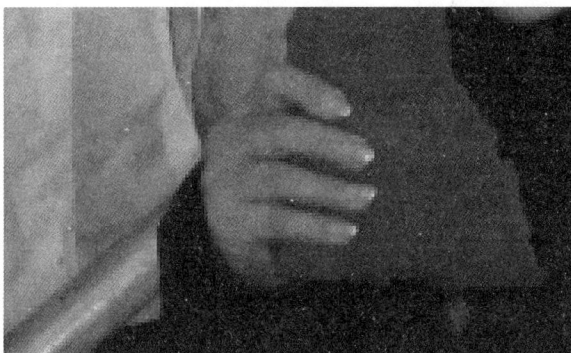

图 3-8　红曲板糟

(2) 称取试样　把所取样品用手碾碎,混匀后,准确称取 5.0 g 试样于称量瓶中。

(3) 干燥　把称量瓶置入事先预热到 100～105 ℃的干燥箱内干燥 3 h 后取出,冷却。

(4) 称重　在天平上称得烘干后试样质量为 m。

4. 结果计算

$$残酒率(\%) = \frac{5.0 - m}{5.0} \times 100$$

式中,m——烘干后试样的质量,g。

结果保留至一位小数。

复习思考题

1. 出饭率及吸水率的计算方法是怎样的?

2. 黄酒半成品发酵醪中酒精度是怎样测定的?

3. 黄酒半成品发酵醪酸度的计算方法是怎样的？

4. 黄酒半成品发酵醪前期糖度的测定方法是怎样的？

5. 黄酒三角瓶中酵母数与出芽率检测时是怎样在血球计数板上加样的？

6. 黄酒三角瓶中酵母数与出芽率的计算公式是怎样的？

7. 黄酒中酒糟的残酒率是如何测定的？

第四章　成品黄酒分析与检测

第一节　黄酒成品理化指标分析与检测

一、取样方法

瓶装、坛装的黄酒成品取样按 GB/T 13662—2008 执行；大罐成品酒取样以每罐为一批次，取 2 瓶，每瓶约 250 mL。这一节中提到的水都指蒸馏水。

二、化学分析

实训 1. 干黄酒和半干黄酒中总糖的检测

1. 实训目的
学习与掌握用亚铁氰化钾滴定法检测干黄酒和半干黄酒中的总糖。

2. 实训原理
斐林溶液与还原糖共沸，在碱性溶液中将铜离子还原成 1 价铜离子，并与溶液中的亚铁氰化钾络合而呈黄色。以次甲基蓝为指示剂，达到终点时，稍微过量的还原糖将次甲基蓝还原成无色即为终点。依据 1 g/L 葡萄糖标准溶液消耗的体积，计算总糖含量。

3. 试剂与仪器
（1）微量斐林甲溶液　称取硫酸铜（$CuSO_4 \cdot 5H_2O$）15.0 g 及次甲基蓝 0.05 g，加蒸馏水溶解并定容到 1000 mL，摇匀备用。

（2）微量斐林乙溶液　称取酒石酸钾钠 50 g、氢氧化钠 54 g、亚铁氰化钾 4 g，加蒸馏水溶解并定容到 1000 mL，摇匀备用。

（3）1.0 g/L 葡萄糖标准溶液　称取经 103～105 ℃烘干至恒重的无水葡萄糖 1 g（精确至 0.0001 g），加水溶解，并加浓盐酸 5 mL，再用蒸馏水定容到 1000 mL，摇匀备用。

（4）6 mol/L 盐酸溶液　量取浓盐酸 50 mL，加蒸馏水稀释至 100 mL。

（5）1 g/L 甲基红指示液　称取甲基红 0.10 g，溶于（95％）乙醇并稀释至 100 mL。

（6）200 g/L 氢氧化钠溶液　氢氧化钠 20 g，用蒸馏水溶解并稀释至 100 mL。

（7）分析天平　分度值为 0.0001 g。

（8）分析天平　分度值为 0.01 g。

（9）电炉　300～500 W。

（10）100 mL 锥形瓶。

(11) 5 mL 移液管。

(12) 恒温水浴锅   温控±1 ℃。

4. 操作步骤

(1) 空白试验

准确吸取微量斐林甲、乙溶液各 5 mL 于 100 mL 锥形瓶中,加入葡萄糖标准溶液 9 mL,混匀后置于电炉上加热,在 2 min 内沸腾,然后以 4~5 s 一滴的速度继续滴入葡萄糖标准溶液,直至蓝色消失立即呈现黄色即为终点,记录消耗葡萄糖标准溶液的总量(V_0)。

(2) 酒样的测定

① 酒样水解液的制备:吸取酒样 5 mL(半干黄酒)或 10 mL(干黄酒)(控制水解液含糖量在 1~2 g/L)于 100 mL 锥形瓶中,加水 30 mL 和盐酸溶液 5 mL,在 68~70 ℃ 水浴中加热水解 15 min。冷却后,加入甲基红指示液 2 滴,用氢氧化钠溶液中和至红色消失(近似于中性)。用蒸馏水定容到 100 mL,摇匀,作为酒样水解液备用。

② 预滴定:准确吸取微量斐林甲、乙溶液各 5 mL 及酒样水解液 5 mL 于 100 mL 锥形瓶中,摇匀后置于电炉上加热至沸腾,用葡萄糖标准溶液滴定至终点,记录消耗葡萄糖标准溶液体积。

③ 滴定:准确吸取微量斐林甲、乙溶液各 5 mL 及酒样水解液 5 mL 于 100 mL 锥形瓶中,加入比预先滴定时少 1.00 mL 的葡萄糖标准溶液,摇匀后置于电炉上加热至沸腾,继续用葡萄糖标准溶液滴定至终点,记录消耗葡萄糖标准溶液的体积(V)。接近终点时,滴入的葡萄糖标准溶液的用量应控制在 0.5~1.0 mL。

5. 结果计算

酒样中总糖含量按下式计算:

$$X = \frac{c \times (V_0 - V) \times n}{5} \times 1000$$

式中,X——酒样中总糖的含量,g/L;

　　　V_0——空白试验时消耗葡萄糖标准溶液的体积,mL;

　　　V——酒样测定时消耗葡萄糖标准溶液的体积,mL;

　　　c——葡萄糖标准溶液的浓度,g/mL;

　　　n——酒样的稀释倍数;

　　　5——酒样稀释液的体积。

所得结果保留一位小数。

6. 精密度

在重复性条件下获得的两次独立测定结果的绝对差值,不得超过算术平均值的 5%。

实训 2. 甜黄酒和半甜黄酒中总糖检测

1. 实训目的

学习与掌握用廉-爱侬法检测甜酒和半甜酒中的总糖。

2. 实训原理

斐林溶液与还原糖共沸,生成氧化亚铜沉淀。以次甲基蓝为指示液,用酒样水解液滴定沸腾状态的斐林溶液。达到终点时,稍微过量的还原糖将次甲基蓝还原成无色即为终点。

依据酒样水解液的消耗体积,计算总糖含量。

3. 试剂与仪器

(1)斐林溶液　同第二章第一节"化学分析实训2"中所提及的大米中粗淀粉的检测。

(2)2.5 g/L葡萄糖标准溶液　同第二章第一节"化学分析实训2"中所提及的大米中粗淀粉的检测"。

(3)10 g/L次甲基蓝指示液　称取次甲基蓝1.0 g,加蒸馏水溶解并定容到100 mL。

(4)6 mol/L盐酸溶液　浓盐酸50 mL,加水稀释至100 mL。

(5)1 g/L甲基红指示液　甲基红0.10 g,溶于乙醇并稀释至100 mL。

(6)200 g/L氢氧化钠溶液　氢氧化钠20 g,用水溶解并稀释至100 mL。

(7)分析天平　感量0.0001 g与感量0.01 g。

(8)300～500 W电炉。

(9)50 mL容量瓶、250 mL锥形瓶、5 mL的移液管、吸球。

4. 操作步骤

(1)斐林溶液的标定　同第二章第一节"化学分析实训2"中所提及的大米中粗淀粉的检测。

(2)酒样的测定

① 酒样水解液的制备

吸取酒样2～10 mL(控制水解总糖量为1～2 g/L)于500 mL容量瓶中,加水50 mL和盐酸溶液5 mL,在68～70 ℃水浴中加热15 min。冷却后,加入甲基红指示液2滴,用氢氧化钠溶液中和至红色消失(近似于中性)。加水定容,摇匀。(一般来讲半甜酒吸10～25 mL,甜酒吸2～5 mL)。

② 酒样水解液的测定

预滴定:准确吸取斐林甲、乙溶液各5 mL于250 mL锥形瓶中,加水30 mL,混合后置于电炉上加热至沸腾。滴入酒样水解液,保持沸腾,待试液蓝色即将消失时,加入次甲基蓝指示液两滴,继续用酒样水解液滴定至蓝色刚好消失即为终点。记录消耗酒样水解液的体积(V_0)。

正式滴定:准确吸取斐林甲、乙溶液各5 mL于250 mL锥形瓶中,加水30 mL,混匀后加入比预先滴定体积(V_0)少1 mL的酒样水解液,置于电炉上加热至沸腾。加入次甲基蓝指示液2滴,保持沸腾2 min,继续用酒样水解液滴定至蓝色刚好消失即为终点。记录消耗酒样水解液的体积(V_2)。全部滴定操作须在3 min内完成。

5. 结果计算

酒样中总糖含量的计算:

$$X_0 = \frac{500 \times F}{V_1 \times V_2} \times 1000$$

式中,X——酒样中总糖的含量,g/L;

F——斐林甲、乙溶液各5 mL相当于葡萄糖的质量,g;

V_1——吸取酒样的体积,mL;

V_2——滴定时消耗酒样稀释液的体积,mL。

所得结果保留一位小数。

6. 精密度

在重复性条件下获得的两次独立测定结果的绝对差值,不得超过算术平均值的5%。

实训 3. 非糖固形物的检测

1. 实训目的

学习与掌握非糖固形物的测定方法。

2. 实训原理

酒样经过 100～105 ℃加热,其中的水分、乙醇等可挥发性的物质被蒸发,剩余的残留物即为总固形物。总固形物减去总糖含量即为非糖固形物。

3. 仪器

(1) 天平　分度值为 0.0001 g。

(2) 电热干燥箱　温控 ±1 ℃。

(3) 干燥器　内盛有效干燥剂。

(4) 称量瓶(空盒)。

(5) 5 mL 移液管。

4. 操作步骤

吸取酒样 5 mL(干黄酒、半干黄酒直接取样,半甜黄酒稀释 1～2 倍后取样,甜黄酒稀释 2～6 倍后取样)于已知干燥至恒重的蒸发皿(或直径为 50 mm、高 30 mm 的称量瓶)中,放入 (103±2)℃ 电热干燥箱中烘干 4 h,取出称量。

5. 结果计算

(1) 酒样中总固形物含量的计算:

$$X_1 = \frac{(m_1 - m_2) \times n}{V} \times 1000$$

式中,X_1——酒样中总固形物的含量,g/L;

　　m_1——蒸发皿(或称量瓶)和酒样烘干后的质量,g;

　　m_2——蒸发皿(或称量瓶)烘干至恒重的质量,g;

　　n——酒样稀释倍数;

　　V——吸取酒样的体积,mL。

(2) 酒样中非糖固形物含量的计算:

$$X_0 = X_1 - X_2$$

式中,X_0——酒样中非糖固形物含量,g/L;

　　X_1——酒样中总固形物的含量,g/L;

　　X_2——酒样中总糖含量,g/L。

所得结果保留一位小数。

6. 精密度

在重复性条件下获得的两次独立测定结果的绝对差值,不得超过算术平均值的 5%。

实训 4. 黄酒总酸和氨基酸态氮的检测

1. 实训目的

(1) 掌握生化分析检测技术;

(2) 学习与掌握黄酒总酸及氨基酸态氮的检测方法。

2. 实训原理

（1）基于酸碱中和的原理，用酸度计来检测黄酒中的含酸量。用 0.1 mol/L 的 NaOH 溶液进行滴定。

（2）氨基酸是两性化合物，分子中的氨基与甲醛反应后失去碱性，而使羧基呈酸性。可用氢氧化钠标准溶液滴定羧基，通过氢氧化钠标准溶液消耗的量可以计算出氨基酸态氮含量。

3. 试剂与仪器

（1）甲醛溶液　36%～38%（无缩合沉淀）。

（2）无二氧化碳的水　按 GB/T 603—2002 制备。

（3）氢氧化钠标准溶液（0.1 mol/L）　按 GB/T 601—2002 配制和标定。

（4）酸度计或自动电位滴定仪　精度为 0.01 pH。

（5）磁力搅拌器。

（6）分析天平　分度值为 0.0001 g。

4. 操作步骤

按仪器使用说明书调试和校正酸度计两点：pH 值 6.86 与 pH 值 9.18。

吸取酒样 10 mL 于 150 mL 烧杯中，加入无二氧化碳的水 50 mL。烧杯中放入磁力搅拌棒，置于电磁搅拌器上，开启搅拌，用氢氧化钠标准溶液滴定。开始时可快速滴加氢氧化钠标准溶液，当滴定至 pH 值等于 7.0 时，放慢滴定速度，每次加 0.5 滴氢氧化钠标准溶液，直至 pH 值为 8.20 即为终点。记录消耗 0.1 mol/L 氢氧化钠标准溶液的体积（V_1）。加入甲醛溶液 10 mL，继续用氢氧化钠标准溶液滴定至 pH 值等于 9.20。记录加甲醛后消耗氢氧化钠标准溶液的体积（V_2）。同时做空白试验，分别记录不加甲醛溶液及加入甲醛溶液时，空白试验所消耗氢氧化钠标准溶液的体积（V_3，V_4）。

5. 分析结果的描述与计算

（1）酒样中总酸含量的计算：

$$X = \frac{(V_1 - V_3) \times c \times 90}{V}$$

式中，X——酒样中总酸的含量，g/L；

V_1——测定酒样时消耗 0.1 mol/L 氢氧化钠标准溶液的体积，mL；

V_3——空白试验时消耗 0.1 mol/L 氢氧化钠标准溶液的体积，mL；

c——氢氧化钠标准溶液的浓度，mol/L；

90——乳酸的摩尔质量的数值，g/mol；

V——吸取酒样的体积，mL。

（2）酒样中氨基酸态氮含量的计算：

$$Y = \frac{(V_2 - V_4) \times c \times 14}{V}$$

式中，Y——酒样中氨基酸态氮的含量，g/L；

V_2——加甲醛后，测定酒样时消耗 0.1 mol/L 氢氧化钠标准溶液的体积，mL；

V_4——加甲醛后，空白试验时消耗 0.1 mol/L 氢氧化钠标准溶液的体积，mL；

c——氢氧化钠标准溶液的浓度，mol/L；

14——氮的摩尔质量的数值,g/mol;

V——吸取酒样的体积,mL。

所得结果保留一位小数。

6. 精密度

在重复性条件下获得的两次独立测定结果的绝对差值,不得超过算术平均值的 5%。

实训 5. 黄酒 pH 值的检测

1. 实训目的

(1) 掌握生化分析检测技术;

(2) 学习与掌握黄酒 pH 的检测方法。

2. 实训原理　将复合电极浸入酒样溶液中,构成一个原电池,产生一个电位差。两极间的电动势与溶液的 pH 值有关,通过测量原电池的电动势,即可得到酒样溶液的 pH。一般可直接用 pH 计读出 pH 值。

3. 试剂与仪器

(1) 0.025 mol/L 磷酸盐标准缓冲溶液[pH 值为 6.86(25 ℃)]　称取 3.40 g 磷酸二氢钾(KH_2PO_4)和 3.55 g 磷酸氢二钠(Na_2HPO_4),溶于无二氧化碳的水中,稀释至 1000 mL。磷酸二氢钾和磷酸氢二钠预先在(120±10)℃干燥 2 h。此溶液的浓度 $c(KH_2PO_4)$ 为 0.025 mol/L。

(2) 0.05 mol/L 邻苯二甲酸氢钾标准缓冲溶液[pH 值为 4.00(25 ℃)]　称取经(12±10)℃干燥 1 h 的邻苯二甲酸氢钾($C_6H_4CO_2HCO_2K$)10.21 g,用无二氧化碳的水溶解,并定容到 1000 mL。

(3) 酸度计或自动电位滴定仪　精度为 0.01 pH,备有复合电极。

(4) 磁力搅拌器。

(5) 分析天平　分度值为 0.0001 g。

4. 操作步骤

按仪器使用说明书调试和校正酸度计两点:pH 值 6.86 与 pH 值 4.00。

用水冲洗电极,再用试液洗涤电极 3 次,用滤纸吸干电极外面附着的液珠,调整试液温度至(25±1)℃,直接测定,直至 pH 读数稳定 1 min 为止,记录。或在室温下测定,换算成 25 ℃时的 pH。

所得结果保留至小数点后一位。

5. 精密度

在重复性条件下获得两次独立测定结果的绝对差值,不得超过算术平均值的 1%。

实训 6. 成品黄酒酒精度的检测(蒸馏法)

1. 实训目的

(1) 学习与掌握黄酒酒精度的检测方法;

(2) 掌握生化分析检测技术。

2. 实训原理

酒样经过蒸馏,用酒精计测定馏出液中酒精的含量。酒精计又称酒精表。酒精比重计是根据酒精浓度不同,比重不同,浮体沉入酒液中排开酒液的体积不同的原理而制造出来测量白酒或者酒精溶液里面酒精含量的。当酒精计放入酒液中时,酒的浓度越高,酒精计下沉也越多,比重也越小;反之,酒的浓度越低,酒精计下沉也越少,比重也越大。酒精蒸馏装置如图 4-1 所示。冷凝管用直形的冷凝管是为了蒸馏时方便液体流出。

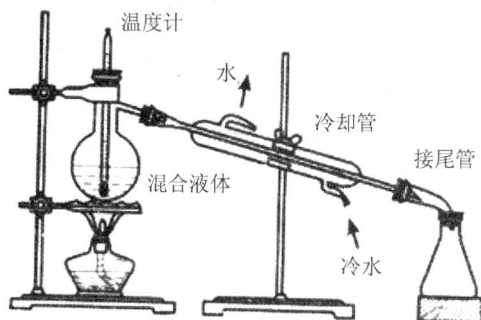

图 4-1 酒精蒸馏装置

3. 仪器

(1) 电炉 500～800 W。

(2) 冷凝 玻璃,直形。

(3) 酒精计 标准温度 20 ℃,分度值为 0.2%vol。

(4) 水银温度计 50 ℃,分度值为 0.1 ℃。

(5) 容量瓶 100 mL。

(6) 量筒 100 mL。

4. 分析步骤

在约 20 ℃时,用容量瓶量取酒样 100 mL,全部移入 500 mL 蒸馏瓶中,用 100 mL 水分次洗涤容量瓶,洗液并入蒸馏瓶中,加数粒玻璃珠。装上冷凝管,通入冷水,用原 100 mL 容量瓶接收馏出液(外加冰浴)。加热蒸馏,直至收集馏出液体积约 95 mL 时,停止蒸馏。于水浴中冷却至约 20 ℃,用蒸馏水定容,摇匀。倒入 100 mL 量筒中,测量馏出液的温度与酒精度。按测得的实际温度和酒精度标示值查附录一,换算成 20 ℃时的酒精度。

5. 结果

所得结果保留一位小数。

6. 精密度

在重复性条件下获得的两次独立测定结果的绝对差值,不得超过算术平均值的 5%。

7. 注意事项

(1) 将酒精计缓缓放入液体中,慢慢松手,使酒精计在自身重量作用下在读数点上下 3 个分度内浮动,但不能与筒壁、搅拌器接触。插入温度计,稳定 1～3 min 后才能读数。如果酒精计放入溶液中动作过大,酒精计在溶液中上下漂移范围就大,干管过多地被溶液浸湿而增加了酒精计的重量,使读数增加,造成测量误差。

(2) 读数按弯月面下缘读数,观察者的眼睛应稍低于液面,使看到的液面成椭圆形,然后慢慢抬高眼睛位置直至椭圆形变成一条直线为止。读出此直线的分度表上的位置,并估计到最小分度值的 1/10。

实训 7. 绍兴加饭(花雕)酒中挥发酯的检测

酯类物质是黄酒香气的重要部分,黄酒能越陈越香是酯类物质不断增加的结果,黄酒中主要的酯类物质有乳酸乙酯、乙酸乙酯和琥珀酸二乙酯。要检测黄酒的年份,一般就看挥发酯的检测值的大小,按 GB/T 17946—2008 绍兴黄酒的标准规定,只有绍兴加饭酒检测这个指标,具体数值如表 4-1 所示。检测时会用到球形冷凝管,如图 4-2 所示。使用球形冷凝管回流目的是为了留住液体,球形可增加冷却接触面,利于冷凝回流。

表 4-1　绍兴加饭(花雕)酒理化指标

项　目		指　标		
		优等品	一等品	合格品
挥发酯 (以乙酸乙酯计) (g/L)	酒龄 3 a 以下(不含 3 a)	≥0.15		
	酒龄 3 a～5 a(不含 5 a)	≥0.18		
	酒龄 5 a～10 a(不含 10 a)	≥0.20		
	酒龄 10 a 以上	≥0.25		

1. 实训目的

(1) 学习并掌握绍兴加饭酒(花雕)中挥发酯的测定方法;

(2) 掌握黄酒中挥发酯是以乙酸乙酯来计量的原因;

(3) 了解黄酒挥发酯的主要组成成分。

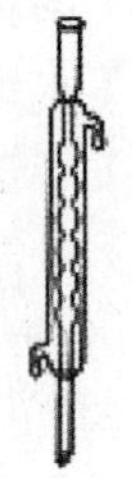

2. 实训原理

黄酒通过蒸馏,酒中的挥发酯收集在馏出液中,先用碱中和馏出液中的挥发酸,然后加入一定的碱液使酯类物质皂化,再加入一定量的酸,过量的酸再用碱滴定。

图 4-2　球形冷凝管

3. 试剂与仪器

(1) 250 mL 全玻璃回流装置。

(2) 10 g/L 酚酞指示剂。

(3) 硫酸标准溶液 $c(\frac{1}{2} H_2SO_4)=0.1$ mol/L。

(4) 氢氧化钠标准溶液 $c(NaOH)=0.1$ mol/L。

(5) 25 mL 碱式滴定管。

(6) 25 mL 酸式滴定管。

4. 操作步骤

吸取测定酒精度的馏出液 50.0 mL 于 250 mL 锥形瓶中,加入酚酞指示剂 2 滴,用0.1 mol/L 氢氧化钠标准溶液滴至微红色。准确加入 0.1 mol/L 氢氧化钠标准溶液 25.0 mL,摇匀。装上回流冷凝管,在沸水浴中回流 0.5 h,从水浴中取出,在水浴锅上搁 5 min 后取下加塞,马上用流水冷却至室温。然后再准确加入 25.0 mL 0.1 mol/L 硫酸标准溶液,摇匀,用 0.1 mol/L 氢氧化钠标准溶液滴至呈微红色,0.5 min 内不褪色为止,记录消耗氢氧化钠标准溶液的体积。

5. 结果计算

$$挥发酯(g/L) = \frac{(25.0+V) \times C_1 - 25.0 \times C_2}{50.0} \times 88$$

式中,V——滴定剩余硫酸所消耗氢氧化钠标准溶液的体积,mL;

　　C_1——氢氧化钠标准溶液的浓度,mol/L;

　　C_2——$\frac{1}{2}$H$_2$SO$_4$ 标准溶液的浓度,mol/L;

　　88——乙酸乙酯的摩尔质量的数值,g/mol;

　　50.0——取样体积,mL。

6. 允许差

同一样品两次测定值之差不得超过 0.01 g/L,结果保留两位小数。

实训 8. β-苯乙醇的检测

1. 实训目的

学习与掌握黄酒中 β-苯乙醇的测定方法。

2. 实训原理

酒样被汽化后,随同载气进入色谱柱。利用被测各组分在气、液两相中具有不同的分配系数,在柱内形成迁移速度的差异而得到分离。分离后的组分先后流出色谱柱,进入氢火焰离子化检测器中被检测,依据色谱图各组分的保留值与标样作对照定性,利用峰面积,按内标法定量。

3. 试剂与仪器

(1) 15%(体积分数)乙醇溶液　吸取 15 mL 乙醇(色谱纯),加水稀释至 100 mL。

(2) 2%(体积分数)β-苯乙醇标准溶液　吸取 2 mL β-苯乙醇(色谱纯),用 15%(体积分数)乙醇溶液定容到 100 mL。

(3) 2%(体积分数)2-乙基正丁酸内标溶液　吸取 2 mL 2-乙基正丁酸(色谱纯),用 15%(体积分数)乙醇溶液定容到 100 mL。

(4) 气相色谱仪(图 4-3)　配有氢火焰离子化检测器(FID)。

(5) 微量注射器(图 4-4) 2 μL。

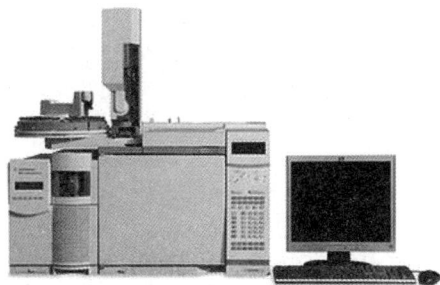

图 4-3　气相色谱仪　　　　　　　　图 4-4　进样针

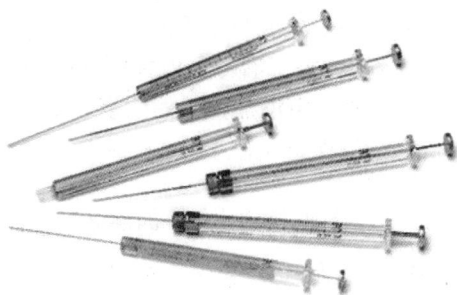

(6) 毛细管色谱柱　PEG20M,柱长 25～30 m,内径 0.32 mm,或同等分析效果的其他色谱柱。

色谱条件如下：

载气：高纯氮。

气化室温度：230 ℃。

检测器温度：250 ℃。

柱温(PEG20M 毛细管色谱柱)：在 50 ℃ 恒温 2 min 后，以 5 ℃/min 的速度升温至 200 ℃，继续恒温 10 min。

载气、氢气、空气的流速：随仪器而异，应通过试验选择最佳操作流程，使 β-苯乙醇、内标峰与酒样中其他组分峰获得完全分离。

4. 操作步骤

(1) 标样 f 值的测定　吸取 1 mL 2‰(体积分数)的 β-苯乙醇标准溶液，移入 100 mL 容量瓶中，加入 1 mL 2‰(体积分数)的 2-乙基正丁酸内标溶液，用 15‰(体积分数)乙醇溶液定容。此溶液中 β-苯乙醇和内标的浓度均为 0.02‰(体积分数)。开启仪器，待色谱仪基线稳定后，用微量注射器进样(进样体积随仪器的灵敏度而定)，进行分析，记录 β-苯乙醇峰和内标峰的保留时间及其峰面积。

β-苯乙醇的相对校正因子 f 值计算：

$$f = \frac{A_1}{A_2} \times \frac{d_2}{d_1}$$

式中，f——β-苯乙醇的相对校正因子；

　　　A_1——测定标样 f 值时内标的峰面积；

　　　A_2——测定标样 f 值时 β-苯乙醇的峰面积；

　　　d_2——β-苯乙醇的相对密度；

　　　d_1——内标物的相对密度。

(2) 酒样的测定　吸取酒样 8 mL 于 10 mL 容量瓶中，加入 0.1 mL 2‰(体积分数)的内标溶液，用酒样定容。混匀后，与测定 f 值相同的条件下进样，依据保留时间确定 β-苯乙醇和内标色谱峰的位置，并测定峰面积，计算出酒样中 β-苯乙醇的含量。

5. 结果计算

$$\beta\text{-苯乙醇含量}(\text{mg/L}) = \frac{A_3}{A_4} \times f \times c$$

式中，f——β-苯乙醇的相对校正因子；

　　　A_3——酒样中 β-苯乙醇的峰面积；

　　　A_4——添加于酒样中内标的峰面积；

　　　c——酒样中添加内标的浓度，mg/L。

所得结果保留一位小数。

实训 9. 黄曲霉毒素 B_1 的测定

同第二章第二节"化学分析实训 9"中所提及的麦曲中黄曲霉毒素 B_1 的测定方法二。

样品提取操作如下：

称取 10.00 g 黄酒试样于小烧杯中，移入分液漏斗中，用 15 mL 三氯甲烷分次洗涤烧杯，洗液并入分液漏斗中。振摇 2 min，静置分层，如出现乳化现象可滴加甲醇促使分层。放出三氯甲烷层，经盛有约 10 g 预先用三氯甲烷湿润的无水硫酸钠的定量，慢速滤纸过滤于

50 mL 蒸发皿中。再加 5 mL 三氯甲烷于分液漏斗中,重复振摇提取,三氯甲烷层一并滤于蒸发皿中。最后用少量三氯甲烷洗过滤器,洗液并于蒸发皿中。将蒸发皿放在通风柜于 65 ℃,水浴上通风挥干,然后放在冰盒上冷却 2~3 min 后,最后加入 2.5 mL 苯-乙腈混合液。此溶液每毫升相当于 4 g 试样。

注意黄曲霉毒素 B_1 是致癌物质,试验后一定要洗净双手与使用过的仪器设备,所有的操作过程在通风柜中进行。

实训 10. 料酒中氯化钠的测定

本项目根据 GB/T 12457—2008 食品中氯化钠(铁铵矾指示剂法)测定。

1. 实训目的

(1) 掌握厨用料酒中氯化钠的测定方法;

(2) 了解料酒中氯化钠的测定反应原理。

2. 实训原理

样品经处理、酸化后,加入过量的硝酸银溶液,以硫酸铁铵为指示剂,用硫氰酸钾标准溶液滴定过量硝酸银。根据硫氰酸钾标准溶液滴定的消耗量,计算料酒中氯化钠的含量。

3. 试剂

(1) 1∶3 硝酸溶液。

(2) 0.1 mol/L 硝酸银标准溶液。

(3) 0.1 mol/L 硫氰酸钾标准溶液。

(4) 硫酸铁铵饱和溶液。

4. 操作步骤

(1) 酒样处理 吸取酒样 50 mL 于 150 mL 锥形瓶中,加入活性炭粉末 3 g,搅拌 5 min,静止后用滤纸过滤,收集滤液。

(2) 沉淀氯化物 吸取 V mL(一般为 5.00 mL)经处理后的酒样滤液,使之含 50~100 mg 氯化钠,置于 100 mL 容量瓶中。加入 5 mL 1∶3 硝酸溶液,边剧烈摇动,边加入 20 mL 0.1 mol/L 硝酸银标准滴定溶液,用水稀释至刻度,在避光处放置 5 min。用快速定量滤纸过滤,弃去最初滤液 10 mL。

(3) 滴定 取 50 mL 滤液于 250 mL 锥形瓶中,加入 2 mL 硫酸铁铵饱和溶液。一边剧烈摇动,一边用 0.1 mol/L 硫氰酸钾滴定溶液滴定至出现淡棕红色,保持 1 min 不褪色。记录消耗硫氰酸钾标准溶液的毫升数(V_2)。

(4) 空白试验 用 50 mL 水代替 50 mL 滤液,加入 10 mL 0.1 mol/L 硝酸银标准滴定溶液和 5 mL 硝酸溶液,再加入 2 mL 硫酸铁铵饱和溶液,一边剧烈摇动一边用 0.1 mol/L 硫氰酸钾标准溶液滴定至出现淡棕红色,保持 1 min 不褪色即为终点。记录空白试验消耗 0.1 mol/L 硫氰酸钾标准溶液滴定的毫升数(V_1)。

5. 结果计算

$$料酒中氯化钠的含量(g/L)=0.05844\times c\times(V_1-V_2)\times\frac{n}{V}\times 1000$$

式中,0.05844——与 1.00 mL 硝酸银标准滴定溶液[$c(AgNO_3)=1.000$ mol/L]相当的氯化钠的质量数值,g;

c——硫氰酸钾标准溶液的浓度,mol/L;

V_1——空白试验时消耗 0.1 mol/L 硫氰酸钾标准溶液的体积,mL;

V_2——滴定酒样时消耗 0.1 mol/L 硫氰酸钾标准溶液的体积,mL;

V——吸取酒样的体积,mL;

n——稀释倍数。

计算结果保留三位有效数字。

6. 允许差

同一样品的两次平行测定结果之差,每 1000 mL 酒样不超过 2 g。

实训 11. 黄酒中氧化钙的测定

测定黄酒中氧化钙的方法有 EDTA 滴定法、高锰酸钾滴定法和原子吸收分光光度法。

方法一:EDTA 滴定法

优点:EDTA 滴定法快速、简便,但由于黄酒品种较多,终点不易判别。如果将酒样用活性炭脱色,则可排除色泽的干扰。

1. 实训目的

(1) 掌握 EDTA 滴定法测定黄酒中氧化钙的检测方法;

(2) 了解 EDTA 滴定法测定黄酒中氧化钙的反应原理。

2. 实训原理

在碱性溶液中 EDTA 与酒样中的钙离子(Ca^{2+})反应生成络合物。钙指示剂在碱性溶液中呈天蓝色,当溶液中有 Ca^{2+} 时,与钙指示剂形成酒红色络合物。由于钙指示剂与 Ca^{2+} 的结合能力不如 EDTA 与 Ca^{2+} 的结合能力强,当用 EDTA 溶液滴定时,EDTA 不断夺取钙指示剂络合物中的 Ca^{2+},使 Ca^{2+} 与 EDTA 络合而释放出钙指示剂,溶液则由酒红色变为钙指示剂的天蓝色,达到滴定终点。

此外,镁离子也能与 EDTA 生成络合物,但当溶液的 pH 值大于 12 时,镁在碱性溶液中生成氢氧化镁沉淀,所以能单独测出 Ca^{2+}。

3. 试剂

(1) 200 g/L 氢氧化钠溶液 称取 40 g 氢氧化钠,用水溶解后稀释至 100 mL,摇匀。

(2) 10 g/L 盐酸羟胺溶液 称取 1.0 g 盐酸羟胺($NH_2OH \cdot HCl$),溶于 100 mL 水中,摇匀。

(3) 1:1 三乙醇胺溶液 量取 75%(体积分数)三乙醇胺$[(C_2H_4OH)_3N]$50 mL,加水 50 mL,混合均匀。

(4) 钙指示剂 称取 0.2 g 钙指示剂(铬蓝黑 R)和 20 g 氯化钠于研钵中,充分研细,混合均匀。

(5) 粉末状活性炭。

(8) 1:4 盐酸溶液 1 体积浓盐酸加入 4 体积水。

(9) 1:9 氨水溶液 1 体积氨水加入 9 体积水。

(10) 氨-氯化铵缓冲溶液(pH 值为 10)。

(11) EDTA 标准溶液 $c(H_2Y^{2-})=0.02$ mol/L。

① 配制:称取乙二胺四乙酸二钠盐($Na_2H_2Y \cdot 2H_2O$)7.50 g,加热溶于 1000 mL 水中,

冷却,摇匀。

② 标定:称取 0.4 g 于 800 ℃灼烧至质量恒定的基准氧化锌(精确至 0.0002 g),用少量水润湿,加 1:4 盐酸溶液使试样溶解,移入 250 mL 容量瓶中,然后用蒸馏水稀释至刻度,摇匀。取 25.0 mL 溶液,加水 70 mL,用 1:9 氨水溶液中和至 pH 值为 7~8,加 pH 值为 10 的氨-氯化铵缓冲溶液 10 mL,及 5 滴 5 g/L 铬黑 T 指示液,用上述配制好的乙二胺四乙酸二钠溶液滴定至溶液由紫色变为纯蓝色。同时做空白试验。

$$c_{EDTA} = \frac{m}{(V_1 - V_2) \times 81.38} \times 1000$$

式中,c_{EDTA}——乙二胺四乙酸二钠标准溶液的浓度,mol/L;

m——氧化锌的质量,g;

V_1——乙二胺四乙酸二钠溶液消耗的体积,mL;

V_2——空白试验乙二胺四乙酸二钠溶液消耗的体积,mL;

81.38——氧化锌的摩尔质量,g/mol。

4. 操作步骤

准确吸取酒样 20 mL 于 100 mL 烧杯中,加入 0.5~1.0 g 活性炭(视酒样色泽而定,色泽深可多加),搅拌,过滤,用少量水洗涤烧杯,一并滤入到滤瓶中。将滤瓶中的滤液移入 250 mL 锥形瓶中,用少量水洗涤过滤瓶,一并倒入锥形瓶中。加盐酸羟胺溶液 1 mL,三乙醇胺溶液 2 mL,然后加入 200 g/L 氢氧化钠 6.5 mL(使溶液 pH 值>12),振荡片刻。加入钙指示剂粉末少量(使溶液呈明显的酒红色),振荡片刻,用 EDTA 标准溶液滴定至溶液呈浅蓝色。

5. 结果计算

$$X = \frac{c \times V \times 0.056}{20} \times 1000$$

式中,X——酒样中氧化钙的含量,g/L;

V——消耗 EDTA 标准溶液的体积,mL;

c——EDTA 标准溶液的浓度,mol/L;

0.056——氧化钙的摩尔质量,kg/mol;

20——测定时酒样的体积,mL;

1000——换算成 1 L 酒样中氧化钙的含量。

6. 注意事项

(1) 加入氢氧化钠溶液使溶液 pH>12,使 Mg^{2+} 生成 $Mg(OH)_2$ 沉淀,再加入钙指示剂可以减小沉淀时指示剂的吸附。

(2) 加盐酸羟胺及三乙醇胺是为了消除铁、锰、铅等离子的干扰。三乙醇胺必须在酸性溶液中添加,然后再碱化。如溶液中有铜离子,可以加入 3 mL 50 g/L 硫化钠溶液掩蔽铜离子。

(3) 加入钙指示剂不宜太少,应使溶液呈明显的酒红色,以免终点不明显。

(4) 由于 EDTA 较难溶于水,在实际应用中都采用 EDTA 的二钠盐,通常把它也简称为 EDTA。

(5) EDTA 标准溶液长久放置时应贮存于聚乙烯瓶中。

方法二：高锰酸钾滴定法

1. 实训目的

(1) 掌握高锰酸钾滴定法测定黄酒中氧化钙的检测方法；

(2) 了解高锰酸钾滴定法测定黄酒中氧化钙的反应原理。

2. 实训原理

酒样中的钙离子与草酸铵形成难溶的草酸钙沉淀，用硫酸溶解草酸钙，然后用高锰酸钾标准溶液滴定，当草酸完全被氧化后，稍过量的高锰酸钾使溶液呈淡红色，指示滴定终点。根据高锰酸钾的用量，计算出氧化钙的含量。

3. 试剂与仪器

(1) 高锰酸钾标准溶液(0.01 mol/L)　配制与标定按 GB/T 601—2002 操作，临用前，准确稀释 10 倍。

(2) 1 g/L 甲基橙指示液　称取 0.1 g 甲基橙溶于 100 mL 水中，摇匀。

(3) 1∶3 硫酸溶液　量取浓硫酸 1 份，缓缓倒入 3 份水中，混合均匀。

(4) 1∶10 氢氧化铵溶液　量取 1 份氢氧化铵，加入 10 份水中，混合均匀。

(5) 浓盐酸。

(6) 10 g/L 硝酸银溶液　称取 1.0 g 硝酸银溶于 100 mL 水中，摇匀。

(7) 饱和草酸铵溶液　称取 5.60 g 草酸铵溶于 100 mL 水中，摇匀。

(8) 电炉 300～500 W。

(9) 滴定管　50 mL。

4. 操作步骤

准确吸取酒样 25 mL 于 400 mL 烧杯中，以 50 mL 蒸馏水稀释，加 3 滴甲基橙指示液及 2 mL 浓盐酸，再加入 30 mL 饱和草酸溶液并将溶液煮沸，搅动，逐渐加入 1∶10 氢氧化铵溶液甲基橙变为黄色，将烧杯放于 40 ℃温热处 2 h，过滤后用 500 mL 氢氧化铵溶液分数次洗涤沉淀至无氯离子反应(以硝酸酸化后用硝酸银检验无白沉淀为止)。将洗净之沉淀及滤纸小心取下，置于烧杯中，加入 100 mL 沸蒸馏水、25 mL 1∶3 硫酸溶液，保持溶液温度在 60～80 ℃，使沉淀完全溶解，用 0.01 mol/L 高锰酸钾标准溶液滴定至微红色并保持 30 s 即为终点。记录酒样滴定时消耗高锰酸钾标准溶液的体积(V_1)。同时用 25 mL 水代替酒样做空白试验，记录空白试验消耗高锰酸钾标准溶液的体积(V_2)。

5. 结果计算

酒样中氧化钙的含量可由下式求得：

$$X = \frac{(V_1 - V_2) \times c \times 0.028}{V} \times 1000$$

式中，X——酒样中氧化钙的含量，g/L；

　　c——高锰酸钾标准溶液的浓度，mol/L；

　　V_1——酒样滴定时消耗高锰酸钾标准溶液的体积，mL；

　　V_2——空白试验时消耗高锰酸钾标准溶液的体积，mL；

　　V——吸取酒样的体积，mL；

　　0.028——氧化钙的摩尔质量，kg/mol；

　　1000——换算成 1 L 酒样中氧化钙的含量。

方法三：原子吸收分光光度法

此法准确、快速,是测定氧化钙的仲裁检验方法。

1. 实训目的

(1) 掌握原子吸收分光光度法测定黄酒中氧化钙的检测方法。

(2) 了解原子吸收分光光度法测定黄酒中氧化钙的反应原理。

2. 实训原理

酒样经火焰燃烧产生原子蒸气时,通过从光源辐射出待测元素的特征波长的光,被待测元素基态原子吸收。其吸收的程度与火焰中原子浓度的含量成正比。

3. 试剂与仪器

(1) 浓硝酸　优级纯。

(2) 浓盐酸　优级纯。

(3) 氯化镧溶液　称取 80.20 g 氯化镧($LaCl_3 \cdot 7H_2O$,优级纯),溶于水后,转移至 1000 mL 容量瓶中,加水定容直至刻度,摇匀。

(4) 钙标准溶液　称取经 105 ℃烘干至恒重的优级纯碳酸钙 0.2485 g 于 100 mL 烧杯中,加入 20 mL 水,然后慢慢加入浓盐酸 10 mL 使其溶解。待溶解完后,煮沸除去二氧化碳,转移至 1000 mL 容量瓶中,加水至刻度,摇匀(此溶液 1.00 mL 含 0.10 mg 钙)。

(5) 原子吸收分光光度计。

(6) 分析天平　分度值为 0.0001 g。

(7) 250 mL 凯氏烧瓶。

4. 操作步骤

(1) 酒样处理:吸取 10 mL 酒样于 250 mL 凯氏烧瓶中,加 10 mL 浓硝酸,轻轻振摇,置于电炉上加热消化至酒样透明无色或淡棕色。冷却后移入 100 mL 容量瓶中,加氯化镧溶液 10 mL,定容,同时做试剂空白试验。

(2) 钙标准溶液的制备　分别吸取钙标准溶液 0.00、1.00、2.00、4.00、8.00 mL 于 5 只 100 mL 容量瓶中,各加 10 mL 氯化镧溶液和 1 mL 硝酸,再加水定容直至刻度。此溶液每毫升分别相当于 0.0、1.0、2.0、4.0、8.0 μg 钙。

(3) 测定　将测定波长调至 422.7 nm,钙标准溶液、试剂空白溶液和处理后酒样溶液依次导入火焰中进行测定,记录各吸光度。以标准钙的含量对其吸光度绘制标准曲线。再分别以试剂空白和酒样的吸光度,从标准曲线中查出钙的含量。

5. 结果计算

$$X = \frac{(A - A_0) \times V_2 \times 1.4}{V_1 \times 1000}$$

式中,X——酒样中氧化钙的含量,g/L;

A——从标准工作曲线中查出酒样中钙的含量,μg/mL;

A_0——从标准工作曲线中查出空白中钙的含量,μg/mL;

V_1——吸取酒样的体积,mL;

V_2——酒样处理后的总体积,mL;

1.4——钙与氧化钙的换算系数。

检验结果保留两位小数。

第二节　黄酒成品微生物指标分析与检测

GB 2758—2012 标准已经取消了菌落总数与大肠菌群的微生物限量指标,以下化学分析的实训 1 与实训 2 是按 GB 2758—2005 发酵酒标准来阐述的。

一、取样方法

瓶装、坛装成品酒取样:按 GB/T 13662—2008 执行;大罐、大坛酒取样:取样用 250 mL 的锥形瓶,瓶子、塞子、取样器必须先进行杀菌;大罐、大坛成品酒取样:以每罐、坛为一批次,取 2 瓶,每瓶约 100 mL。瓶装酒取样直接从灭菌过的成品瓶装酒中取出。

二、化学分析

实训 1. 黄酒成品菌落总数的检测

1. 实训目的

学习与掌握黄酒成品微生物的检测方法。

2. 实训原理

检样经过处理,在一定条件下培养后(如培养基成分、培养温度和时间等),所得 1 mL (或 1 g)检样中形成菌落的总数。

3. 培养基和试剂

(1) 平板计数琼脂(PCA)培养基。

(2) 磷酸盐缓冲溶液

贮存液:称取磷酸二氢钾 34.0 g 溶于 500 mL 蒸馏水中,用大约 175 mL 1 mol/L 氢氧化钠溶液调节 pH,用蒸馏水稀释至 1000 mL 后贮存于冰箱。

稀释液:取贮存液 1.25 mL,用蒸馏水稀释至 1000 mL,分装于适宜容器中,于 121 ℃高压灭菌 15 min。

(3) 无菌生理盐水　称取 8.5 g 氯化钠溶于 1000 mL 蒸馏水中,于 121 ℃高压灭菌 15 min。

(4) 1 mol/L 氢氧化钠(NaOH)　称取 40 g 氢氧化钠溶于 1000 mL 蒸馏水中。

(5) 1 mol/L 盐酸(HCl)　移取浓盐酸 90 mL,用蒸馏水稀释至 1000 mL。

4. 仪器

除微生物实验室常规灭菌及培养仪器外,其他仪器如下:

(1) 冰箱　2~5 ℃。

(2) 恒温培养箱　(36±1)℃。

(3) 恒温水浴锅　(46±1)℃。

(4) 天平　分度值为 0.1 g。

(5) 均质器。

(6) 振荡器。

（7）无菌吸管　1 mL(分度值为 0.01 mL)、10 mL(分度值为 0.1 mL)或微量移液器。

（8）无菌锥形瓶　250 mL、500 mL。

（9）无菌培养皿　直径 90 mm。

（10）pH 计、pH 比色管或精密 pH 试纸。

（11）放大镜或（和）菌落计数器。

5. 操作步骤

（1）检测样稀释

① 以无菌吸管吸取 25 mL 样品放于盛有 225 mL 磷酸盐缓冲溶液或生理盐水无菌锥形瓶(瓶内预置适当数量的玻璃珠)中，充分混匀，制成 1∶10 的样品匀液。

② 用 1 mL 无菌吸管吸取 1∶10 样品均匀液 1 mL，沿管壁缓慢注于盛有 9 mL 稀释液的无菌试管中(注意吸管尖端不要触及管内稀释液面)，振摇试管或换用一支无菌吸管反复吹打使其混合均匀，做成 1∶100 的样品匀液。

③ 按步骤②操作程序，制备 10 倍系列稀释样品匀液。每递增稀释一次，换用 1 支 1 mL 无菌吸管。

④ 根据对样品污染状况的估计，选择 2～3 个适宜稀释度的样品匀液(液体样品可包括原液)。在进行 10 倍递增稀释时，每个稀释度分别吸取 1 mL 样品均匀液加入两个无菌平皿内。同时分别取 1 mL 稀释液加入两个无菌平皿做空白对照。

⑤ 及时将 15～20 mL 稀释液冷却至 46 ℃的平板计数琼脂培养基(可放置于(46±1) ℃水浴箱中保温)倾入平皿中，并转动平皿使其混合均匀。

（2）培养

① 待琼脂凝固后，翻转平板，在(36±1) ℃培养(48±2) h。

② 如果样品中可能含有在琼脂培养基表面弥漫生长的菌落时，可在凝固后的琼脂表面覆盖一薄层琼脂培养基(约 4 mL)，凝固后翻转平板，按培养的条件①进行培养。

（3）菌落计数

可用肉眼观察，必要时用放大镜或菌落计数器，记录稀释倍数和相应的菌落数量，如图 4-5 所示。

菌落计数以菌落形成单位（colony-forming units，CFU）表示。

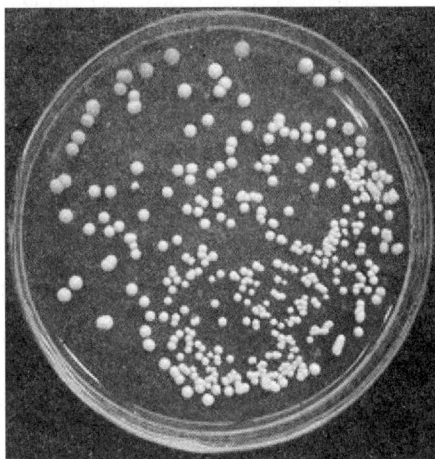

图 4-5　细菌群落

① 选取菌落数在 30～300 CFU、无蔓延菌落生长的平板计数菌落总数。低于 30 CFU 的平板记录具体菌落数，大于 300 CFU 的可记录为"多不可计"。每个稀释度的菌落数应采用两个平板的平均数。

② 其中一个平板有较大片状菌落生长时，则不宜采用，而应以无片状菌落生长的平板作为该稀释度的菌落数；若片状菌落不到平板的一半，而其余一半中菌落分布又很均匀，即可计算半个平板后乘以 2，代表一个平板菌落数。

③ 当平板上出现菌落间无明显界线的链状生长时，则将每条链作为一个菌落计数。

6. 结果的表述

（1）菌落总数的计算方法

① 若只有一个稀释度平板上的菌落数在适宜计数范围内，计算两个平板菌落数的平均值，再将平均值乘以相应稀释倍数，作为每克（或毫升）中菌落总数结果。

② 若有两个连续稀释度的平板菌落数在适宜计数范围内时，按下式计算：

$$N = \sum C / \left[(n_1 + 0.1 n_2) d \right]$$

式中，N——样品中菌落；

$\sum C$——平板（含适宜范围菌落数的平板）菌落数之和；

n_1——第一个适宜稀释度平板上的菌落数；

n_2——第二个适宜稀释度平板上的菌落数；

d——稀释因子（第一稀释度）。

③ 若所有稀释度的平板上菌落数均大于 300 CFU，则对稀释度最高的平板进行计数，其他平板可记录为"多不可计"，结果按平均菌落数乘以最高稀释倍数计算。

④ 若所有稀释度的平均菌落数均小于 30 CFU，则应按稀释度最低的平均菌落数乘以稀释倍数计算。

⑤ 若所有稀释度（包括样品原液）平板均无菌落生长，则以小于 1 CFU 乘以最低稀释倍数计算。

⑥ 若所有稀释度的平板菌落数均不在 30～300 CFU，其中一部分小于 30 CFU 或大于 300 CFU 时，则以最接近 30 CFU 或 300 CFU 的平均菌落数乘以稀释倍数计算。

（2）菌落总数的报告

① 菌落数在 100 CFU 以内时，按"四舍五入"原则修约，采用两位有效数字报告。

② 大于或等于 100 CFU 时，第三位数字采用"四舍五入"方法修约后，取前两位数字，后面用 0 代替位数；也可用 10 CFU 的指数形式来表示，按"四舍五入"原则修约后，采用两位有效数字报告。

③ 若所有平板上为蔓延菌落而无法计数，则报告菌落蔓延。

④ 若空白对照上有菌落生长，则此次检测无效。

⑤ 体积取样以 CFU/mL 为单位报告。

黄酒在正常的情况下，卫生指标检测是不用稀释的，直接吸入 1 mL 检测的酒样放到培养基中，其余同上。黄酒卫生指标要求：细菌总数＜50 CFU/mL。

实训 2. 黄酒成品大肠菌群总数的检测

1. 实训目的

学习与掌握黄酒成品微生物的检测方法。

2. 实训原理

大肠菌群（coliforms）是一群在 36 ℃ 条件下培养 48 h 能发酵乳糖、产酸产气的需氧和兼性厌氧的革兰氏阴性无芽孢杆菌。该菌主要来源于人畜粪便，故以此作为粪便污染指标来评价食品的卫生状况，推断食品中肠道致病菌污染的可能。

3. 仪器

同细菌群落测定。

4．培养基和试剂

（1）月桂基硫酸盐胰蛋白胨（lauryl sulfate tryptose，LST）肉汤。

（2）煌绿乳糖胆盐（brilliant green lactose bile，BGLB）肉汤。

（3）磷酸盐缓冲液。

（4）无菌生理盐水　称取 8.5 g 氯化钠溶于 1000 mL 蒸馏水中，于 121 ℃ 高压灭菌 15 min。

（5）1 mol/L 氢氧化钠（NaOH）　称取 40 g 氢氧化钠溶于 1000 mL 蒸馏水中。

（6）1 mol/L 盐酸（HCl）　移取浓盐酸 90 mL，用蒸馏水稀释至 1000 mL。

5．操作步骤

（1）检测样稀释

① 以无菌吸管吸取检测样 25 mL 放于含有 225 mL 灭菌生理盐水或磷酸盐缓冲液的灭菌锥形瓶内（瓶内预置适当数量的玻璃珠），经充分混匀，制成 1∶10 的样品稀释液。

② 样品均匀液的 pH 值应在 6.5～7.5，必要时分别用 1 mol/L 氢氧化钠（NaOH）或 1 mol/L 盐酸（HCl）调节。

③ 用 1 mL 灭菌吸管吸取 1 mL 1∶10 样品均匀液，沿管壁缓缓注入含有 9 mL 无菌生理盐水或磷酸盐缓冲液的试管内（注意吸管尖端不要触及稀释液面），振摇试管或换用 1 支 1 mL 无菌吸管反复吹打，使其混合均匀，做成 1∶100 的样品匀液。

④ 根据对检测样品污染情况的估计，按上述操作，依次制成 10 倍递增系列稀释样品匀液。每递增稀释 1 次，换用 1 支 1 mL 无菌吸管。从制备样品均匀液到样品接种完毕，全过程不得超过 15 min。

（2）初发酵试验　每个样品选择 3 个适宜的连续稀释度的样品匀液（液体样品可以选择原液），每个稀释度连续接种 3 管月桂基硫酸盐胰蛋白胨（LST）肉汤，每管接种 1 mL（如接种量超过 1 mL，则用双料 LST 肉汤），于（36±1）℃培养（24±2）h；观察小倒管内是否有气泡产生，如果未产生气泡则继续培养至（48±2）h。记录在 24 h 和 48 h 内产生气泡的 LST 肉汤管数。未产生气泡者为大肠菌群阴性，产生气泡者则进行复发酵试验。

（3）复发酵试验　用接种环从所有（48±2）h 内发酵产生气泡的 LST 肉汤管中分别取培养物一环，移种于煌绿乳糖胆盐（BGLB）肉汤管中，于（36±1）℃培养（48±2）h，观察产生气泡情况。产生气泡者计为大肠菌群阳性管。

6．大肠菌群最可能数（MPN）的报告

根据大肠菌群阳性的管数，查 MPN 检索表，报告每克（或毫升）样品中大肠菌群的 MPN 值。

当然大肠杆菌也可用 LB 培养基来培养，其成分如下：胰化蛋白胨 10 g/L，酵母提取物 5 g/L，NaCl 10 g/L。如果是固体的培养基，就需要再加入 15 g 琼脂粉调节 pH 值为 7.4～7.6。其余同菌落总数测定。

黄酒在正常的情况下，卫生指标检测是不用稀释的，直接吸入 1 mL 检测的酒样放到培养基中的，其余同上。黄酒卫生指标要求：大肠菌群（MPN/mL）不得检出。

实训 3．黄酒成品金黄色葡萄球菌群总数的检测

1．实训目的

学习与掌握成品黄酒金黄色葡萄球菌的检测方法。

2. 实训原理

金黄色葡萄球菌为球形,直径为 0.8 μm 左右,显微镜下排列成葡萄串状。金黄色葡萄球菌无芽孢、鞭毛,大多数无荚膜,革兰氏染色呈阳性。金黄色葡萄球菌营养要求不高,在普通培养基上生长良好,需氧或兼性厌氧,最适生长温度为 37 ℃,最适生长 pH 值为 7.4。平板上菌落厚、有光泽、圆形凸起,直径为 1～2mm。血平板菌落周围形成透明的溶血环。Baird-Parker 琼脂平板上,菌落直径为 2～3 mm,颜色呈灰色至黑色,边缘为淡色,周围为一混浊带,在其外层有一透明圈。金黄色葡萄球菌有高度的耐盐性,可在 10％～15％ NaCl 肉汤中生长。本法适用于食品中金黄色葡萄球菌的定性检验。

3. 仪器

除微生物实验室常规灭菌及培养仪器外,其他仪器如下:

(1) 冰箱　2～5 ℃。

(2) 恒温培养箱　(36±1) ℃。

(3) 恒温水浴锅　37～65 ℃。

(4) 天平　分度值为 0.1 g。

(5) 振荡器。

(6) 无菌吸管　1 mL(分度值为 0.01 mL)、10 mL(分度值为 0.1 mL)或微量移液器。

(7) 无菌锥形瓶　100 mL、500 mL。

(8) 无菌培养皿　直径 90 mm。

(9) pH 计、pH 比色管或精密 pH 试纸 5.5～9.0。

4. 培养基和试剂

(1) 7.5％氯化钠肉汤:成分为 5.0 g 牛肉膏、75 g 氯化钠、10.0 g 蛋白胨、1000 mL 蒸馏水,pH 值 7.4±0.1。加热溶解,调节 pH 值,肉汤按 225 mL 分装,于 121 ℃高压灭菌 15 min。

(2) 革兰氏染色液

① 结晶紫染色液:成分为 1.0 g 结晶紫、20.0 mL 95％乙醇、80.0 mL 1％草酸铵水溶液,结晶紫完全溶解于乙醇中,然后与草酸铵溶液混合。

② 革兰氏碘液:成分为 1.0 g 碘、2.0 g 碘化钾、300 mL 蒸馏水。碘与碘化钾先行混合,加入蒸馏水少许充分振摇,完全溶解后,再加蒸馏水至 300 mL。

③ 沙黄复染液:成分为 0.25 g 沙黄、10.0 mL 95％乙醇、90.0 mL 蒸馏水。沙黄溶解于乙醇,然后用蒸馏水稀释。

(3) 无菌生理盐水:称取 8.5 g 氯化钠溶于 1000 mL 蒸馏水中,于 121 ℃高压灭菌 15 min。

(4) 1 mol/L 氢氧化钠(NaOH):称取 40 g 氢氧化钠溶于 1000 mL 蒸馏水中。

(5) 1 mol/L 盐酸(HCl):移取浓盐酸 90 mL,用蒸馏水稀释至 1000 mL。

(6) LB 培养基:成分为 5 g 酵母提取物、10 g 蛋白胨、5 g 氯化钠、15～20 g 琼脂、1000 mL 蒸馏水。pH 值为 7.4～7.6。将琼脂外的所有成分溶解于蒸馏水中,用 1 mol/L 氢氧化钠(NaOH)与 1 mol/L 盐酸(HCl)调节 pH 值为 7.4～7.6,分装,于 121 ℃高压灭菌 20 min 或 1.0 kg/cm² 压力灭菌 15 min。

(7) Baird-Parker 琼脂平板

① 增菌剂配法：30％卵黄盐水 50 mL 与经过除菌过滤的 10 mL 1％亚碲酸钾溶液混合，保存于冰箱中。

② 成分：10.0 g 蛋白胨、5.0 g 牛肉膏、1.0 g 酵母膏、10.0 g 丙酮酸钠、12.0 g 甘氨酸、5.0 g 六水氯化锂、20.0 g 琼脂、950 mL 蒸馏水。pH 值为 7.0±0.2。

将除琼脂外的各成分加到蒸馏水中，加热煮沸至完全溶解，调节 pH。分装每瓶 95 mL，于 121 ℃高压灭菌 15 min。临用时加热溶化琼脂，冷却至 50 ℃，每 95 mL 加入增菌水 5 mL，摇匀后倾注平板。培养基应是致密不透明的，使用前在冰箱储存不得超过 48 h。

5. 操作步骤

（1）检测样稀释

以无菌吸管吸取检测样 25 mL 放于含有 225 mL 7.5％氯化钠肉汤的无菌锥形瓶内（瓶内预置适当数量的玻璃珠），经充分混匀，制成 1∶10 的样品稀释液。

（2）增菌和分离培养

将上述样品匀液于（36±1）℃培养 18～24 h。金黄色葡萄球菌在 7.5％氯化钠肉汤中呈混浊生长。

将上述培养物，分别划线接种到 Baird-Parker 琼脂平板，于（36±1）℃培养 18～24 h 或 45～48 h。

（3）金黄色葡萄球菌在 Baird-Parker 琼脂平板上，菌落直径为 2～3 mm，颜色呈灰色到黑色，边缘为淡色，周围为一混浊带，在其外层有一透明圈。用接种针接触菌落时，有似奶油至树胶样的硬度，偶然会遇到非脂肪溶解的类似菌落；但无混浊带及透明圈。挑取上述菌落进行革兰氏染色镜检。

（4）染色镜检

① 挑取上述菌落，进行涂片并在火焰上固定，滴加结晶紫染液，染 1 min，水洗。

② 滴加革兰氏碘液，作用 1 min，水洗。

③ 滴加 95％乙醇脱色约 15～30 s，直至染色液被洗掉。不要过分脱色，水洗。

④ 滴加复染液，复染 1 min，水洗、待干、镜检。

⑤ 金黄色葡萄球菌为革兰氏阳性球菌，排列呈葡萄球状，无芽孢，无荚膜，直径约为0.5～1 μm。

（5）结果与报告

① 结果判定：培养结果符合步骤（3）可判定为金黄色葡萄球菌；镜检结果符合步骤（4）中⑤可判定为金黄色葡萄球菌。

② 结果报告：在 25 mL 样品中检出或未检出金黄色葡萄球菌。

注：检测中为方便起见，一般用 LB 平板培养基，于（36±1）℃培养 18～24 h，直接用肉眼观察，有红色菌落的为金黄色葡萄球菌。

黄酒卫生指标要求：金黄色葡萄球菌不得检出。

实训 4. 黄酒成品沙门氏菌群总数的检测

沙门氏菌属肠杆菌科，是革兰氏阴性无芽孢杆菌中的一类，已发现的有近千种（或菌株）。按其抗原成分分类，沙门氏菌（图 4-6）分为甲、乙、丙、丁、戊等基本菌组，其中与人体疾病有关的主要有甲组的副伤寒甲杆菌，乙组的副伤寒乙杆菌和鼠伤寒杆菌，丙组的副伤寒丙杆菌和猪霍乱杆菌,丁组的伤寒杆菌和肠炎杆菌等。除伤寒杆菌、副伤寒甲杆菌和副伤寒乙杆菌引起人类的疾病外,大多数仅能引起家畜、鼠类和禽类等动物的疾病,但有时也可污染人类的食物而引起食物中毒。革兰氏阴性无芽孢杆菌,大小通常为 $(0.7{\sim}1.5)$ $\mu m \times (2.0{\sim}5.0)$ μm,菌端钝圆,散在,偶有短丝状,无荚膜,除鸡白痢沙门氏菌和鸡伤寒沙门氏菌外,均有周身鞭毛,能运动,绝大多数菌株有菌毛;需氧或兼性厌氧菌,生长温度范围为 $10{\sim}42$ ℃,最适生长温度为 37 ℃,适宜 pH 值为 $6.8{\sim}7.8$;对营养要求不高,在普通培养基中生长旺盛,胆盐可促进其生长;不液化明胶,不分解尿素,不产生吲哚,不发酵乳糖和蔗糖,能发酵葡萄糖、甘露醇、麦芽糖,大多产酸产气,少数只产酸不产气;VP 试验阴性,有赖氨酸脱羧酶,DNA 的 G+C 含量为 $50\%{\sim}53\%$。对热抵抗力不强,在 60 ℃ 15 min 可被杀死;在水中存活 $2{\sim}3$ 周,在 5% 的石炭酸中,5 min 死亡。

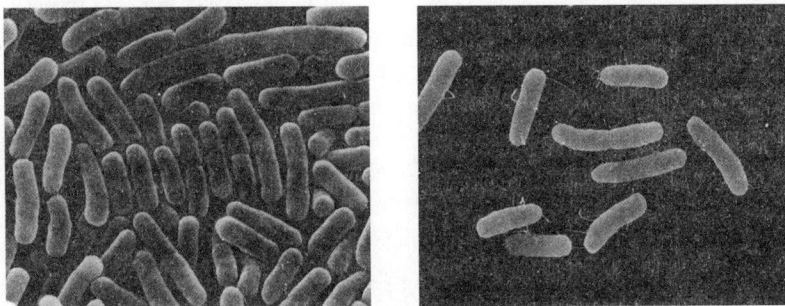

图 4-6 沙门氏菌形态

检测依据的是 GB 4789.4—2010《食品安全国家标准 食品卫生微生物学检验 沙门氏菌检验》。

1. 实训目的

(1)学习与掌握黄酒成品微生物的检测方法;

(2)掌握黄酒中沙门氏菌的检验方法。

2. 实训原理

用无选择性的培养基进行前增菌,再进行选择性增菌,使沙门氏菌得以繁殖而大多数的其他细菌受到抑制;挑取可疑菌落接种到三糖铁琼脂培养基、赖氨酸脱羧酶试验培养基、氰化钾(KCN)培养基、尿素琼脂(pH 值为 7.2)等,根据各自的生化反应表现性状进行鉴定。

3. 仪器

除微生物实验室常规灭菌及培养仪器外,其他仪器如下:

(1)冰箱 $2{\sim}5$ ℃。

(2)恒温培养箱 (36 ± 1) ℃。

(3)恒温水浴锅 $37{\sim}65$ ℃。

(4)天平 分度值为 0.1 g。

(5)振荡器。

(6)无菌吸管 1 mL(分度值为 0.01 mL)、10 mL(分度值为 0.1 mL)或微量移液器。

(7)无菌锥形瓶 250 mL、500 mL。

(8)无菌培养皿 直径 90 mm。

（9）无菌试管：3 mm×50 mm、10 mm×75 mm。

（10）pH 计、pH 比色管或精密 pH 试纸 5.5～9.0。

4. 培养基和试剂

（1）缓冲蛋白胨水（BPW）

① 成分（pH 值为 7.2±0.2）

蛋白胨　　10.0 g

氯化钠　　5.0 g

磷酸氢二钠　　9.0 g

磷酸二氢钾　　1.5 g

蒸馏水　　1000 mL

② 制法

将各成分加入蒸馏水中，搅混均匀，静置约 10 min，煮沸溶解，调节 pH，于 121 ℃高压灭菌 15 min。

（2）四硫磺酸钠煌绿（TTB）增菌液

① 基础液（pH 值为 7.0±0.2）

蛋白胨　　10.0 g

牛肉膏　　5.0 g

氯化钠　　3.0 g

碳酸钙　　45.0 g

蒸馏水　　1000 mL

除碳酸钙外，将各成分加入蒸馏水中煮沸溶解，再加入碳酸钙，调节 pH 值，于 121 ℃高压灭菌。

② 硫代硫酸钠溶液

硫代硫酸钠　　50.0 g

蒸馏水　　加至 100 mL

于 121 ℃高压灭菌 20 min。

③ 碘溶液

碘片　　20.0 g

碘化钾　　25.0 g

蒸馏水　　加至 100 mL

将碘化钾充分溶解于少量的蒸馏水中，再投入碘片，振摇玻璃瓶至碘片全部溶解为止。然后加蒸馏水至规定的总量，贮存于棕色瓶内，塞紧瓶盖备用。

④ 0.5 ％煌绿水溶液

煌绿　　0.5 g

蒸馏水　　100 mL

溶解后，存放暗处，不少于 1 d，使其自然灭菌。

⑤ 牛胆盐溶液

牛胆盐　　10.0 g

蒸馏水　　100 mL

加热煮沸至完全溶解,于 121 ℃高压灭菌 20 min。

⑥ 制法

基础液　900 mL

硫代硫酸钠溶液　100 mL

碘溶液　20.0 mL

煌绿水溶液　2.0 mL

牛胆盐溶液　50.0 mL

临用前,按上述顺序,以无菌操作依次加入基础液中,每加入一种成分,均应摇匀后再加入另一种成分。

(3) 亚硒酸盐胱氨酸(SC)增菌液

① 成分(pH 值为 7.0±0.2)

蛋白胨　5.0 g

乳糖　4.0 g

磷酸氢二钠　10.0 g

亚硒酸氢钠　4.0 g

L-胱氨酸　0.01 g

蒸馏水　1000 mL

② 制法

除亚硒酸氢钠和 L-胱氨酸外,将各成分加入蒸馏水中,煮沸溶解,冷却至 55 ℃以下。加入亚硒酸氢钠和 1 g/L L-胱氨酸溶液 10 mL(称取 0.1 g L-胱氨酸,加 1 mol/L 氢氧化钠使其溶解,再加无菌蒸馏水至 100 mL 即成),摇匀,调节 pH。

(4) 亚硫酸铋(BS)琼脂

① 成分(pH 值为 7.5±0.2)

蛋白胨　10.0 g

牛肉膏　5.0 g

葡萄糖　50 g

硫酸亚铁　0.3 g

磷酸氢二钠　4.0 g

煌绿　0.025 g 或 5.0 mL 5.0 g/L 水溶液

柠檬酸铋铵　2.0 g

亚硫酸钠　6.0 g

琼脂　18.0～20.0 g

蒸馏水　1000 mL

② 制法

将前 3 种成分加入 300 mL 蒸馏水(制作基础液),将硫酸亚铁和磷酸氢二钠分别加入 20 mL 和 30 mL 蒸馏水中,柠檬酸铋铵和亚硫酸钠分别加入另外的 20 mL 和 30 mL 蒸馏水中,琼脂加入 600 mL 蒸馏水中。然后分别搅拌均匀,煮沸溶解,冷至 80 ℃左右时,将硫酸亚铁和磷酸氢二钠混匀,倒入基础液中,再混匀。将柠檬酸铋铵和亚硫酸钠混匀,倒入基础液中,再混匀。调节 pH,随即倾入琼脂液中,混合均匀,冷却至 50～55 ℃。加入煌绿溶液,充分混匀后立即倾入平皿中。

注：制备时不需高压灭菌，不宜过分加热，贮于室温暗处，当天制备，第二天使用，不要超过 48 h。

（5）HE 琼脂

① 成分（pH 值为 7.5±0.2）

蛋白胨　12.0 g

牛肉膏　3.0 g

乳糖　12.0 g

蔗糖　12.0 g

水杨素　2.0 g

胆盐　20.0 g

氯化钠　5.0 g

琼脂　18.0～20.0 g

蒸馏水　1000 mL

0.4%溴麝香草酚蓝溶液　16.0 mL

Andrade 指示剂　20.0 mL

甲液　20.0 mL

乙液　20.0 mL

② 制法

将前面 7 种成分溶解于 400 mL 蒸馏水内作为基础液；将琼脂加入于 600 mL 蒸馏水内。然后分别搅拌均匀，煮沸溶解。加入甲液和乙液于基础液内，调节 pH。再加入指示剂，并与琼脂液合并，待冷却至 50～55 ℃后，倾入平皿中。

注：本培养基不需要高压灭菌，在制备过程中不宜过分加热，避免降低其选择性。

a. 甲液的配制

硫代硫酸钠　34.0 g

柠檬酸铁铵　4.0 g

蒸馏水　100 mL

b. 乙液的配制

去氧胆酸钠　10.0 g

蒸馏水　100 mL

c. Andrade 指示剂

酸性复红　0.5 g

1 mol/L 氢氧化钠溶液　16.0 mL

蒸馏水　100 mL

将酸性复红溶解于蒸馏水中，加入氢氧化钠溶液。数小时后如酸性复红褪色不全，再加氢氧化钠溶液 1～2 mL。

（6）沙门氏菌属显色培养基。

（7）三糖铁（TSI）琼脂

① 成分（pH 值为 7.4±0.2）

蛋白胨　20.0 g

牛肉膏　5.0 g

乳糖　10.0 g

蔗糖　10.0 g

葡萄糖　1.0 g

硫酸亚铁铵(含 6 个结晶水)0.2 g

酚红　0.25 g 或 5.0 mL 5.0 g/L 溶液

氯化钠　5.0 g

硫代硫酸钠　0.2 g

琼脂　12.0 g

蒸馏水　1000 mL

② 制法

除酚红和琼脂外,将其他成分加入 400 mL 蒸馏水中,煮沸溶解,调节 pH。另将琼脂加入 600 mL 蒸馏水中,煮沸溶解。

将上述两溶液混合均匀后,再加入指示剂,混匀。分装试管,每管约 2～4 mL,于高压灭菌 10 min(121 ℃)或 15 min(115 ℃)。灭菌后置成高层斜面,呈桔红色。

(8) 蛋白胨水、靛基质试剂

① 蛋白胨水(pH 值 7.4±0.2)

蛋白胨　20.0 g

氯化钠　5.0 g

蒸馏水　1000 mL

将上述成分加入蒸馏水中,煮沸溶解,调节 pH,分装小试管,于 121 ℃ 高压灭菌 15 min。

② 靛基质试剂

a. 柯凡克试剂:将 5 g 对二甲氨基甲醛溶解于 75 mL 戊醇中,然后缓慢加入浓盐酸 25 mL。

b. 欧-波试剂:将 1 g 对二甲氨基苯甲醛溶解于 95 mL 95％乙醇内,然后缓慢加入浓盐酸 20 mL。

③ 试验方法

挑取小量培养物接种,在(36±1)℃培养 1～2 d,必要时可培养 4～5 d。加入柯凡克试剂约 0.5 mL,轻摇试管,阳性者于试剂层呈深红色;或加入欧-波试剂约 0.5 mL,沿管壁流下,覆盖于培养液表面,阳性者于液面接触处呈玫瑰红色。

注:蛋白胨中应含有丰富的色氨酸。每批蛋白胨买来后,应先用已知菌种鉴定后方可使用。

(9) 尿素琼脂

① 成分(pH 值为 7.2±0.2)

蛋白胨　1.0 g

氯化钠　5.0 g

葡萄糖　1.0 g

磷酸二氢钾　2.0 g

0.4％酚红　3.0 mL

琼脂　20.0 g

蒸馏水　1000 mL

20％尿素溶液　100 mL

② 制法

除尿素、琼脂和酚红外,将其他成分加入 400 mL 蒸馏水中,煮沸溶解,调节 pH。另将琼脂加入 600 mL 蒸馏水中,煮沸溶解。

将上述两溶液混合均匀后,再加入指示剂后分装,于 121 ℃ 高压灭菌 15 min。冷却至 50～55 ℃,加入经除菌过滤的尿素溶液。尿素的最终浓度为 2％。分装于无菌试管内,放成斜面备用。

③ 试验方法

挑取琼脂培养物接种,在(36±1)℃培养 24 h,观察结果。尿素酶阳性者由于产碱而使培养基变为红色。

(10) 氰化钾(KCN)培养基

① 成分

蛋白胨　10.0 g

磷酸二氢钾　0.225 g

磷酸氢二钠　5.64 g

氯化钠　5.0 g

蒸馏水　1000 mL

0.5％氰化钾　20.0 mL

② 制法

将除氰化钾以外的成分加入蒸馏水中,煮沸溶解,分装后于 121 ℃ 高压灭菌 15 min。放在冰箱内使其充分冷却。每 100 mL 培养基加入 2.0 mL 0.5％氰化钾溶液(最后浓度为 1∶10000),分装于无菌试管内,每管大约 4 mL,立刻用无菌橡皮塞塞紧,放在 4 ℃ 冰箱内,至少可保存两个月。同时,将不加氰化钾的培养基作为对照培养基,分装试管备用。

③ 试验方法

将琼脂培养物接种于蛋白胨水内成为稀释菌液,挑取 1 环接种于氰化钾(KCN)培养基。并另挑取 1 环接种于对照培养基。在(36±1)℃培养 1～2 d,观察结果,如有细菌生长即为阳性(不抑制),经 2 d 细菌不生长即为阴性(抑制)。

注:氰化钾有剧毒,使用时应小心,切勿沾染,以免中毒。夏天分装培养基应在冰箱内进行。试验失败的主要原因是封口不严,氰化钾逐渐分解,产生氢氰酸气体逸出,以致药物浓度降低而滋生细菌,因而造成假阳性反应。试验时对每一环节都要特别注意。

(11) 赖氨酸脱羧酶试验培养基

① 成分(pH 值为 6.8±0.2)

蛋白胨　5.0 g

酵母浸膏　3.0 g

葡萄糖　1.0 g

蒸馏水　1000 mL

1.6%溴甲酚紫-乙醇溶液　1.0 mL

L-赖氨酸或 DL-赖氨酸　0.5 g/100 mL 或 1.0 g/100 mL

② 制法

除赖氨酸以外的成分加热溶解后,分装每瓶 100 mL,分别加入赖氨酸(L-赖氨酸按 0.5%加入,DL-赖氨酸按 1%加入),调节 pH。对照培养基不加赖氨酸。分装于无菌的小试管内,每管 0.5 mL,上面滴加一层液体石蜡,于 115 ℃高压灭菌 10 min。

③ 试验方法

从琼脂斜面上挑取培养物接种,于(36±1)℃培养 18~24 h,观察结果。氨基酸脱羧酶阳性者由于产碱,培养基应呈紫色。阴性者无碱性产物,但因葡萄糖产酸而使培养基变为黄色。对照管应为黄色。

(12) 糖发酵管

① 成分(pH 值为 7.4±0.2)

牛肉膏　5.0 g

蛋白胨　10.0 g

氯化钠　3.0 g

硫酸氢二钠(12 个结晶水)2.0 g

0.2%溴麝香草酚溶液 120 mL

蒸馏水　1000 mL

② 制法

葡萄糖发酵管按上述成分配好后,调节 pH。按 0.5%加入葡萄糖,分装于有一个倒置小管的小试管内,于 121 ℃高压灭菌 15 min。

其他各种糖发酵管可按上述成分配好后,分装每瓶 100 mL,于 121 ℃高压灭菌 15 min。另将各种糖类分别配好 10%溶液,同时进行高压灭菌。将 5 mL 糖溶液加入于 100 mL 培养基内,以无菌操作分装小试管。

注:如蔗糖不纯,加热后会自行水解,应采用过滤法除菌。

③ 试验方法:从琼脂斜面上挑取少量培养物接种,于(36±1)℃培养 2~3 d。迟缓反应需观察 14~30 d。

(13) ONPG 培养基

① 成分

邻硝基酚 β-D 半乳糖苷(ONPG)　60.0 mg

0.01 mol/L 磷酸钠缓冲液(pH 值为 7.5)　10.0 mL

1%蛋白胨水(pH 值为 7.5)　30.0 mL

② 制法

将 ONPG 溶于缓冲液内,加入蛋白胨水,以过滤法除菌,分装于无菌的小试管内,每管 0.5 mL,用橡皮塞塞紧。

③ 试验方法

自琼脂斜面上挑取培养物 1 满环接种,于(36±1)℃培养 1~3 h 和 24 h 观察结果。如果 β-半乳糖苷酶产生,则于 1~3 h 变黄色;如无此酶则 24 h 不变色。

(14) 半固体琼脂

① 成分(pH 值为 7.4±0.2)

牛肉膏　0.3 g

蛋白胨　1.0 g

氯化钠　0.5 g

琼脂　0.35～0.4 g

蒸馏水　100 mL

② 制法

按以上成分配好,煮沸溶解,调节 pH 值。分装小试管,于 121 ℃高压灭菌 15 min,直立凝固备用。

注:供动力观察、菌种保存、H 抗原位相变异试验等用。

(15)丙二酸钠培养基

① 成分(pH 值为 6.8±0.2)

酵母浸膏　1.0 g

硫酸铵　2.0 g

磷酸氢二钾　0.6 g

磷酸二氢钾　0.4 g

氯化钠　2.0 g

丙二酸钠　3.0 g

0.2%溴麝香草酚蓝溶液　12.0 mL

蒸馏水　1000 mL

② 制法

除指示剂以外的成分溶解于水,调节 pH,再加入指示剂,分装试管,于 121 ℃高压灭菌 15 min。

③ 试验方法

用新鲜的琼脂培养物接种,于(36±1)℃培养 48 h,观察结果。阳性者由绿色变为蓝色。

5. 操作步骤

(1)前增菌

吸取 25 mL 样品放入盛有 225 mL BPW 的无菌均质杯中,振荡混匀。测定 pH 值,用 1 mol/mL无菌 NaOH 调节 pH 至 6.8±0.2。无菌操作将样品转至 500 mL 锥形瓶中,如使用均质袋,可直接进行培养,于(36±1)℃培养 8～18 h。

(2)增菌

轻轻摇动培养过的样品混合物,移取 1 mL,转种于 10 mL TTB 内,于(42±1)℃培养 18～24 h。同时,另取 1 mL 转种于 10 mL SC 内,于(36±1)℃培养 18～24 h。

(3)分离

分别用接种环取出增菌液体 1 环,划线接种于一个 BS 琼脂平板和 HE 琼脂平板或沙门氏菌属显色培养基平板。于(36±1)℃分别培养 18～24 h（HE 琼脂平板、沙门氏菌属显色培养基平板）或 40～48 h（BS 琼脂平板）,观察各个平板上生长的菌落,各个平板上的菌落特征见表 4-2。

表 4-2　沙门氏菌属在不同选择性琼脂平板上的菌落特征

选择性琼脂平板	沙门氏菌
BS 琼脂	菌落为黑色、棕褐色或灰色,有金属光泽,菌落周围培养基可呈黑色或棕色;有些菌株形成灰绿色的菌落,周围培养基不变
HE 琼脂	菌落为蓝绿色或蓝色,多数菌落中心为黑色或几乎全黑色;有些菌株为黄色,中心为黑色或几乎全黑色
沙门氏菌属显色培养基	按照显色培养基的说明进行判定

（4）生化试验

① 从选择性琼脂平板上分别挑取 2 个以上典型或可疑菌落,接种三糖铁琼脂。先在斜面划线,再于底层穿刺;接种针不要灭菌,直接接种赖氨酸脱羧酶试验培养基和营养琼脂平板,于(36±1) ℃培养 18～24 h,必要时可延长至 48 h。在三糖铁琼脂和赖氨酸脱羧酶试验培养基内,沙门氏菌属的反应结果见表 4-3。

表 4-3　沙门氏菌属在三糖铁琼脂和赖氨酸脱羧酶试验培养基内的反应结果

三糖铁琼脂				赖氨酸脱羧酶试验培养基	初步判断
斜面	底层	产气	硫化氢		
K	A	+（-）	+（-）	+	可疑沙门氏菌属
K	A	+（-）	+（-）	-	可疑沙门氏菌属
A	A	+（-）	+（-）	+	可疑沙门氏菌属
A	A	+/-	+/-	-	非沙门氏菌
K	K	+/-	+/-	+/-	非沙门氏菌

注:K——产碱,A——产酸;+——阳性,-——阴性;+（-）——多数阳性,少数阴性;+/-——阳性或阴性

② 接种三糖铁琼脂和赖氨酸脱羧酶试验培养基的同时,可直接接种蛋白胨水(供做靛基质试验)、尿素琼脂(pH 值为 7.2)、氰化钾(KCN)培养基,也可在初步判断结果后从营养琼脂平板上挑取可疑菌落接种。于(36±1) ℃培养 18～24 h,必要时可延长至 48 h,按表 4-4 判定结果。将已挑菌落的平板储存于 2～5 ℃或室温至少保留 24 h,以备必要时复查。

表 4-4　沙门氏菌属生化反应初步鉴别表

反应序号	硫化氢(H₂S)	靛基质	尿素(pH 值为 7.2)	氰化钾(KCN)	赖氨酸脱羧酶
A₁	+	-	-	-	+
A₂	+	+	-	-	+
A₃	-	-	-	-	+/-

注:+——阳性;-——阴性;+/-——阳性或阴性

a. 反应序号 A₁：典型反应判定为沙门氏菌属。如尿素、KCN 和赖氨酸脱羧酶 3 项中有 1 项异常,按表 4-5 可判定为沙门氏菌;如有 2 项异常为非沙门氏菌。

表 4-5　沙门氏菌属生化反应初步鉴别表

尿素(pH 值为 7.2)	氰化钾(KCN)	赖氨酸脱羧酶	判定结果
−	−	−	甲型副伤寒沙门氏菌(要求血清学鉴定结果)
−	+	+	沙门氏菌Ⅳ或Ⅴ(要求符合本群生化特性)
+	−	+	沙门氏菌个别变体(要求血清学鉴定结果)

注：＋——表示阳性;－——阴性。

b. 反应序号 A₂：补做甘露醇和山梨醇试验,沙门氏菌靛基质阳性变体两项试验结果均为阳性,但需要结合血清学鉴定结果进行判定。

c. 反应序号 A₃：补做 ONPG。ONPG 阴性为沙门氏菌,同时赖氨酸脱羧酶阳性,甲型副伤寒沙门氏菌为赖氨酸脱羧酶阴性。

d. 必要时按表 4-6 进行沙门氏菌生化群的鉴别。

表 4-6　沙门氏菌属生化群的鉴别

项目	1	2	3	4	5	6
卫予醇	+	+	−	−	+	−
山梨醇	+	+	+	+	−	
水杨苷	−	−	−	+	−	
ONPG	−	−	+	−	−	
丙二酸盐	−	+	−	−	−	
KCN	−	−	−	+	−	

注：＋——阳性;－——阴性。

③ 如选择生化鉴定试剂盒或全自动微生物生化鉴定系统,可根据①的初步判断结果,从营养琼脂平板上挑取可疑菌落,用生理盐水制备成浊度适当的菌悬液,使用生化鉴定试剂盒或全自动微生物生化鉴定系统进行鉴定。

(5) 血清学鉴定

① 抗原的准备

一般采用 1.2%～1.5%琼脂培养物作为玻片凝集试验用的抗原。

O 血清不凝集时,将菌株接种在琼脂量较高的(如 2%～3%)培养基上再检查;如果是由于 Vi 抗原的存在而阻止了 O 凝集反应时,可挑取菌苔于 1 mL 生理盐水中做成浓菌液,于酒精灯火焰上煮沸后再检查。H 抗原发育不良时,将菌株接种在 0.55%～0.65%半固体琼脂平板的中央,菌落蔓延生长时,在其边缘部分取菌体检查;或将菌株通过装有 0.3%～

0.4％半固体琼脂的小玻管 1～2 次,自远端取菌体培养后再检查。

② 多价菌体抗原(O)鉴定

在玻片上划出 2 个约 1 cm×2 cm 的区域,挑取 1 环待测菌,各放 1/2 环于玻片上的每一区域上部,在其中一个区域下部加 1 滴多价菌体(O)抗血清,在另一区域下部加入 1 滴生理盐水,作为对照。再用无菌的接种环或针,分别将两个区域内的菌落研成乳状液。将玻片倾斜摇动混合 1 min,并对着黑暗背景进行观察,任何程度的凝集现象皆为阳性反应。

③ 多价鞭毛抗原(H)鉴定

同②多价菌体抗原(O)鉴定。

(6) 结果与报告

综合以上生化试验结果,报告 25 g(mL)样品中检出或未检出沙门氏菌。

黄酒卫生指标要求:细菌总数(CFU/mL)＜50,大肠菌群(MPN/mL)不得检出,沙门氏菌和金黄色葡萄球菌不得检出。

复习思考题

1. 成品半干黄酒酒样水解液是怎样制备的?

2. 甜酒和半甜酒中的总糖测定过程中,酒样水解溶液是怎样测定的?

3. 成品黄酒非糖固形物计算方法是怎样的?

4. 成品黄酒总酸与氨基酸的测定方法是怎样的?

5. 成品黄酒总酸与氨基酸的测定原理是怎样的?

6. 酸度计是如何校正的?

7. 成品加饭酒中挥发酯的测定方法是怎样的?

8. 成品加饭酒中挥发酯的测定原理是怎样的?

9. 黄酒氧化钙测定方法有哪几种?

第五章　黄酒副产品分析与检测

黄酒副产品主要是指利用黄酒酒糟经蒸馏或再发酵后蒸馏所得的酒精溶液,也有在黄酒加热灭菌时回收的酒精溶液。前者俗称"糟烧",后者俗称"汗酒"、"老酒汗"或"酒油",归入中国蒸馏白酒的范畴。

第一节　黄酒副产品原料检测

一、取样方法

黄酒酒糟每班为一批次,取酒糟轧碎前、中、后各部分,对所取的每块酒糟的中间及周边都应适当取样,四分法缩分成 250 g 为试样。固体发酵糟醅每班为一批次,在堆糟的生产车间中各部位取样,经四分法缩分成 250 g 为试样。酒精糖化醪、发酵醪每罐搅拌均匀后各取一份样,经棉花或双层纱布过滤后共约 250 mL。酒糟与固体发酵糟醅的检测方法是一样的,所以本书只讲述黄酒酒糟的检测方法。

二、化学分析

实训 1. 黄酒酒糟水分的检测

测定水分一般采用 100～105 ℃烘干法测定,与第二章第一节"化学分析实训 1"中所提及的大米与小麦水分的检测原理相同。

实训 2. 黄酒酒糟酸度的检测

1. 实训目的
学习与掌握黄酒酒糟酸度检测方法。

2. 实训原理
利用酸碱中和法测定,其定义为 100 g 酒糟(糟醅)消耗 NaOH 的物质的量(mmol),以度来表示。

3. 试剂与仪器
(1) 10 g/L 酚酞指示剂　称取 1.0 g 酚酞,溶于 100 mL 95％的乙醇中。
(2) 0.1 mol/L NaOH 标准溶液　按照 GB/T 601—2002 有关化学试剂标准滴定溶液的制备要求进行配制与标定。

(3) 150 mL 锥形瓶。

(4) 250 mL 锥形瓶。

(5) 10 mL 移液管。

(6) 脱脂棉、漏斗。

(7) 天平　分度值为 0.02 g。

4. 操作步骤

(1) 黄酒酒糟处理　称取 10 g 黄酒酒糟(精确至 0.01 g),置于 250 mL 锥形瓶中,向瓶中加 100 mL 水,于 30 ℃水浴锅中保温浸泡 30 min(每隔 10 min 搅拌 1 次),用脱脂棉过滤后备用。

(2) 酸度测定　吸取滤液 20 mL 于 150 mL 三角瓶中,加 20 mL 水和 2 滴酚酞指示剂,用 0.1 mol/L NaOH 标准溶液滴定至红色。

5. 结果计算

(1) 酸度定义

100 g 黄酒酒糟消耗 1 mmol NaOH 为 1 度酸度,即 100 g 黄酒酒糟消耗 1 mL 1 mol/L NaOH 溶液,称为 1 度酸度。

$$酸度 = \frac{c \times V \times 100}{20 \times 10} \times 100$$

式中,c——NaOH 标准溶液的浓度,mol/L;

V——消耗 NaOH 标准溶液的体积,mL;

20——吸取滤液体积,mL;

100(公式的分子处)——黄酒酒糟稀释体积,mL;

100(公式的最后一项)——100 g 黄酒酒糟消耗 1 mmol NaOH 为 1 度酸度,故 10 g 黄酒酒糟换算为 100 g,g;

10——黄酒酒糟质量,g。

(2) 酸度以乙酸计的计算公式

$$X = \frac{c \times V \times 100 \times 60}{20 \times 10} \times 1000$$

式中,X——以乙酸计黄酒酒糟的酸度,g/kg;

c——NaOH 标准溶液的浓度,mol/L;

V——消耗 NaOH 标准溶液的体积,mL;

20——吸取滤液体积,mL;

100——黄酒酒糟稀释体积,mL;

1000——10 g 黄酒酒糟换算为 1000 g,g;

10——黄酒酒糟质量,g。

实训 3. 黄酒酒糟还原糖的检测

1. 实训目的

(1) 掌握黄酒酒糟还原糖检测方法;

(2) 了解斐林快速法测定原理。

2. 实训原理

因黄酒酒糟含糖量低,采用斐林快速法测定。

3. 试剂

(1) 微量斐林试剂

① 甲溶液 称取硫酸铜($CuSO_4 \cdot 5H_2O$)15.0 g 及次甲基蓝 0.05 g,加蒸馏水溶解并定容到 1000 mL,摇匀备用。

② 乙溶液 称取酒石酸钾钠 50 g、氢氧化钠 54 g、亚铁氰化钾 4 g,加蒸馏水溶解并定容到 1000 mL,摇匀备用。

(2) 1.0 g/L 葡萄糖标准溶液

称取 1.000 g 葡萄糖(精确到 0.0001 g)加蒸馏水溶解,并加浓盐酸 5 mL,再用蒸馏水定容到 1000 mL。

4. 操作步骤

(1) 斐林溶液标定 吸取微量斐林甲液、乙液各 5 mL,注于 150 mL 锥形瓶中,加 10 mL 水和 9 mL 1 g/L 葡萄糖标准溶液,煮沸后继续滴定至蓝色消失,煮沸后,滴定在 1 min 内完成,消耗葡萄糖标准溶液体积为 V_0(mL)。

(2) 试样制备 称取黄酒酒糟 10 g(精确至 0.01 g),注于 250 mL 烧杯中,准确加水 100 mL,于 30 ℃ 水浴锅中保温浸泡 30 min(每隔 10 min 搅拌 1 次),用脱脂棉过滤后备用。

(3) 酒样测定 吸取斐林甲液、乙液各 5 mL,注于 150 mL 锥形瓶中,加水 5 mL,黄酒酒糟滤液 5 mL,煮沸后用葡萄糖标准溶液预滴定。根据预滴定消耗葡萄糖液体积,增、减加水量,使溶液总体积与标定时基本一致。然后重新测定,记录消耗葡萄糖标准溶液体积 V (mL)。

5. 结果计算

$$还原糖含量(g/kg) = \frac{c \times (V_0 - V) \times 100}{5} \times \frac{1000}{10}$$

式中,V_0——微量斐林液标定时消耗葡萄糖标准溶液体积,mL;

V——黄酒酒糟测定时消耗葡萄糖标准溶液体积,mL;

c——葡萄糖标准溶液浓度,g/L;

5——吸取黄酒酒糟滤液体积,mL;

100——黄酒酒糟滤液总体积,mL;

10——称取黄酒酒糟的质量,g;

1000——g 换算成为 kg。

实训 4. 黄酒酒糟淀粉的检测

1. 实训目的

(1) 掌握黄酒酒糟淀粉的检测方法;

(2) 掌握黄酒酒糟淀粉的检测原理。

2. 实训原理

采用盐酸水解法将淀粉水解为还原糖;以标准葡萄糖溶液反滴定法测出的糖量实际是包括还原糖在内的总糖量。

3. 试剂与仪器

(1) 1∶4 的盐酸溶液　1 份浓盐酸加入到 4 份水中。

(2) 20％ NaOH 溶液　称取 20 g 氢氧化钠,加水溶解并稀释至 100 mL。

(3) 10 g/L 次甲基蓝指示剂　称取 1 g 次甲基蓝,溶于 100 mL 水中。

(4) 10 g/L 酚酞指示剂　称取 1 g 酚酞,溶于乙醇(95％),用乙醇(95％)稀释至 100 mL。

(5) 斐林溶液

斐林甲液:称取硫酸铜($CuSO_4 \cdot 5H_2O$)69.28 g,加蒸馏水溶解并定容到 1000 mL。

斐林乙液:称取酒石酸钾钠 346 g 及氢氧化钠 100 g,加蒸馏水溶解并定容到 1000 mL,摇匀过滤,备用。

(6) 2.0 g/L 葡萄糖标准溶液　称取经 103～105 ℃烘干至恒重的无水葡萄糖 2.0 g(精确至 0.0001 g),加水溶解,并加浓盐酸 5 mL,再用蒸馏水定容到 1000 mL。

(7) 实验室用电动粉碎机。

(8) 带塞的 1 m 长玻璃管。

(9) 500 mL 容量瓶。

(10) 150 mL 锥形瓶。

(11) 50 mL 酸式滴定管。

(12) 三角漏斗。

(13) 天平(分度值为 0.01 g)。

(14) 250 mL 锥形瓶,电炉。

4. 操作步骤

(1) 水解液制备　称取压榨酒糟(入房酒醅)2.5 g(吊糟烧前的酒糟称取 5.0 g)于 250 mL 锥形瓶中,加入 1∶4 的 HCl 溶液 50 mL,安装回流冷凝器,或 1 m 长玻璃管,微沸(电炉或水浴)水解 30 min,与大米的粗淀粉测定相同,中和、过滤、定容到 500 mL。

(2) 还原糖测定

① 斐林液标定

与第二章第一节"化学分析实训 2"中所提及的大米中粗淀粉的检测原理相同,用葡萄糖标准溶液标定斐林液。消耗葡萄糖标准溶液体积为 V_0(mL)。

② 试样测定

a. 预滴定:吸取斐林甲液、乙液各 5 mL 于 250 mL 锥形瓶中,加入 10 mL 水解糖液、10 mL 水、2 滴亚甲基蓝指示剂,加热至沸腾,用 2 g/L 葡萄糖标准溶液滴定到蓝色消失,消耗体积为 V_1(mL)。

b. 正式滴定:吸取斐林甲液、乙液各 5 mL 于 250 mL 锥形瓶中,加入水解糖液 10 mL,加一定量水,使总体积与斐林液标定时滴定的总体积基本一致[加水量(mL)＝10＋(V_0－V_1)]。从滴定管中加入(V_1－1) mL 2 g/L 葡萄糖标准溶液,煮沸 2 min,加 2 滴亚甲基蓝指示剂,继续用葡萄糖标准溶液在 1 min 内滴定到蓝色消失。消耗葡萄糖标准溶液体积为 V(mL)。

5. 结果计算

$$淀粉含量(\%) = (V_0 - V) \times c \times \frac{500}{10 \times m} \times 0.9 \times 100$$

式中,V_0——标定斐林液消耗葡萄糖标准溶液的体积,mL;

V——试样滴定时消耗葡萄糖标准溶液的体积,mL;

c——葡萄糖标准溶液浓度,g/L;

10——滴定时加入稀释样体积,mL;

500——稀释样品总体积,mL;

0.9——还原糖换算成淀粉的系数;

m——黄酒酒糟质量,g。

实训5. 固体酒糟中残余酒精含量检测

1. 实训目的

学习与掌握固体酒糟中残余酒精含量的检测方法。

2. 实训原理

酒糟中残余酒精含量是衡量白酒蒸馏技术的一个重要指标。但酒糟中酒精含量甚低,其蒸馏液难以用相对密度法或酒精计准确测量。重铬酸钾能把酒精氧化为乙酸,同时黄色的六价铬离子被还原为绿色的三价铬,可用比色法进行测定。该法对酒精的检测下限可达0.02%,其反应式如下:

$$3CH_3CH_2OH + 2K_2Cr_2O_7 + 8H_2SO_4 = 3CH_3COOH + 2Cr_2(SO_4)_3 + 2K_2SO_4 + 11H_2O$$

3. 试剂与仪器

(1) 0.1%(体积分数)酒精标准溶液　准确吸取0.1 mL无水酒精于100 mL容量瓶中,用蒸馏水定容到相应刻度。

(2) 20 g/L重铬酸钾溶液　称取2 g重铬酸钾,溶于水,并稀释至100 mL。

(3) 浓硫酸。

(4) 722型分光光度计。

(5) 25 mL比色管。

(6) 1 mL和5 mL移液管。

3. 操作步骤

(1) 标准曲线的绘制　在6支25 mL的比色管中,分别加入0、1、2、3、4、5 mL 0.1%(体积分数)酒精标准溶液,分别补水至5 mL。各管中加入1 mL 20 g/L重铬酸钾溶液、5 mL浓硫酸,摇匀,于沸水浴中加热10 min,取出以进行冷却。该标准系列管密闭塞住,可长期保存。或用波长590 nm的1 cm比色皿测吸光度,以乙醇体积分数为纵坐标,吸光度A为横坐标,绘制标准曲线。

(2) 测定　吸取5 mL酒糟馏出液于25 mL比色管中,加1 mL 20 g/L的重铬酸钾溶液和5 mL浓硫酸,摇匀,与标准系列管一同加热,冷却,目视比色或用分光光度计进行比色测定。

4. 结果计算

$$酒精含量(mL/100\ g) = V \times 0.001 \times \frac{100}{5} \times \frac{100}{m}$$

式中,V——酒样管与标准系列中颜色相当时的标准酒精液体积,mL(或酒样管吸光度,查标准曲线求得酒精含量,mL)

    0.001——标准酒精液的浓度,%vol;

    5——吸取酒糟馏出液体积,mL;

    100——酒糟馏出液总体积,mL;

    m——酒糟质量,g。

实训 6. 酒精糖化醪、发酵醪酸度的检测

1. 实训目的

(1)掌握酒精糖化醪、发酵醪酸度的检测方法;

(2)理解酸度的定义。

2. 实训原理

糖化醪酸度包括糊化醪的酸度和糖化剂本身的酸度以及糖化过程可能产生的酸度。由于生产原料不同,故会产生不同的酸度。根据酸碱中和原理,用 1 mL 粗滤液,以酚酞为指示剂,用0.1 mol/L NaOH 标准溶液滴定,消耗 0.1 mol/L NaOH 标准溶液的毫升数乘以 10 即为酸度。

3. 试剂与仪器

(1) 0.1 mol/L NaOH 标准溶液。

(2) 10 g/L 酚酞指示剂。

(3) 150 mL 锥形瓶。

(4) 1 mL 和 2 mL 移液管。

(5) 25 mL 碱式滴定管。

4. 操作步骤

吸取糖化醪过滤液 1 mL,置入 150 mL 锥形瓶中,加入水 50 mL,加酚酞指示剂 2 滴,用 0.1 mol/L NaOH 标准溶液滴定,滴定至溶液呈微红色并在 30s 内不褪色为终点。

5. 计算

$$酸度(mL/10\ mL\ 醪液) = \frac{c \times V \times 10}{0.1000 \times V_1}$$

式中,V_1——吸取酒样的体积,mL;

    c——NaOH 标准溶液的浓度,mol/L;

    V——滴定酒样时,消耗 NaOH 标准溶液的体积,mL。

实训 7. 酒精糖化醪还原糖的检测

1. 实训目的

掌握酒精糖化醪还原糖的检测方法。

2. 实训原理

除了样品不用酸水解外,其余与第二章第一节"化学分析实训2"中所提及的大米中粗淀粉的检测原理相同。

3. 试剂与仪器

（1）2.5 g/L 葡萄糖标准溶液　准确称取 2.5000 g 已在 105～110 ℃ 烘箱内烘干 3 h 并在干燥器中冷却的无水葡萄糖，用水溶解，加约 5 mL 浓盐酸（防腐），并用水定容至 1000 mL。

（2）斐林试剂

① 甲液：称取 34.639 g 硫酸铜（$CuSO_4 \cdot 5H_2O$），用适量水溶解，并用水稀释至 500 mL。

② 乙液：称取 173 g 酒石酸钾钠，50 g NaOH，加适量水溶解，并稀释至 500 mL，贮存于橡皮塞玻璃瓶中。

（3）250 mL 锥形瓶。

（4）5 mL 和 10 mL 移液管。

（5）50 mL 滴定管。

（6）250 mL 容量瓶、电炉。

4. 操作步骤

（1）酒样滤液制备　称取糖化醪 10 g，注入 250 mL 容量瓶中，加水定容到相应刻度并混合均匀，用脱脂棉过滤，滤液备用。

（2）空白试验　吸取斐林甲液、乙液各 5 mL，注入 250 mL 锥形瓶中，加水 20 mL，由滴定管加入 20 mL 2.5 g/L 葡萄糖标准溶液，置电炉上加热至沸，并沸腾 2 min，加入 5 g/L 亚甲基蓝溶液 2 滴，继续用 2.5 g/L 葡萄糖标准溶液在 1 min 内滴定至蓝色刚好消失为终点。记录消耗 2.5 g/L 葡萄糖标准溶液的总体积为 A。

（3）酒样预滴定　吸取斐林甲液、乙液各 5 mL，注入 250 mL 锥形瓶中，加入上述酒样滤液 5 mL 及水 20 mL，置电炉上煮沸 2 min，用 2.5 g/L 葡萄糖标准溶液滴定，待蓝色即将消失时，加入 5 g/L 亚甲基蓝溶液 2 滴，继续用 2.5 g/L 葡萄糖标准溶液滴定至终点。记录消耗 2.5 g/L 葡萄糖标准溶液的总体积。

（4）酒样正式滴定　吸取斐林甲液、乙液各 5 mL，注入 250 mL 锥形瓶中，加入上述酒样滤液 5 mL 及水 20 mL，再加入比酒样预滴定所消耗的体积少 1 mL 的 2.5 g/L 葡萄糖标准溶液，置电炉上煮沸 2 min，加入 5 g/L 亚甲基蓝溶液 2 滴，继续用 2.5 g/L 葡萄糖标准溶液滴定至终点。记录消耗葡萄糖液标准溶液的总体积为 B。

5. 结果计算

$$还原糖含量（以葡萄糖计，g/kg）= 2.5 \times (A-B) \times \frac{250}{5} \times \frac{1}{10} \times \frac{1}{1000} \times 1000$$

式中，A——滴定 10 mL 斐林试剂消耗葡萄糖标准溶液的体积，mL；

B——往 10 mL 斐林试剂中加入 5 mL 滤液后消耗葡萄糖标准溶液的体积，mL；

2.5——葡萄糖标准溶液的浓度，g/L；

250——样品稀释的体积，mL；

5——测定糖时，吸取稀释糖化醪的体积，mL；

10——称取糖化醪的质量，g；

1000（分母中）——将 mL 换算成 L。

第二节　黄酒副产品成品检测

一、取样方法

如果批量在 500 箱以下,随机开 4 箱,每箱中取出 1 瓶(以 500 mL/瓶计),其中 2 瓶作检测用,另 2 瓶封存半年以备仲裁检查。如果批量在 500 箱以上,随机开 6 箱,每箱取 1 瓶(以 500 mL/瓶计),其中 3 瓶作检测用,另 3 瓶封存备查。

二、感官鉴定

物理检查系通过评酒者的眼、鼻、口等感觉器官,对白酒的色泽、香气、口味及风格特征作出评定。糟烧的感官标准同米香型白酒的标准,但又有别于它,因为糟烧原料是黄酒酒糟蒸馏出来的产物,因此,糟烧入口绵甜,香味协调,醇厚爽净。

1. 色　无色或微黄色,清亮,透明,无悬浮物,无沉淀。

2. 香　糟烧的糟香浓郁、纯正、协调。

3. 味　绵甜甘爽,醇厚,诸味协调,余味悠长。

4. 格　具有绍兴糟烧特有的风格。

三、化学分析

实训 1. 糟烧成品酒精度的检测

1. 实训目的

掌握糟烧成品酒精度的测定方法。

2. 实训原理

利用精密酒精计读出酒精体积分数示值,温度计读出温度示值,按附录一进行温度校正,求得 20 ℃时乙醇含量的体积分数,即为酒精度。

3. 仪器

(1) 精密酒精计　分度值为 0.2(％vol)。

(2) 温度计　0~50 ℃,分度值为 0.1 ℃。

4. 操作步骤

将酒样注入洁净、干燥的量筒中,在室温下静止几分钟,待酒中气泡消失后,向其放入洁净、擦干的酒精计,再轻轻按一下,不应接触量筒壁;同时插入温度计,平衡 5 min;水平观测酒精计,读取酒精计在液体弯月面相切处的刻度示值,同时记录温度。根据测定的酒精计示值和温度,查附录一,换算成 20 ℃时样品的酒精度。

5. 精密度

在重复性条件下获得的两次独立测定结果的绝对差值,不应超过平均值的 0.5％。

实训 2. 糟烧成品总酸检测

方法一：指示剂法

1. 实训目的

(1) 掌握糟烧成品用指示剂法测定总酸的方法；

(2) 了解使用酚酞指示剂的原理。

2. 实训原理

对于糟烧中的有机酸，以酚酞为指示剂，采用氢氧化钠溶液进行中和滴定，以消耗氢氧化钠标准滴定溶液的量计算总酸的含量。

3. 试剂与仪器

(1) 10 g/L 酚酞指示剂。

(2) 0.1 mol/L 氢氧化钠标准溶液　按 GB/T 601—2002 中有关化学试剂标准滴定溶液的制备要求进行配制与标定。

(3) 250 mL 锥形瓶。

(4) 50.0 mL 胖肚移液管。

(5) 吸球。

(6) 25 mL 碱式滴定管。

4. 实训步骤

吸取 50.0 mL 酒样注于 250 mL 锥形瓶中，加入酚酞指示剂 2 滴，以 0.1 mol/L 氢氧化钠标准溶液滴定至微红色，即为终点。

5. 结果计算

$$X = \frac{c \times V \times 60}{50.0}$$

式中，X——酒样中总酸的质量浓度（以乙酸计），g/L；

c——氢氧化钠标准溶液的浓度，mol/L；

V——测定时消耗氢氧化钠标准溶液的体积，mL；

60——乙酸的摩尔质量的数值，g/mol；

50.0——取样酒样的体积，mL。

所得结果应表示至两位小数。

6. 精密度

在重复性条件下获得的两次独立测定结果的绝对差值，不应超过平均值的 2%。

方法二：电位滴定法

1. 实训目的

(1) 掌握糟烧成品用电位滴定法测定总酸的方法。

(2) 掌握电位滴定仪的操作方法。

2. 实训原理

对于糟烧中的有机酸，用氢氧化钠标准溶液进行中和滴定；滴定过程中，电动势发生变化。当滴定接近等当点时，利用 pH 变化指示滴定反应的终点。

3. 试剂与仪器

（1）0.1 mol/L 氢氧化钠标准溶液　按 GB/T 601—2002 中有关化学试剂标准滴定溶液的制备要求进行配制与标定。

（2）电位滴定仪（或酸度计）　精度 2 mV。

4．操作步骤

按使用说明书安装调试仪器，根据液体温度进行校正定位。

吸取 50.0 mL 样品于 100 mL 烧杯中，插入电极，放入一枚转子，置于电磁搅拌器上开始搅拌。初始阶段可快速滴加 0.1 mol/L NaOH 标准溶液。当显示 pH 为 8.0 后，放慢滴定速度，每次滴加 0.5 滴溶液，直至 pH 值为 9.0 为其终点。记录消耗氢氧化钠标准滴定溶液的体积。

5．结果计算

同总酸指示剂法。

6．精密度

同总酸指示剂法。

实训 3．糟烧成品总酯的检测

方法一：中和滴定（指示剂）法

1．实训目的

（1）掌握用中和滴定（指示剂）法测定糟烧成品总酯的方法；

（2）掌握用中和滴定（指示剂）法测定糟烧成品总酯的原理。

2．实训原理

用碱中和样品中的游离酸，再准确加入一定量的碱，加热回流使酯类皂化。通过消耗碱的量计算出总酯的含量。

3．试剂与仪器

（1）10 g/L 酚酞指示剂　按 GB/T 603—2002 中有关化学试剂试验方法中所用制剂及制品的制备要求进行配制。

（2）0.1 mol/L 氢氧化钠标准溶液　按 GB/T 601—2002 中有关化学试剂标准滴定溶液的制备要求进行配制与标定。

（3）3.5 mol/L 氢氧化钠标准溶液　按 GB/T 601—2002 中有关化学试剂标准滴定溶液的制备要求进行配制与标定。

（4）0.1 mol/L 硫酸标准溶液　按 GB/T 601—2002 中有关化学试剂标准滴定溶液的制备要求进行配制与标定。

（5）40％（vol）乙醇（无酯）溶液　量取 600 mL 95％（vol）乙醇注入 1000 mL 回流瓶中，加入 5 mL 3.5 mol/L 氢氧化钠标准溶液，加热回流以皂化 1 h。然后移入蒸馏器中重蒸，再配成 40％（vol）乙醇溶液。

（6）500 mL 全玻璃蒸馏器。

（7）1000 mL 回流瓶和 250 mL 全玻璃回流装置（冷凝管不短于 45 cm）。

（8）25 mL 碱式滴定管。

（9）25 mL 酸式滴定管。

4. 操作步骤

吸取 50.0 mL 酒样注入 250 mL 回流瓶中,加 2 滴 10 g/L 酚酞指示剂,以 0.1 mol/L NaOH 标准溶液滴定至微红(切勿过量),记录消耗氢氧化钠标准溶液毫升数(也可作总酸含量计算)。再准确加入 25.00 mL 0.1 mol/L 氢氧化钠标准滴定溶液(若酒样中总酯的含量高可适当多加),摇匀,装上回流冷凝管,于沸水浴中回流 30 min,取下冷却至室温。然后,用 0.1 mol/L 硫酸标准溶液滴定过量的 NaOH 溶液,微红色刚好完全消失为终点,记录消耗 0.1 mol/L 硫酸标准溶液的体积 V_1。同时吸取 50.0 mL 乙醇(无酯)溶液,按上述方法做空白试验,记录消耗硫酸标准滴定溶液的体积 V_0。

5. 结果计算

$$X = \frac{c \times (V_0 - V_1) \times 88}{50.0}$$

式中,X——酒样中总酯的质量浓度(以乙酸乙酯计),g/L;

c——硫酸标准溶液的实际浓度,mol/L;

V_0——空白试验样品消耗硫酸标准滴定溶液的体积,mL;

V_1——样品消耗硫酸标准滴定溶液的体积,mL;

88——乙酸乙酯的摩尔质量的数值,g/mol;

50.0——取样酒样的体积,mL。

所得结果应表示至两位小数。

6. 精密度

在重复性条件下获得的两次独立测定结果的绝对差值,不应超过平均值的 2%。

方法二:电位滴定法

1. 实训目的

掌握用电位滴定法测定糟烧成品总酯的方法。

2. 实训原理

先用碱中和白酒中的游离酸,再准确加入一定量(过量)的碱,加热回流使酯类皂化,用硫酸溶液进行中和滴定,当滴定接近等当点时,利用 pH 变化指示终点。

3. 试剂与仪器

(1)试剂与仪器同中和滴定法。

(2)自动电位滴定仪(或附带电磁搅拌器的 pH 计):精度 2 mV。

4. 操作步骤

酒样中和与皂化步骤同中和滴定法。将酒样液冷却后移入 100 mL 烧杯中,用 10 mL 水分次冲洗回流瓶,洗液并入烧杯。插入电极,放入一枚转子,置于电磁搅拌器上,开始搅拌。初始阶段可快速滴加 0.1 mol/L 硫酸标准滴定溶液,当酒样液 pH 值为 9.0 后,应放慢滴定速度,每次滴加 0.5 滴溶液,直至 pH 值达 9.7 为其终点。记录消耗硫酸标准滴定溶液的体积。同时吸取 50.0 mL 乙醇(无酯)溶液,按上述同样操作,做空白试验,记录消耗硫酸标准滴定溶液的体积。

5. 结果计算

与总酯中和滴定法的计算方法相同。

6. 精密度

与总酯中和滴定法的精密度相同。

实训 4. 糟烧成品固形物的检测

1. 实训目的

掌握糟烧成品固形物的测定方法。

2. 实训原理

糟烧经蒸发、烘干后,不挥发性物质仍残留于瓷蒸发皿中,用称量法测定。

3. 仪器

(1) 电热鼓风干燥箱 控温精度 ±2 ℃。

(2) 分析天平 分度值为 0.1 mg。

(3) 瓷蒸发皿 100 mL。

(4) 干燥器 用变色硅胶作干燥剂。

4. 操作步骤

吸取 50.0 mL 酒样,注入已烘干至恒重的 100 mL 瓷蒸发皿内,置于电炉上,微火蒸发至干;然后将蒸发皿放入(103±2) ℃ 电热鼓风干燥箱内烘干 4 h,取出,置于干燥器内冷却 30 min,称量。

5. 结果计算

$$X=\frac{m-m_1}{50.0}\times 1000$$

式中,X——酒样中固形物的质量浓度,g/L;

　　m——烘干固形物和蒸发皿的质量,g;

　　m_1——恒重蒸发皿的质量,g;

　　50.0——吸取酒样的体积,mL。

所得结果应表示至两位小数。

6. 精密度

在重复性条件下获得的两次独立测定结果的绝对差值,不应超过平均值的 2%。

实训 5. 糟烧成品甲醇的检测

白酒中甲醇的检测方法有两种,分别是气相色谱法和分光光度法。

方法一:本法参考 GB/T 5009.48—2003 中的气相色谱法

1. 实训目的

掌握糟烧成品甲醇的测定方法。

2. 实训原理

利用不同醇类在氢火焰中的化学电离反应进行检测,并根据峰面积内标法进行定量处理。酒样被汽化后,随同载气进入色谱柱。由于不同组分在流动相(载体)和固定相间的分配系数存在差异,当两相作相对运动时,各组分在两相间经多次分配而被分离。利用气相色谱可分离检测白酒中的甲醇含量。在相同的操作条件下,分别将等量的酒样和含甲醇的标准样进行色谱分析,由保留时间可确定酒样中是否含有甲醇。比较酒样与标准样中甲醇的峰面积,可确定酒样中甲醇的含量。

3. 试剂与仪器

(1) 无水乙醇　色谱纯。

(2) 甲醇　色谱纯。

(3) 乙酸正丁酯　色谱纯。

(4) 2％乙酸正丁酯内标溶液的配制　取约 80 mL 60％ 乙醇水溶液于 100 mL 容量瓶中,准确移取 2 mL 乙酸正丁酯于上述溶液中,用 60％乙醇水溶液稀释至相应刻度,摇匀待用。此溶液浓度为 17.6 g/L。

(5) 标样的配制　取约 50 mL 60％乙醇水溶液于 100 mL 容量瓶中,准确移取甲醇 2 mL 于上述溶液中,用 60％乙醇水溶液稀释至相应刻度,摇匀待用,则当前甲醇的浓度为 15.8 g/L。

注:2％乙酸正丁酯内标储存液,一般用 50°～60°乙醇进行配制,但若想配制能使用较长时间的 2％内标溶液时,则用无水乙醇为溶剂。

(6) 气相色谱仪　具有氢火焰离子化检测器,如图 5-1 所示。

(7) 1 μL 微量注射器。

图 5-1　气相色谱仪

4. 操作步骤

(1) 色谱条件

① 色谱柱:18 m×0.53 mm×1.5 μm 毛细管柱。

② 固定相:AT SE－30。

③ 汽化室温度:200 ℃。

④ 检测器温度:200 ℃。

⑤ 柱温:60 ℃。

⑥ 载气(N₂)流速:50 mL/min。

⑦ 氢气(H₂)流速:50 mL/min。

⑧ 空气流速:500 mL/min。

(2) 进样量　0.5 μL。

(3) 定性　以各组分保留时间定性,进标样和样品各 0.5 μL,分别测得保留时间。样品与标样出峰时间进行对照而定性。

(4) 测定校正因子　取标样和内标液各 1 mL 于 10 mL 容量瓶中,用 60％乙醇水溶液定容到刻度线,摇匀待用。取 0.5 μL 进样,得到标样色谱图,用面积内标法求得校正因子 f,保存此方法文件。

(5) 定量　取内标液 1 mL 于 10 mL 容量瓶中,用待测酒样定容到刻度线,摇匀待用。打开上述方法文件,进样 0.5 μL,即可求得糟烧中甲醇的含量。

5. 结果计算

(1) 单位是 g/L。

(2) 结果保留两位有效数字。

6. 精密度

在重复性条件下获得的两次独立测定结果的绝对差值,不得超过算术均值的 20％。

🔵 阅读材料

色谱仪产生过程

马丁于 1910 年 3 月 1 日出生于英国伦敦,早年就读于著名的贝德福德学校。在学校,他的物理、化学成绩总是名列前茅。1932 年他从剑桥大学毕业。1935 年与 1936 年他先后获得了硕士与博士学位。辛格 1914 年出生于英国利物浦,1936 年他从剑桥大学毕业,1939 年获得了硕士学位。1941 年,马丁、辛格联合发表了一篇关于分配层析法的文章,因此,辛格获得了博士学位。

1937 年,马丁到剑桥大学与辛格共事。1938 年,他们制成第一台液相色谱仪。1940 年,马丁设计出一台适用分配色谱仪。1943 年,辛格离开利兹,但他还是与马丁合作,继续对分配层析法进行探索。1944 年,马丁等在上述探索的基础上,用普通滤纸代替硅胶作为载体,也获得了成功。1952 年,诺贝尔化学奖授予了马丁与辛格。

方法二:本法参考 GB/T 5009.48—2003 亚硫酸-品红比色法

1. 实训目的

(1) 掌握糟烧成品甲醇的测定方法;

(2) 掌握亚硫酸-品红比色法检测甲醇的原理。

2. 实训原理

糟烧中的甲醇在磷酸溶液中被高锰酸钾氧化成甲醛后,与品红亚硫酸作用生成蓝紫色化合物,与标准系列比较定量。

3. 试剂与仪器

(1) 高锰酸钾-磷酸溶液　称取 3 g 高锰酸钾,加入 15 mL 85％的磷酸和 70 mL 水的混合液中,溶解后加水至 100 mL,贮于棕色瓶内,保存时间不能过长,防止其氧化能力下降。

(2) 草酸-硫酸溶液　5 g 无水草酸或 7 g 含有 2 分子结晶水的草酸溶于硫酸(1∶1)中,并加水至 100 mL。

(3) 亚硫酸品红溶液　称取 0.1 g 碱性品红经研磨后,分次加入共 60 mL 80 ℃的水,边加水边研磨使其溶解。用滴管吸取上层溶液滤于 100 mL 容量瓶中,冷却后加 10 mL 亚硫酸钠溶液(100 g/L),1 mL 盐酸,再加水至相应刻度,充分混匀后,放置过夜。如溶液有颜色,可加少量活性炭搅拌后过滤,储存于棕色瓶中,置暗处保存,溶液呈红色时应重新配制。

(4) 甲醇标准溶液　称取 1.000 g 甲醇置于 100 mL 容量瓶中,加水稀释到相应刻度,此溶液每毫升相当于 10.0 mg 甲醇,将其置于低温环境中保存。

(5) 甲醇标准使用液　吸取 10.0 mL 甲醇标准溶液,置于 100 mL 容量瓶中,加水到相应刻度。再取 25.0 mL 稀释液置于 50 mL 容量瓶中,加水至相应刻度,该溶液每毫升相当于 0.50 mg 甲醇。

(6) 无甲醇的乙醇溶液　将酒精稀释到 60°左右,向其中加少量的高锰酸钾进行氧化处理,以高锰酸钾不完全褪色为准,然后重新蒸馏,回收馏液中间段。同时检测是否显色,如有显色则需重新处理。如果是优级纯酒精则可直接使用。

(7) 亚硫酸钠溶液(100 g/L)。

(8) 722 型分光光度计。

4. 操作步骤

根据样品中乙醇含量适当取样(乙醇含量 30％取 1.0 mL,40％取 0.8 mL,50％取 0.6 mL,60％取 0.5 mL),置于 25 mL 具塞的比色管中。

吸取 0.00、0.10、0.20、0.40、0.60、0.80、1.00 mL 甲醇标准使用液(分别相当于 0.0、0.05、0.1、0.2、0.3、0.4、0.5 mg 甲醇),分别置于 25 mL 具塞的比色管中,各加 0.5 mL 无甲醇乙醇(体积分数为 60％)。

于试样管中及标准管中各加水至 5 mL,再依次各加 2 mL 高锰酸钾-磷酸溶液,混匀,放置 10 min;各加 2 mL 草酸-硫酸溶液,混匀使之褪色;再各加 5 mL 亚硫酸品红溶液,混匀,于 20～25 ℃静置 30 min。用 2 cm 比色皿取试样,并将其置于 590 nm 波长处测定吸光度,绘制标准曲线进行比较。

5. 结果计算

试样中甲醇的含量按下式进行计算:

$$X = \frac{m}{V \times 1000} \times 100$$

式中,X——样品中甲醇的含量,g/100 mL;

m——测定样品中甲醇的含量,mg;

V——样品体积,mL。

计算结果保留两位有效数字。

实训 6. 糟烧杂醇油的检测

1. 实训目的

掌握用气相色谱检测杂醇油的方法。

2. 实训原理

杂醇油的测定是基于脱水剂浓硫酸存在下生成烯类与芳香醛(对二甲氨基苯甲醛),并将其缩合成在 520 nm 处有吸收峰的橙黄色有色物质,其 $A_{520\,nm}$ 值与异丁醇和异戊醇的含量成正比关系,通过与标准品比较可实现定量分析。

显色剂采用对二甲氨基苯甲醛,是因为它对不同醇类呈色的程度是不一致的,其显色灵敏度从大到小的排序为:异丁醇＞异戊醇＞正戊醇,而正丙醇、正丁醇、异丙醇等显色灵敏度极弱。作为卫生指标的杂醇油是指异丁醇和异戊醇的含量;标准杂醇油采用异丁醇与异戊醇(1∶4)的混合液。

3. 试剂

(1) 5 g/L 对二甲氨基苯甲醛硫酸溶液　取 0.5 g 对二甲氨基苯甲醛溶于 100 mL 浓硫酸中,置于棕色瓶内,贮存于冰箱中。

(2) 无杂醇油酒精　取无水酒精 200 mL,加入 0.25 g 盐酸间苯二胺,于沸水浴中回流 2 h。然后改用分馏柱蒸馏,收集中间馏分约 100 mL。取 0.1 mL 已制备的酒精,按酒样分析相同的方法进行操作,以不显色为合格。

（3）杂醇油标准溶液（0.1 mg/mL）　称取 0.08 g 异戊醇和 0.02 g 异丁醇（或吸取 0.26 mL 异丁醇与 1.04 mL 异戊醇）于 100 mL 容量瓶中,加无杂醇油酒精 50 mL,然后用水稀释至刻度,即浓度为 1 mg/mL 的杂醇油标准溶液,贮存于冰箱中。

（4）杂醇油的标准使用液（0.1 mg/mL）　吸取杂醇油标准溶液 5 mL 于 50 mL 容量瓶中,加水稀释至刻度,即为 0.1 mg/mL 的杂醇油的标准使用液。

4. 操作步骤

（1）标准曲线绘制

① 取 6 支 10 mL 比色管,分别吸取 0、0.10、0.20、0.30、0.40、0.50 mL 杂醇油标准使用液,分别加水至 1 mL,摇匀。

② 将比色管放到冰浴中冷却后,沿管壁缓缓加入 2 mL 5 g/L 对二甲氨基苯甲醛硫酸溶液,使其沉到管底,然后将各管同时摇匀。放入沸水浴中加热 15 min 后,取出后立即放入冰水浴中冷却,并各加 2 mL 水,混匀,冷却。用 1 cm 比色皿于波长 520 nm 测定,以杂醇油含量为"0"的比色管中的溶液调零后,测定 $A_{520\,nm}$。

③ 以杂醇油含量为横坐标,$A_{520\,nm}$ 为纵坐标,绘制标准曲线。

（2）样品测定

① 吸取 1.00 mL 酒样于 10 mL 容量瓶中,加水稀释至刻度,混匀后,吸取 0.3 mL 置于 10 mL 比色管中。

② 按上述标准曲线的绘制步骤进行操作,分别测定 $A_{520\,nm}$。

③ 根据测定的 $A_{520\,nm}$,从标准曲线上查出酒样中杂醇油含量（mg）。

5. 结果计算

$$杂醇油含量（g/L）=\frac{m}{1000}\times\frac{10}{V_2}\times\frac{1000}{V_1}$$

式中,m——酒样稀释液中杂醇油含量,mg;

　　　V_2——测定时吸取稀释酒样体积,mL;

　　　10——稀释酒样总体积,mL;

　　　V_1——吸取酒样体积,mL。

6. 讨论

（1）若酒中乙醛含量过高对显色有干扰,则应进行预处理。取 50 mL 酒样,加 0.25 g 盐酸间苯二胺,煮沸回流 1 h,蒸馏,用 50 mL 容量瓶接收馏出液。蒸馏至瓶中尚余 10 mL 左右时,加水 10 mL,继续蒸馏至馏出液为 50 mL 止。馏出液即为供试酒样。

（2）酒中杂醇油成分极为复杂,故用某一醇类以固定比例作为标准计算杂醇油含量时,误差较大,准确的测定方法应用气相色谱法定量。

实训 7. 糟烧成品中氰化物的检测

测定糟烧中的氰化物常用比色法,按 GB/T 5009.48 - 2003 的要求检测。

1. 实训目的

（1）掌握用比色法检测糟烧中氰化物的检测方法;

（2）理解用比色法检测糟烧中氰化物的原理。

2. 实训原理

氰化物在酸性溶液中蒸出后被吸收于碱溶液中。在中性溶液中,用氯胺 T 将氰化物转变为氯化氰,再与异烟酸-吡唑酮啉发生反应,生成蓝色物质,其呈色强度与氰化物含量成正比。将酒样与标准系列进行定量比较。

3. 仪器与试剂

(1) 10 g/L 酚酞指示液　称取 0.5 g 酚酞溶于 50 mL 95%(体积分数)的乙醇中,摇匀。

(2) 磷酸盐缓冲溶液($c=0.5$ mol/L,pH=7.0)　称取 34.0 g 无水磷酸二氢钾和 35.5 g 无水磷酸氢二钾,溶于水后将其稀释至 1000 mL,摇匀。

(3) 酒石酸。

(4) 10 g/L 氢氧化钠溶液　称取 1 g 氢氧化钠溶于 100 mL 水中,摇匀。

(5) 2 g/L 氢氧化钠溶液　称取 1 g 氢氧化钠并用水溶解,冷却后将其稀释至 500 mL,摇匀。

(6) 乙酸溶液(1∶6)　1 份乙酸溶于 6 份水中,摇匀。

(7) 试银灵(对二甲氨基亚苄基罗丹宁)溶液　称取 0.02 g 试银灵,溶于 100 mL 丙酮中,摇匀。

(8) 异烟酸-吡唑啉酮溶液　称取 1.5 g 异烟酸溶于 24 mL 20 g/L 氢氧化钠溶液中,加水至 100 mL。另外称取 0.25 g 吡唑啉酮,溶于 20 mL N,N-二甲基甲酰胺中。合并上述两种溶液,混合均匀。

(9) 氯胺 T 溶液　称取 1 g 氯胺 T[有效氯含量应在 11%(质量分数)以上],溶于 100 mL 水中,摇匀,临用时现配。

(10) 氰化钾标准贮备液　称取 0.25 g 氰化钾溶于 1 g/L 氢氧化钠中,并用 1 g/L 氢氧化钠稀释至 1000 mL,摇匀。此溶液每毫升相当于 0.1 mg 氢氰酸,其准确度在使用前用以下方法标定:

吸取上述溶液 10.0 mL 置于锥形瓶中,加 2 mL 10 g/L 氢氧化钠溶液,使 pH 值达 11 以上;加 0.1 mL 试银灵溶液,用 0.02 mol/L AgNO$_3$ 标准溶液滴定至淡黄色变为橙红色(1 mL 0.020 mol/L AgNO$_3$ 标准溶液相当于 1.08 mg 氢氰酸)。

(11) 氰化钾标准工作液　根据氰化钾标准贮备液的浓度,吸取适量体积的标准贮备液,用 1 g/L 氢氧化钠溶液稀释成 ρ(氢氰酸)=1 μg/mL。

(12) 玻璃水蒸气蒸馏装置(250 mL)。

(13) 可见分光光度计。

4. 操作步骤

(1) 酒样处理　若酒样无色透明,直接吸取 l mL 酒样于 10 mL 具塞的比色管中,加入 2 g/L 氢氧化钠溶液至 5 mL,放置 10 min。

若酒样混浊有色,取 25 mL 酒样于 250 mL 全玻璃蒸馏器中,加入 2 g/L 氢氧化钠溶液 5 mL,碱解 10 min。加水 50 mL,以饱和酒石酸溶液调节溶液呈酸性,进行蒸馏。在 50 mL 容量瓶中加 2 g/L 10 mL 氢氧化钠溶液,接受馏出液,收集馏出液至约 50 mL,定容,摇匀。取 2 mL 馏出液于 10 mL 具塞的比色管中,加 2 g/L 氢氧化钠溶液至 5 mL,摇匀。

(2) 标准曲线绘制　分别吸取 0.00、0.50、1.00、1.50、2.00 mL 氰化钾标准使用液(相当于 0.0、0.5、1.0、1.5、2.0 μg 氢氰酸),分别置于 10 mL 具塞的比色管中,加 2 g/L 氢氧化

钠溶液至 5 mL。

（3）测定 于酒样及标准管中分别加入 2 滴酚酞指示液,然后加入乙酸调至红色褪去,后用 2 g/L 氢氧化钠溶液调至近红色,然后加入 2 mL 磷酸盐缓冲溶液(如果室温低于 20 ℃即放入 25～30 ℃水浴中 10 min);再加入 0.2 mL 氯胺 T 溶液,摇匀放置 3 min;加入 2 mL 异烟酸-吡唑啉酮溶液,加水稀释至相应刻度,摇匀,在 25～30 ℃放置 30 min 后取出。用 1 cm 比色皿,以空白管调节零点,于波长 638 nm 处测定吸光度,绘制标准曲线进行比较。

平行测定两次,两次测定的结果之差不得超过平均值的 10%。

5. 结果计算

（1）数据记录(表 5-1)

表 5-1　糟烧氰化物测定记录表

项目	酒样溶液	空白	标准溶液				
氰化物标准溶液的体积(mL)	/	/	/	0.0	0.50	1.00	1.50	2.0
酒样的体积(mL)			/				
配制各显色的体积(mL)	10	10	10				
显色液中氰化物的质量(μg)				0.0	0.5	1.0	1.5	2.0
吸光度 A							

（2）以各标准显色液中氰化物的质量为横坐标,测得各标准显色液的吸光度 A 为纵坐标,绘制标准曲线。根据空白溶液和各酒样显色液的吸光度,从标准曲线上查出空白溶液和各酒样显色液中氰化物的质量。

（3）按下式计算酒样中氰化物的含量(以 HCN 计)

① 无色酒样的计算公式如下:

$$X = \frac{m - m_0}{V}$$

② 混浊有色酒样的计算公式如下:

$$X = \frac{m - m_0}{V \times \frac{2}{50}}$$

式中,X——酒样中氰化物的含量(以 HCN 计),mg/L;

$\qquad m$——从标准曲线上查出酒样显色液中氰化物的质量,μg;

$\qquad m_0$——从标准曲线上查出空白溶液中氰化物的质量,μg;

$\qquad V$——酒样溶液的体积,mL;

其中"2/50"表示从 50 mL 馏出液中取 2 mL 测定。

6. 注意事项

（1）氰化钾是剧毒品,取溶液时不可用口吸。比色后,标准管的销毁方法是在管中加入氢氧化钠和硫酸亚铁,使其生成亚铁氰酸盐而失去剧毒。

（2）氯胺 T 溶液不稳定,最好临用时现配。

实训 8. 糟烧成品中铅含量的检测

按 GB 5009.12—2010 食品安全国家标准,食品中铅的测定方法有五种:石墨炉原子吸收光谱法、氢化物原子荧光光谱法、火焰原子吸收光谱法、二硫腙比色法、单扫描极谱法。二硫腙比色法是经典方法,虽然操作繁杂,但不需要高精仪器,小的企业可采用这种方法,一般实验室均可操作。原子吸收光谱法等四种方法虽然快速、准确,但原子吸收仪等仪器的价格昂贵,所以可根据实验室具体情况选择检验方法。

方法一:二硫腙比色法

1. 实训目的

(1)掌握用二硫腙比色法来检测糟烧中铅含量;

(2)了解用二硫腙比色法来检测糟烧中铅含量的原理。

2. 实训原理

酒样经硝化后,在 pH 值为 8.5～9.0 时,铅离子与二硫腙生成红色络合物。络合物颜色的深浅与酒样中铅的含量成正比。此络合物溶于三氯甲烷。加入掩蔽剂柠檬酸铵、氰化钾和盐酸羟胺等,使之与 Fe^{2+}、Sn^{2+}、Cd^{2+}、Cu^{2+} 等离子生成更稳定的络合物,从而消除这些离子的干扰。然后用目视比色法或分光光度计进行比色定量。

3. 仪器与试剂

消除铜、锌等离子的干扰,然后与标准系列进行定量比较。

(1)所用玻璃仪器均用 10％～20％(体积分数)硝酸浸泡 24 h 以上,用自来水反复冲洗,最后用水冲洗干净。

(2)可见分光光度计。

(3)天平　分度值为 0.001 g。

(4)1∶1 氨水。

(5)6 mol/L 盐酸　量取 100 mL 盐酸,加入到 100 mL 水中。

(6)酚红指示液(1 g/L 乙醇溶液)。

(7)200 g/L 盐酸羟胺溶液　称取 20 g 盐酸羟胺,加水溶解至约 50 mL,加 2 滴酚红指示液,加 1∶1 氨水,调 pH 值至 8.5～9.0(溶液由黄变红,再多加 2 滴)。用二硫腙-三氯甲烷溶液提取至三氯甲烷层绿色不变为止,再用三氯甲烷洗两次。弃去三氯甲烷层,向水层中加 6 mol/L 盐酸,使之呈酸性,加水稀释至 100 mL。

(8)200 g/L 柠檬酸铵溶液　称取 50 g 柠檬酸铵,溶于 100 mL 水中,加 2 滴酚红指示液,加 1∶1 氨水,调 pH 值至 8.5～9.0。用二硫腙-三氯甲烷溶液提取数次,每次 10～20 mL,至三氯甲烷层绿色不变为止。弃去三氯甲烷层,再用三氯甲烷洗两次,每次 5 mL。弃去三氯甲烷层,加水稀释至 250 mL。

(9)100 g/L 氰化钾溶液　称取 10.0 g 氰化钾,用水溶解后稀释至 100 mL。

(10)三氯甲烷(不含氧化物)。

检查方法:量取 10 mL 三氯甲烷,加 25 mL 新煮沸过的水,振摇 3 min,静置分层后,取 10 mL 水,加数滴 150 g/L 碘化钾溶液及淀粉指示液,振摇后应不显蓝色。

处理方法:于三氯甲烷中加入 1/10～1/20 体积的 200 g/L 硫代硫酸钠溶液洗涤,再用水洗,加入少量无水氯化钙脱水后进行蒸馏,弃去最初及最后的 1/10 体积馏出液,收集中间馏出液备用。

（11）淀粉指示液　称取 0.5 g 可溶性淀粉，加 5 mL 水搅匀后，慢慢倒入 100 mL 沸水中，边倒边搅拌，煮沸后放冷以备用。应在临用时配制。

（12）1：99 硝酸溶液　量取 1 mL 硝酸，加入到 99 mL 水中。

（13）0.5 g/L 二硫腙-三氯甲烷溶液　保存在冰箱中，纯化方法如下：

称取 0.5 g 研细的二硫腙，溶于 50 mL 三氯甲烷中。若不全溶，则可用滤纸过滤于 250 mL 分液漏斗中，用 1：99 氨水提取三次，每次 100 mL。将提取液用棉花过滤至 500 mL 分液漏斗中，用 6 mol/L 盐酸将溶液调至酸性。将沉淀出的二硫腙用三氯甲烷提取 2～3 次，每次 20 mL。合并三氯甲烷层，用等量水洗涤两次。弃去洗涤液，在 50 ℃ 水浴上蒸去三氯甲烷。将精制的二硫腙置于硫酸干燥器中，干燥备用，或将沉淀出的二硫腙用 200、200、100 mL 三氯甲烷提取三次，合并三氯甲烷层为二硫腙溶液。

（14）二硫腙使用液　吸取 1.0 mL 二硫腙溶液，加三氯甲烷至 10 mL，混匀。用 1 cm 比色皿，用三氯甲烷调节零点，于 510 nm 波长处测定吸光度（A）。用下式计算出配制 100 mL 二硫腙使用液（70% 透光率）所需二硫腙溶液的毫升数（V）。

$$V = \frac{10 \times (2 - \lg 70)}{A} = \frac{1.55}{A}$$

（15）铅标准溶液　准确称取 0.1598 g 硝酸铅，加入 10 mL 1：99 硝酸溶液中，全部溶解后，移入 100 mL 容量瓶中，加水稀释至刻度。此溶液每毫升相当于 1 mg 铅。

（16）铅的标准使用液　吸取 1.0 mL 铅标准溶液，置于 100 mL 容量瓶中，加水稀释至刻度。此溶液每毫升相当于 10 μg 铅。

4. 操作步骤

（1）酒样处理

①干法处理酒样　吸取 25.0 mL 酒样于瓷蒸发皿中，于水浴上蒸干。加 1：1 盐酸 10 mL 将残渣溶解，再于水浴上蒸干。移入马弗炉中进行 500 ℃ 高温处理使其灰化至白灰。对于难灰化的酒样，可加入 100 g/L 硝酸镁溶液 2 mL 或 1 g 氧化镁作助灰剂。如酒样在马弗炉中不易烧成灰白色，可在冷却后于坩埚中加硝酸数滴使残渣湿润，蒸干后再行灼烧处理，直至烧至灰白色。加 1：9 盐酸 5 mL 分三次溶解残渣，分次移入 25 mL 容量瓶中。用热水洗涤蒸发皿三次，并稀释至刻度，摇匀。

②湿法处理酒样　吸取 25.0 mL 酒样，将其置于 250 mL 定氮瓶中，加数粒玻璃珠或瓷环。先用小火缓缓加热除去乙醇，再加入 5～10 mL 硝酸，混合均匀后，沿瓶壁慢慢加入硫酸 5～10 mL，放置片刻。先小火加热，待到反应缓和后放冷，沿瓶壁再加入硫酸 5～10 mL，再加热至瓶中液体刚开始变成棕色时，不断沿瓶壁滴加硝酸至有机质完全分解。加大火力至其产生白烟，溶液变为澄明无色或微带黄色后，放冷。

加 20 mL 水煮沸，除去残余的硝酸至产生白烟为止。如此处理两次，放冷。将冷却后的溶液移入 50 mL 容量瓶中，用水洗涤定氮瓶，洗液并入容量瓶中，放冷，加水至刻度，混合均匀。定容后的溶液每 10 mL 相当于 5 mL 酒样。

取与硝化酒样相同量的硝酸、硫酸，按同样方法作试剂空白试验。

（2）测定　吸取 10 mL 干法或湿法硝化处理的溶液和等量的试剂空白液，分别置于 125 mL 分液漏斗中，加水至 20 mL。

吸取 0.00、0.20、0.40、0.60、0.80、1.00 mL 铅的标准使用液(相当于 0.0、2.0、4.0、6.0、8.0、10.0 μg 铅),分别置于 125 mL 分液漏斗中,各加 1∶99 硝酸至 20 mL。

向酒样处理液、试剂空白液和铅的标准液中各加 200 g/L 柠檬酸铵溶液 2 mL,200 g/L 盐酸羟胺溶液 1 mL 和酚红指示液 2 滴,用 1∶1 氨水调至红色,再各加 100 g/L 氰化钾溶液 2.0 mL,混合均匀。各加 5.0 mL 二硫腙使用液,剧烈振摇 1 min,静置分层后比色。如用目视比色,可在白色背景上将酒样管和标准系列管进行比较,找出颜色相同的标准管;若用分光光度法,需将氯仿层液体用脱脂棉滤入 1 cm 比色皿中,于波长 510 nm 处用空白管作为参照以测定吸光度。以标准管的吸光度为纵坐标,标准铅的质量(μg)为横坐标绘制标准曲线,并从标准曲线上查出酒样管相对应的铅含量。

5. 结果计算

$$X = \frac{m_1 - m_0}{V_1 \times \dfrac{V_3}{V_2}}$$

式中,X——酒样中铅的含量,mg/L;

V_1——取样体积,mL;

V_2——酒样硝化液的总体积,mL;

V_3——测定用酒样硝化液的体积,mL;

m_1——测定用酒样硝化液中铅的质量,μg;

m_0——试剂空白液中铅的质量,μg。

6. 注意事项

(1) 糟烧中的有机物主要是乙醇,其他物质很少,可采用盐酸硝化,此法操作简便,试剂用量少,而准确度也较高。

(2) 氰化钾为剧毒品,使用时应特别小心,用后要洗手。废氰化钾溶液不能乱倒,不可与酸接触,以免产生氰化氢气体吸入人体而引起中毒。处理时可加氢氧化钠和硫酸亚铁生成亚铁氰化钾,以减低毒性。

(3) 加入氰化钾,可使许多金属元素形成稳定络合物而被掩蔽;加入柠檬酸铵以防止碱性条件下碱土金属沉淀;加入盐酸羟胺,防止三价铁氧化二硫腙。

(4) 测定铅所用的蒸馏水、各种试剂和器皿都不应含铅。无铅水的制备方法是:在普通蒸馏水中加浓硫酸(每升水中加约 2 mL 浓硫酸),用硬质玻璃蒸馏器进行重蒸馏,或采用离子交换法制备。所用试剂应事先检查是否含铅。玻璃器皿在使用前用 10%～20%(体积分数)硝酸浸泡 24 h 以上,用自来水反复冲洗,再用无铅蒸馏水冲洗干净。

(5) 二硫腙在空气中容易被氧化而失去络合能力,应进行精制。精制方法是:称取 1 g 二硫腙,溶于 50～75 mL 氯仿中(如有不溶物则用滤纸过滤),转入 250 mL 分液漏斗中,用 100 mL 1∶99 氨水提取二硫腙(分 3～4 次提取),使二硫腙全部溶入氨水中。弃去氯仿层,以脱脂棉过滤,滤液转入另一大分液漏斗中,用 1∶9 盐酸(GR 级)酸化,二硫腙被沉淀。将沉淀出的二硫腙用氯仿提取 2～3 次,每次约 20 mL。将氯仿提取液置入分液漏斗中,用水洗涤 2～3 次。将氯仿层置入蒸发皿中,于 70 ℃ 水浴中蒸去氯仿。精制的二硫腙放入浓硫酸干燥器中进行干燥处理以备用。

氨水的检查方法:取浓氨水 3 mL,于瓷蒸发皿中蒸干,用 1∶99 盐酸溶液将瓷蒸发皿中残渣洗入比色管中,加 1 mL 100 g/L 氰化钾溶液和 5 mL 二硫腙氯仿溶液,振摇后氯仿层应变成绿色。

处理方法:将浓氨水置入干燥器磁板下,磁板上面放置盛有无铅水的烧杯,使其自然吸收,24 h 后取出备用。

(6)酚红指示剂变色范围为 pH 值在 6.8～8.0,由黄色变为红色,在酸性条件下酚红也成红色。因酒样管为酸性,加酚红指示液后呈红色,故需用氨水将其调至由红色变为黄色,再由黄色变为红色为止。

(7)酒样的取样量根据铅含量而定,对上述测定条件来说,酒样含铅量 1 mg/L 左右时,取样 5 mL;含铅量 0.5 mg/L 左右时,取样 10 mL;含铅量 0.1 mg/L 左右时,取样 25 mL。

方法二:原子吸收光谱法

1. 实训目的

(1)掌握用原子吸收光谱法来检测糟烧中铅含量;

(2)了解用原子吸收光谱法来检测糟烧中铅含量的原理。

2. 实训原理

样品经处理后,铅离子在一定 pH 值条件下与二乙基二硫代氨基甲酸钠形成配位化合物,经 4-甲基-2-戊酮萃取分离,导入原子吸收光谱仪中。经火焰原子化后,能形成吸收波长为 283.3 nm 的共振线,其吸收量与铅含量成正比,与标准系列进行定量比较。

3. 试剂与仪器

(1)混合酸 9:1 硝酸-高氯酸溶液。

(2)硫酸铵溶液(300 g/L) 称取 30 g 硫酸铵 $[(NH_4)_2SO_4]$,用水溶解并稀释至 100 mL。

(3)柠檬酸铵溶液(250 g/L) 称取 25 g 柠檬酸铵,用水溶解并稀释至 100 mL。

(4)溴百里酚蓝水溶液(1 g/L)。

(5)二乙基二硫代氨基甲酸钠(DDTC)溶液(50 g/L) 称取 5 g 二乙基二硫代氨基甲酸钠,用水溶解并加水至 100 mL。

(6)1:1 氨水。

(7)1:1 硝酸。

(8)4-甲基-2-戊酮(MIBK)。

(9)铅标准溶液 准确称取 1.000 g 金属铅(99.99%),分次加少量 1:1 硝酸溶液,加热溶解,总量不超过 37 mL。移入 1000 mL 容量瓶,加水至刻度,混匀。此时铅的标准储备液每毫升含 1.0 mg 铅。吸取铅的标准储备液 1.0 mL 置于 100 mL 容量瓶中,加 0.5 mol/L 硝酸至刻度,此时铅的标准溶液的质量浓度为 10 μg/mL。

(10)1:11 盐酸溶液 取 10 mL 盐酸加入 110 mL 水中,混匀。

(11)1:10 磷酸溶液 取 10 mL 磷酸加入 100 mL 水中,混匀。

(12)原子吸收光谱仪 火焰原子化器。

(13)电阻炉。

(14)天平 分度值为 1 mg。

(15)恒温干燥箱。

(16)瓷坩埚。

(17) 压力消解器、压力消解罐或压力溶弹。

(18) 可调式电热板、可调式电炉。

4. 分析步骤

(1) 样品的处理 取均匀试样 10～20 g(精确至 0.01 g)置于烧杯中,先在水浴上蒸去酒精,于电热板上蒸发至一定体积后,加入混合酸硝化完全,然后转移、定容于 50 mL 容量瓶中。取与样品用量相同的混合酸溶液,按同一操作方法做试剂空白试验。

(2) 萃取分离 视样品情况,吸取 25.0～50.0 mL 上述制备的样液及试剂空白液,分别置于 125 mL 分液漏斗中,补加水至 60 mL,加 2 mL 柠檬酸铵溶液和溴百里酚蓝水溶液 3～5 滴,用 1∶1 氨水调 pH 值至溶液由黄色变为蓝色为止。加硫酸铵溶液 10.0 mL 和 DDTC 溶液 10 mL,摇匀,放置 5 min 左右。加入 10.0 mL MIBK,剧烈振摇,萃取 1 min。静置分层后,弃去水层,将 MIBK 层放入 10 mL 带塞刻度管中,备用。分别吸取铅的标准使用液 0.00、0.25、0.50、1.00、1.50、2.00 mL(相当于 0.0、2.5、5.0、10.0、15.0、20.0 μg 铅)置于 125 mL 分液漏斗,采用与样品相同的萃取方法,测定吸光度,绘制标准曲线。

(3) 测定

① 萃取液进样,可适当减小乙炔气的流量,测定样液吸光度,从标准曲线上查出样液中铅的含量。

② 仪器参考条件:空心阴极灯电流为 8 mA,共振线波长为 283.3 nm,狭缝长 0.4 nm,空气流量为 8 L/min,燃烧器高度为 6 mm。

5. 结果计算

样品中铅含量的计算公式为

$$X = \frac{(C_1 - C_0) \times V_1 \times 1000}{m \times V_3 / V_2 \times 1000}$$

式中,X——样品中铅的含量,mg/kg;

C_1——测定用酒样中铅的含量,μg/mL;

C_0——试剂空白液中铅的含量,μg/mL;

m——试样质量,g;

V_1——样品萃取液的体积,mL;

V_2——样品处理液的总体积,mL;

V_3——测定用样品处理液的总体积,mL。

以重复条件下获得的两次独立测定结果的算术平均值表示,结果保留两位有效数字。在重复性条件下获得的两次独立测定结果的绝对差值,不得超过算术平均值的 10%。

第三节 黄酒副产品酒精残渣(水)中残留酒精的检测

测定醪塔蒸馏废糟和精馏塔废水中的酒精含量,是检查蒸馏工艺是否正常的主要依据。按规定,酒糟中含酒精不能高于 0.015%(体积分数),这相当于酒精损失量为 0.2%。精馏塔废水中酒精允许含量为 0.04%(体积分数),相应的酒精损失量为 0.15%～0.2%。测定酒精度的方法通常有莫尔氏盐法、重铬酸钾氧化法和重铬酸钾比色法三种。下面我们来介绍其中的两种方法。

实训 1. 酒精蒸馏残渣(水)中残留酒精含量的检测(莫尔氏盐法)

1. 实训目的

掌握莫尔氏盐法检测酒精蒸馏残渣(水)中残留酒精的含量。

2. 实训原理

在酸性溶液中,被蒸出的酒精与重铬酸钾作用,生成硫酸铬,酒精被氧化成乙酸:

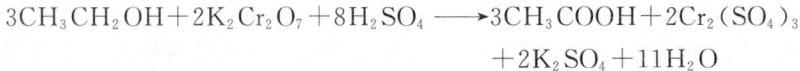

$$3CH_3CH_2OH + 2K_2Cr_2O_7 + 8H_2SO_4 \longrightarrow 3CH_3COOH + 2Cr_2(SO_4)_3$$
$$+ 2K_2SO_4 + 11H_2O$$

过量的重铬酸钾溶液用莫尔氏盐滴定:

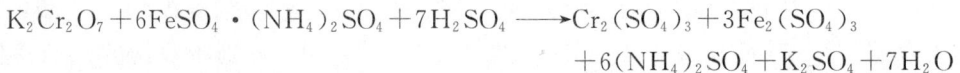

$$K_2Cr_2O_7 + 6FeSO_4 \cdot (NH_4)_2SO_4 + 7H_2SO_4 \longrightarrow Cr_2(SO_4)_3 + 3Fe_2(SO_4)_3$$
$$+ 6(NH_4)_2SO_4 + K_2SO_4 + 7H_2O$$

用赤血盐做外指示剂,与莫尔氏盐产生显色反应:

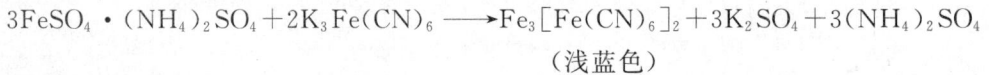

$$3FeSO_4 \cdot (NH_4)_2SO_4 + 2K_3Fe(CN)_6 \longrightarrow Fe_3[Fe(CN)_6]_2 + 3K_2SO_4 + 3(NH_4)_2SO_4$$
$$(浅蓝色)$$

根据测定试样和空白试验所消耗的莫尔氏盐的体积,计算出废糟或废水中酒精的含量。

2. 试剂与仪器

(1) 重铬酸钾溶液　准确称取已烘至恒重的基准重铬酸钾 42.607 g,加水溶解后,用蒸馏水定容直至 1000 mL。

(2) 莫尔氏盐溶液　称取硫酸亚铁铵 $[FeSO_4 \cdot (NH_4)_2SO_4 \cdot 6H_2O]$ 92 g 溶于少量水,加浓硫酸 20 mL 助溶;溶解后,加水稀释至 1000 mL。

(3) 赤血盐指示剂　称取铁氰化钾 $[K_3Fe(CN)_6]$ 0.1 g 溶于水中,稀释至 100 mL。

(4) 150 mL 和 250 mL 锥形瓶,具塞 0.5~1.0 m 的玻璃弯管。

3. 操作步骤

从采样小冷凝器采出的、冷至室温的废糟过滤液(或废水),准确吸取 10 mL 试样于 150 mL 三角瓶中,在瓶的出口处装上长约 0.5~1.0 m 的玻璃弯管的瓶塞。玻璃弯管插入盛有 5 mL 重铬酸钾溶液和 2.5 mL 浓硫酸的试管中。将玻璃管插入试管的底部,然后将试管放入冷水中。在电炉上加热锥形瓶,当锥形瓶中液体被蒸出 2/3 体积时,停止蒸馏。然后将试管中的液体倒入 250 mL 锥形瓶中,并用 100 mL 水将试管和玻璃管插入处洗净,洗液入 250 mL 锥形瓶中,然后用莫尔氏盐溶液滴定,由黄色滴至鲜绿色为止。同时用赤血盐外指示剂法进行斑点检验,滴至赤血盐呈现浅蓝色即为终点。同时做空白试验。

4. 结果计算

$$酒精含量(\%vol) = 5 \times \frac{V_0 - V_1}{V_1} \times 0.0126 \times \frac{1}{10} \times 100$$

式中,5——吸取重铬酸钾溶液的体积,mL;

V_0——空白试验用 5 mL 重铬酸钾溶液消耗莫尔氏盐溶液的体积,mL;

V_1——滴定废糟过滤液(或废水)用 5 mL 重铬酸钾溶液消耗莫尔氏盐溶液的体积,mL;

0.0126——1 mL 重铬酸钾溶液相当于酒精的体积,mL/mL;

10——吸取废糟过滤液(或废水)的体积,mL。

5. 讨论

(1) 由于废糟和废水中的含酒精量甚微,如果用直接从塔底放出的高温废糟和废水作为酒样,就完全失去了酒样的代表性,因为在高温下,其中所含的微量酒精都挥发了。正确的采样方法是:分别在醪塔废糟和精馏塔废水的排出管上,装上一根小取样管,将其与一个小的冷却器连接,务必使采出的酒样经过冷却器后,达到常温以下。在需要采样的时间间隔内,连续采集酒样。

(2) 用赤血盐做外指示剂进行斑点试验,即被滴定的溶液逐渐由黄变绿时,每滴定 0.1~0.2 mL 莫尔氏盐溶液,就要取一滴酒样液在白瓷板上观察颜色,斑点为浅蓝色即为终点。

实训 2. 酒精蒸馏残渣(水)中残留酒精检测(重铬酸钾比色法)

目视比色法是用来说明重铬酸钾比色法的

用眼睛观察比较溶液颜色深浅来确定物质含量的分析方法称为目视比色法,虽然目视比色法测定的准确度不高,但是由于它所需要的仪器简单、操作简便,仍然广泛应用于一些中间控制分析中,主要应用在限界分析中。限界分析是指要求确定样品中待测杂质含量是否在规定的最高含量限界以下。

方法原理:

目视比色法的原理是将有色的标准溶液和被测溶液在相同条件下对其颜色进行比较,当溶液液层厚度相同、颜色深度一样时,两者的浓度相等。

根据光的吸收定律,$A_s = \varepsilon_s c_s l_s$,$A_x = \varepsilon_x c_x l_x$,当试样的颜色与标准溶液相同时,则 $A_s = A_x$;又因为是同一种有色物质、同样的光源,所以 $\varepsilon_x = \varepsilon_s$,液层的厚度相同($l_s = l_x$),所以 $c_s = c_x$。

目视比色法常用标准系列方法进行定量。具体方法是:向插在比色管架上一组相同的比色管中(如图 5-2 所示),依次加入不同量的待测组分标准溶液和一定量显色剂等试剂,并用蒸馏水或其他溶剂稀释到同样体积,配成一组颜色逐渐加深的标准色阶。将一定量待测的试样在同样的条件下显色,然后从管口垂直向下观察,比较待测溶液与标准色阶中各标准溶液的颜色。如果待测溶液与标准色阶中某一标准溶液颜色相同时,其浓度就相同;若处于两相邻标准液间,则取平均值。此时仅需进行限界分析,即只要某组分含量在某

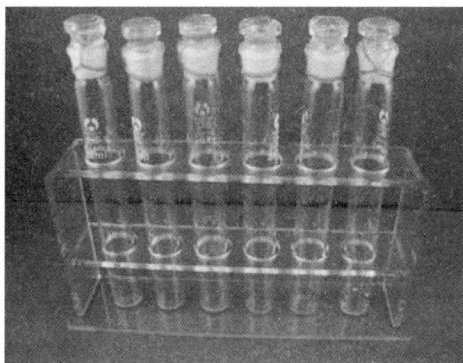

图 5-2 目视比色管

浓度以下,配制出该界限浓度的标准溶液,并与试样同时显色进行比较。试样颜色深过标准溶液的颜色,则说明该组分已超过了限界。

1. 实训目的

掌握用重铬酸钾比色法来检测酒精蒸馏残渣(水)中残留酒精的含量。

2. 实训原理

在酸性溶液中,被蒸出的乙醇与过量重铬酸钾反应,则其被氧化为乙酸,而黄色的六价铬离子被还原成为绿色的三价铬,与标准系列管进行定量比较。

化学反应式为：$3C_2H_5OH + 2Cr_2O_7^{2-} + 16H^+ \longrightarrow 4Cr^{3+} + 3CH_3COOH + 11H_2O$

3. 试剂与仪器

（1）1.0 g/L 重铬酸钾溶液。

（2）10.0%（体积分数）酒精标准溶液　吸取无水酒精 10 mL，加水定容到 100 mL。

（3）酒精标准使用溶液　分别吸取 10.0%（体积分数）的酒精标准溶液 0、0.1、0.2、0.3、0.4、0.5 mL，分别加水定容到 100 mL，得 0%、0.01%、0.02%、0.03%、0.04%、0.05%（体积分数）的酒精标准使用溶液。

（4）25 mL 具塞的比色管。

（5）2 mL 和 5 mL 移液管。

4. 操作步骤

（1）酒样的制备　取样吸取 50 mL 从采样小冷却器采出的、冷至室温的废糟过滤液（或废水），放入 250 mL 锥形瓶中，加 50 mL 水，加几粒玻璃珠与 1～2 滴 1 mol/L NaOH 溶液中和，用 50 mL 容量瓶置冷凝管下端收集馏出液，打开冷却水进行加热蒸馏；当馏出液接近刻度时，停止蒸馏，加水定容到刻度，摇匀备用。

（2）标准的比色液制备　取 6 支 25 mL 具塞的比色管，分别加入 0%、0.01%、0.02%、0.03%、0.04%、0.05%（体积分数）的酒精标准使用溶液 2 mL，各加入 4 mL 1.0 g/L 重铬酸钾溶液以及 2 mL 浓硫酸，然后每支试管混匀后密封备用。

（3）样品测定　取 1 支 25 mL 具塞的比色管，加入 4 mL 1.0 g/L 重铬酸钾溶液和 2 mL 酒样，混匀后，沿管壁缓缓加入 2 mL 浓硫酸，摇匀，静置 5 min 后目视比色。如与某一标准比色管中的颜色相同或相近，则标准比色管中的酒精含量即为酒样的酒精含量。

5. 计算

$$酒精含量（\%vol）＝A$$

式中，A——酒样管与标准比色管色泽相当的标准管中乙醇的含量（体积分数），%vol。

6. 讨论

由于绿色三价铬在较浓的重铬酸钾溶液中为其原来的橘黄色所掩蔽，因此，应注意使重铬酸钾溶液浓度与酒样中含酒精量相适应。当酒样中含酒精量在 0.05% 以下时，重铬酸钾溶液浓度用 1.0 g/L，其反应最为灵敏；当含酒精量在 0.06%～0.1% 时，可用 2.0 g/L 的重铬酸钾溶液，但需减少样品的取样量。

🔵 阅读材料

目视比色分析法的发展

早在公元初期，古希腊人就曾用五倍子溶液测定醋中的铁；1795 年，俄国人也曾用五倍子的酒精溶液测定矿泉水中的铁。但是比色法作为一种定量分析方法大约开始于 19 世纪 30—40 年代。由于这种分析方法快速简便，首先在工厂和实验室得到推广。起初，人们可利用的金属水合离子种类有限，灵敏度不高，应用起来效果不太好。后来随着科技的发展有了有机显色剂，分析的灵敏度、普遍性才提高。为了使比色分析更为精确，化学家们曾经设计出奈斯勒比色管和实用的蒲夫利希目视比色仪。这两种比色仪器都是将比色的待测溶液与标准溶液放在比较特殊的管子里进行目测。

1873年,德国化学家菲罗尔特设计了用分光镜取得单色光的目视分光光度计;不久,另一德国化学家又以有色玻璃滤光片代替分光镜,简化了上面的目视比色法。就这样,比色分析在应用中不断地被改进而日益完善与精确。进入20世纪后,比色分析的最大变化是以光电比色法替代目视比色法,这样就避免了眼睛观察所存在的主观误差。

复习思考题

1. 黄酒酒糟淀粉检测方法是怎样的?
2. 酒精糖化醪、发酵醪酸度检测方法是怎样的?
3. 糟烧成品用指示剂法测定总酸的方法是怎样的?
4. 糟烧成品总酸的计算公式是怎样的?
5. 糟烧成品测定总酯的原理是怎样的?
6. 糟烧成品测定总酯的方法是怎样的?
7. 糟烧成品测定总酯的计算公式是怎样的?
8. 糟烧成品甲醇的测定方法有几种?

第六章 黄酒酿造用水与废水分析与检测

第一节 黄酒酿造用水检测

实训 1. 酿造用水硬度的检测

水质的硬度原系指沉淀肥皂的程度。使肥皂沉淀的原因主要是由于水中含有钙、镁离子,此外,铁、铝、锰、锶、锌等金属离子也有同样的作用。

总硬度可将上述离子的浓度相加的方法进行计算。此法虽然准确,但比较麻烦,而且在一般情况下,钙、镁离子以外的其他金属离子浓度都很低,所以多采用乙二胺四乙酸二钠(简称 EDTA)滴定法测定钙、镁离子的总量,并经过换算,以每升水中碳酸钙的毫克数表示。酿造用水硬度的检测方法为 EDTA 络合滴定法。水样的 pH 值对本法滴定结果影响很大,碱性增大可使滴定终点明显,但有析出碳酸钙和氢氧化镁沉淀的可能,故将溶液的 pH 值控制在 10 为宜。为避免某些普通金属离子的干扰作用,在滴定铜离子、铅离子等重金属离子的时候,可用硫化钠掩蔽,铁离子、铝离子可用三乙醇胺掩蔽进行消除。在缓冲溶液中加入足量的镁盐,可使滴定终点明显。日常应用中,水质分类见表 6-1。

表 6-1 水质分类表

总硬度	0°~4°	4°~8°	8°~16°	16°~25°	25°~40°	40°~60°	60°以上
水质	很软水	软水	中硬水	硬水	高硬水	超硬水	特硬水

1. 实训目的

（1）了解永久硬度和暂时硬度,并会用 $CaCO_3$ 表示水硬度。永久硬度：$MgSO_4$、$CaSO_4$、$MgCl_2$、$CaCl_2$；暂时硬度：$CaCO_3$、$MgCO_3$ 等碳酸盐硬度；

（2）掌握酿造用水硬度的测定方法,即配位滴定的原理和方法；

（3）掌握钙指示剂的应用条件；

（4）掌握水硬度的表示方法；

（5）掌握水硬度的检测方法。

2. 实训原理

将水样的 pH 值调到 10 后,EDTA 可与水中钙、镁离子形成无色可溶性络合物,铬黑 T 指示剂则能与钙、镁离子形成酒红色络合物。由于 EDTA 络合能力比铬黑 T 强,用 EDTA 滴定钙、镁到达终点时,钙、镁离子全部与 EDTA 络合而使铬黑 T 游离,溶液由酒红色变为蓝色。由消耗 EDTA 溶液的体积,便可计算出水样中钙离子与镁离子的总量。

3. 试剂与仪器

(1)缓冲溶液(pH 10) 称取 5.4 g 氯化铵,加水 20 mL 溶解后,加浓氨溶液 36 mL,再加水稀释定容到 100 mL。

(2)0.5%铬黑 T 指示剂 称取 0.5 g 铬黑 T 和 2 g 盐酸羟胺,溶于乙醇(95%),并稀释至 100 mL,放在冰箱中保存。此指示剂可稳定一个月。

而配制可较长期保存的固体指示剂的方法为:称取 0.5 g 铬黑 T,加 100 g 分析纯氯化钠,研磨均匀,贮于棕色瓶内,密封备用。

(3)0.010 mol/L 乙二胺四乙酸二钠标准溶液 称取 3.72 g 分析纯乙二胺四乙酸二钠 $(Na_2H_2C_{10}H_{12}O_8N_2 \cdot 2H_2O)$溶于蒸馏水中,并稀释至 1 L。按下述方法标定乙二胺四乙酸二钠的准确浓度。

① 锌标准溶液:准确称取 0.6~0.8 g 分析纯锌粒,溶于 20 mL 1:1 盐酸中,置于水浴上行温热处理,直到完全溶解后,移入容量瓶中,用蒸馏水稀释,定容到 1000 mL。

$$M_1 = \frac{W}{m}$$

式中,M_1——锌标准溶液的摩尔浓度,0.01 mol/L;

　　　W——锌的质量,g;

　　　m——锌的分子量是 65.37,g。

② 吸取 25.00 mL 锌标准溶液于 150 mL 锥形瓶中,加入 25 mL 蒸馏水,加氨水调节溶液至近中性,再加 2 mL 缓冲溶液及 5 滴铬黑 T 指示剂,用 EDTA-Na₂ 溶液滴定至溶液由酒红色变为蓝色即达终点。记下所消耗的体积,平行标定三次,计算 EDTA-Na₂ 标准溶液的浓度:

$$M_2 = \frac{M_1V_1}{V_2}$$

式中,M_2——EDTA-Na₂ 溶液的摩尔浓度,mol/L;

　　　M_1——锌标准溶液的摩尔浓度,mol/L;

　　　V_1——25 mL 锌标准溶液的体积,mL;

　　　V_2——滴定消耗 EDTA-Na₂ 溶液的体积,mL。

(4)5%硫化钠溶液 称取 5.0 g 化学纯硫化钠($Na_2S \cdot 9H_2O$),溶于 100 mL 蒸馏水中。

(5)1%盐酸羟胺溶液 称取 1 g 化学纯盐酸羟胺($NH_2OH \cdot HCl$),溶于 100 mL 蒸馏水中。

(6)10%氰化钾溶液 称取 10.0 g 氰化钾(KCN)溶于蒸馏水中,并稀释至 100 mL。

4. 操作步骤

(1)吸取 50 mL 水样(若硬度过大,可少取水样,用蒸馏水稀释至 50 mL)置于 150 mL 锥形瓶中。

(2)若水样中含有金属干扰离子,使滴定终点延迟或颜色发暗,可另取水样,加入 1%盐酸羟胺溶液 0.5 mL 及 5%硫化钠溶液 1 mL 或者 10%氰化钾溶液 0.5 mL,再加入 1~2 mL 缓冲溶液。

(3) 加入 5 滴铬黑 T 指示剂(或一小勺固体指示剂),立即用 EDTA-Na$_2$ 标准溶液滴定,充分振摇,至溶液由紫红色变为蓝色,即为终点。

5. 结果计算

$$C = \frac{V \times C_1 \times 100.09 \times 1000}{V_1}$$

式中,C——水样的总硬度(CaCO$_3$),mg/L;

$\quad$ V——滴定消耗 EDTA-Na$_2$ 标准溶液的体积,mL;

$\quad$ V_1——水样体积,mL;

$\quad$ C_1——EDTA-Na$_2$ 标准溶液的摩尔浓度,mol/L;

$\quad$ 100.09——碳酸钙的摩尔质量,g/mol;

$\quad$ 1000——毫升转换成升。

6. 注意事项

(1) 因 EDTA 络合滴定反应较酸碱反应慢得多,故滴定时速度不可过快。接近终点时,每加一滴 EDTA 溶液都应充分振荡,否则会使终点过早出现,导致测定结果偏低。

(2) 水样中加缓冲溶液后,为防止 Ca^{2+}、Mg^{2+} 产生沉淀,必须立即进行滴定,并在 5 min 内完成滴定过程。

(3) 若水样中有较多高价锰离子,导致滴定终点模糊,则需加少量(五滴)1%盐酸羟胺溶液,使高价锰离子还原为 Mn^{2+} 并溶于溶液中。

(4) 总硬度除用碳酸钙表示外,还可用德国度及毫克当量/升表示。其换算方法如表 6-2 所示。

表 6-2　水质硬度单位换算表

硬度单位	毫克当量/升	度	碳酸钙,mg/L
毫克当量/升	1	2.804	50.045
度	0.3563	1	17.847
碳酸钙,mg/L	0.01998	0.0560	1

实训 2. 酿造用水中余氯的检测

我国生活饮用水卫生标准中规定,集中式给水的出厂水中游离性余氯含量不低于 0.3 mg/L,管网末梢水不得低于 0.05 mg/L。而黄酒的酿造用水中游离余氯量理想要求为 0.1 mg/L,最高极限为 0.3 mg/L。

余氯的测定常采用下述两种方法,即 N,N-二乙基对苯二胺(DPD)分光光度法和 3,3′,5,5′-四甲基联苯胺比色法,前者可测定游离余氯和各种形态的化合余氯,后者可分别测定总余氯及游离余氯。

1. 实训目的

(1) 掌握各种试剂的配制方法;

(2) 掌握水中余氯的检测方法。

2. 实训原理

在 pH 小于 2 的酸性溶液中,余氯与 3,3′,5,5′-四甲基联苯胺(以下简称四甲基联苯胺)反应,生成黄色的醌式化合物。可用目视比色法定量,还可用重铬酸钾-铬酸钾配制的永久性余氯标准溶液进行目视比色。

3. 试剂与仪器

(1) 氯化钾-盐酸缓冲溶液(pH 2.2)　称取 3.7 g 经 100～110 ℃ 干燥至恒重的氯化钾,用纯水溶解,再加 0.56 mL 盐酸(ρ_{20}＝1.19 g/mL),用纯水稀释至 1000 mL。

(2) 1∶4 盐酸溶液。

(3) 3,3′,5,5′-四甲基联苯胺(0.3 g/L)　称取 0.03 g 3,3′,5,5′-四甲基联苯胺($C_{16}H_{20}N_2$),分批加入 100 mL 盐酸溶液[c(HCl)＝0.1 mol/L]中,搅拌使试剂溶解(必要时可加温助溶),混匀。此溶液应无色透明,储存于棕色瓶中,在常温下可使用 6 个月。

(4) 重铬酸钾-铬酸钾溶液　称取 0.1550 g 经 120 ℃ 干燥至恒重的重铬酸钾($K_2Cr_2O_7$)及 0.4650 g 经 120 ℃ 干燥至恒重的铬酸钾(K_2CrO_4),溶于氯化钾-盐酸缓冲溶液中,并稀释至 1000 mL。此溶液所产生的颜色相当于 1 mg/L 余氯与四甲基联苯胺所产生的颜色。

(5) Na_2EDTA 溶液(20 g/L)。

(6) 50 mL 具塞的比色管。

4. 操作步骤

(1) 永久性余氯标准比色管(0.005～1.0 mg/L)的配制:按表 6-3 所列用量分别吸取重铬酸钾-铬酸钾溶液,并将其注入 50 mL 具塞的比色管中,用氯化钾-盐酸缓冲溶液稀释至 50 mL 刻度,在冷暗处保存可使用 6 个月。

表 6-3　0.005～1.0 mg/L 永久性余氯标准比色溶液配制表

余氯(mg/L)	重铬酸钾-铬酸钾溶液(mL)	余氯(mg/L)	重铬酸钾-铬酸钾溶液(mL)
0.005	0.25	0.40	20.00
0.010	0.50	0.50	25.00
0.030	1.50	0.60	30.00
0.050	2.50	0.70	35.00
0.100	5.00	0.80	40.00
0.200	10.00	0.90	45.00
0.300	15.00	1.00	50.00

(2) 于 50 mL 具塞的比色管中,先加入 2.5 mL 四甲基联苯胺溶液,再加入澄清水样至 50 mL 刻度,混合后立即进行比色,所得结果为游离余氯;放置 10 min,比色后所得结果为总余氯。总余氯减去游离余氯即为化合余氯。

5. 注意事项

(1) pH 值大于 7 的水样可先用盐酸溶液调节至 pH 值为 4 后,再行测定。

(2) 水样中铁离子大于 0.12 mg/L 时,可在每 50 mL 水样中加 1～2 滴 EDTA 溶液,以消除铁离子的干扰。

（3）水温低于 20 ℃时，可先将水样放在温水浴中，使温度提高到 25～30 ℃，以加快反应速度。

（4）测试时，如果溶液显浅蓝色，表明显色液酸度偏低，可多加 1 mL 四甲基联苯胺试剂，就会出现正常颜色。又如加试剂后，如果溶液出现橘色，表示余氯含量过高，可改用 1～10 mg/L 的标准系列，并多加 1 mL 四甲基联苯胺试剂。

实训 3. 酿造用水中氯化物的检测

1. 实训目的

（1）掌握硝酸银标准溶液的标定方法；

（2）掌握酿造用水中氯化物的检测方法。

2. 实训原理

水样中 Cl^- 与 $AgNO_3$ 反应生成白色氯化银沉淀，过量的 $AgNO_3$ 与 K_2CrO_4 反应，形成砖红色铬酸银沉淀，以 $AgNO_3$ 消耗体积求得 Cl^- 的含量。

3. 试剂与仪器

（1）50 g/L 铬酸钾指示液　称取 5.0 g K_2CrO_4 溶于水并稀释至 100 mL。

（2）硝酸银标准溶液　称取 17 g 硝酸银，溶于 1000 mL 水中，贮存于棕色瓶中。

标定：准确称取 0.15 g 氯化钠（预先 500～600 ℃灼烧），置入 250 mL 锥形瓶中，加 100 mL 水溶解；加 1 mL 50 g/L 铬酸钾指示剂，在强烈摇动下，用 0.1 mol/L 硝酸银标准溶液滴定到砖红色。

计算公式：$AgNO_3$ 浓度(mol/L) $= \dfrac{m}{58.45 \times V} \times 1000$

式中，m——氯化钠称取量，g；

　　　V——消耗硝酸银标准溶液体积，mL；

　　　58.45——氯化钠的摩尔质量，g/mol。

（3）3% H_2O_2 溶液　30% H_2O_2 与水的质量比为 1∶9。

（4）高锰酸钾晶体。

（5）碳酸钠。

4. 操作步骤

吸取水样 50 mL，置入 250 mL 锥形瓶中，加约 1 mL 50 g/L 铬酸钾指示剂，在强烈摇动下，用 0.1 mol/L 硝酸银标准溶液滴定到砖红色，记录硝酸银溶液的消耗体积(mL)。另取 50 mL 蒸馏水作为空白对照，并记录空白对照中所消耗的硝酸银溶液体积(mL)。

5. 结果计算

$$Cl^- 浓度(g/L) = \frac{c(V_1 - V_0)}{V} \times 35.5$$

式中，c——$AgNO_3$ 溶液的浓度，mol/L；

　　　V_1——滴定水样时消耗 $AgNO_3$ 标准溶液的体积，mL；

　　　V_0——滴定蒸馏水时消耗 $AgNO_3$ 标准溶液的体积，mL；

　　　V——所取水样的体积，mL；

　　　35.5——氯离子的摩尔质量，g/mol。

5．注意事项

（1）此测定的滴定终点不易掌握。为便于判断，可以拿一个按同样操作滴定到临近等当点的水样作对照颜色，滴定进行到黄色中略带红色时即为终点（同对照作比较）。

（2）滴定含 Cl^- 很少的水样时，终点更不易判断，如改在白瓷皿内进行则易于观察。

（3）亚硫酸根 SO_3^{2-} 及硫离子 S^{2-} 对滴定有干扰，将水样用氢氧化钠溶液调节至中性或弱碱性，可以于滴定前加 $3\%H_2O_2$ 1 mL，将其氧化后再滴定。

（4）含量低于 10 mg/L 的水样，需加碳酸钠碱化后蒸发浓缩，否则测定的误差大。滴定时可将硝酸银标准溶液稀释一倍再用。

（5）水样的耗氧量超过 15 mg/L 时，可取 100 mL 水样，加入少许高锰酸钾晶体煮沸，再滴加乙醇还原过量的高锰酸钾，过滤后进行测定。

实训 4．酿造用水中铁的检测

1．实训目的

（1）掌握黄酒酿造用水中铁的检测方法；

（2）了解铁检测的原理。

2．实训原理

以盐酸羟胺为还原剂，将三价铁还原为二价铁。在微酸性 pH 值为 4～5 的条件下，二价铁与邻菲罗啉（$C_{12}H_8N_2 \cdot H_2O$）反应生成橘红色的络合物，用分光光度计或目视比色法测定。

3．试剂与仪器

（1）亚铁标准溶液配制

① 0.1 g/L A 液：称取 0.7024 g 分析纯硫酸亚铁铵 $[Fe(NH_4)_2(SO_4)_2 \cdot 6H_2O]$，溶于 50 mL 蒸馏水中，加入 20 mL 浓硫酸，用蒸馏水稀释至 1000 mL。1.00 mL 此溶液含有 0.100 mg 亚铁。

② 0.01 g/L B 液：准确移取 10.0 mL A 液置于 100 mL 容量瓶中，加蒸馏水并定容到刻度，1.00 mL 此溶液含有 10.0 μg 亚铁。

（2）1.2 g/L 邻菲罗啉溶液　称取 120 mg 邻菲罗啉，溶于加有 2 滴浓盐酸的 100 mL 蒸馏水中，贮存于棕色瓶内。

（3）100 g/L 盐酸羟胺溶液　称取 10 g 分析纯盐酸羟胺，溶于蒸馏水中，并稀释至 100 mL。

（4）1∶3 盐酸溶液　1 体积浓盐酸加入到 3 体积的水中。

（5）pH 4.0～5.0 乙酸-乙酸铵缓冲溶液　将 40 g 乙酸铵加入 50 mL 冰乙酸中，用水稀释至 100 mL。

（6）150 mL 锥形瓶。

（7）50 mL 具塞的比色管。

（8）分光光度计。

4．操作步骤

（1）标准曲线绘制

依次移取铁的标准使用液 0、0.25、0.5、1.0、2.0、3.0、4.0、5.0 mL 置于 150 mL 锥形瓶中，加蒸馏水至约 50 mL，加入 1 mL 1∶3 盐酸溶液和 1 mL 100 g/L 盐酸羟胺溶液以及玻璃珠 1～2 粒。然后加热煮沸溶液至剩 15 mL 左右。冷却至室温,定容,转移到 50 mL 具塞的比色管中。加一小片刚果红试纸,滴加饱和乙酸钠溶液至试纸刚刚变红。加入 5 mL 缓冲溶液、1 mL 邻菲罗啉溶液,加蒸馏水至标线,摇匀。显色 15 min 后,用 1 cm 比色皿,以蒸馏水为参比,在 510 nm 处测定吸光度,由经过空白校正的吸光度对铁的微克数作图。

(2) 总铁测定

采样后立即将样品用盐酸酸化至 pH 值为 1,分析时吸取 50 mL 混匀的水样(含铁量不超过 0.05 mg),置于 150 mL 锥形瓶中。加入 1 mL 1∶3 盐酸和 1 mL 100 g/L 盐酸羟胺溶液,煮沸至水样体积约为 35 mL,以保证全部铁的溶解与还原,冷却后移入 50 mL 具塞的比色管中。随后按绘制标准曲线进行同样操作,测定吸光度并作空白校正。

(3) 亚铁测定

采样时将 2 mL 盐酸放在一个 100 mL 具塞的水样瓶内,直接将水样注满样品瓶,塞好瓶塞,以防氧化,一直保存到进行显色和测量(最好现场测定)操作。分析时只需取适量水样,直接加入缓冲溶液与邻菲罗啉溶液,显色 5～10 min,在 510 nm 处,以蒸馏水为参比,测定吸光度,并作空白校正(表 6-4)。

5. 结果计算

$$总铁(或亚铁)含量(mg/L) = \frac{C}{50} \times 1000$$

式中,C——50 mL 水样中铁的含量(从标准曲线中查出),mg;

50——吸取水样体积,mL。

表 6-4 酿造用水铁含量检测记录表

分光光度计型号_____   检测波长_____

容量瓶编号	标准溶液(0.01 g/L)								待测液
	1	2	3	4	5	6	7	8	9
吸取体积(mL)	0	0.025	0.5	1.0	2.0	30.	4.0	5.0	
吸光度 A									
含铁量(mg/L)									

6. 注意事项

(1) 总铁包括了水体中的悬浮铁和生物体中的铁,因此应取充分摇匀的水样进行测定。

(2) 水样中若有难溶性铁盐,经煮沸后还未完全溶解时,可继续煮沸至水样体积达 15～20 mL。

(3) 若水样中含铁量较高,可适当稀释;浓度低时可换用 30 mm 或 50 mm 的比色皿。

实训 5. 酿造用水的浊度检测

水的浊度是可溶或不溶的有机物和无机物以及其他微生物等悬浮物质所造成的。浊度将直接影响水的感官质量和卫生质量。水质标准规定,浊度不得超过 5°。

浊度是水样光学性质的一种表达语,表示水中悬浮物质对光线透过时所产生的阻碍程度。测定水的浊度方法有目视法和分光光度法。

1. 实训目的

(1) 掌握黄酒酿造用水中浊度的检测方法；

(2) 了解浊度检测的原理。

2. 实训原理

浊度是表现水中悬浮物对光线透过时所发生的阻碍程度。水中的浊度是天然水和饮用水的一项重要水质指标。在适当温度下，硫酸肼与六次甲基四胺聚合形成白色高分子聚合物，以此作为浊度标准液，在一定条件下与水样浊度相比较。规定 1.25 mg 硫酸肼/L 水和 12.5 mg 六次甲基四胺/L 水中形成的白色高分子聚合物所产生的浊度为 1 度（浊度单位：FTU）。

3. 仪器与试剂

(1) 分光光度计，30 mm 比色皿。

(2) 50 mL 具塞的比色管。

(3) 无浊度水：将蒸馏水通过 0.2 μm 滤膜过滤，收集于用滤过水淋洗 2~3 次的烧瓶中。

(4) 浊度标准贮备液配制：

① 1 g/100 mL 硫酸肼溶液：准确称取 1.000 g 硫酸肼[$N_2H_4H_2SO_4$]，用少量无浊度水溶解于 100 mL 容量瓶中，并稀释至刻度。

② 10 g/100 mL 六次甲基四胺溶液：准确称取 10.00 g 六次甲基四胺[$(CH_2)_6N_4$]，用少量无浊度水溶解于 100 mL 容量瓶中，并稀释至刻度。

③ 浊度标准贮备液：准确吸取 5.00 mL 硫酸肼溶液与 5.00 mL 六次甲基四胺溶液于 100 mL 容量瓶中，混匀。在 (25±3) ℃ 条件下，静置 24 h，用无浊度水稀释至刻度，混匀。该贮备溶液的浊度为 400 度（0.4 度/mL），可保存 1 个月。

4. 操作步骤

(1) 标准曲线绘制

准确吸取 0、0.50、1.25、2.50、5.00、10.00、12.50 mL 浊度标准贮备液（0.4 度/mL）分别置于 50 mL 比色管中，加无浊度水稀释至刻度，摇匀。即得到浊度分别为 0、4、10、20、40、80、100 度的标准系列。然后于 680 nm 波长，用 30 mm 比色皿测定吸光度值，并做记录，绘制标准曲线。

注：在 680 nm 波长下测定，天然水呈淡黄色、淡绿色，且无干扰。

(2) 水样的测定

吸取 50.00 mL 摇匀水样（无气泡，如浊度超过 100 度可酌情少取，用无浊度水稀释至50.0 mL），置于 50 mL 比色管中，按绘制标准曲线步骤测定吸光度值，再由标准曲线上查得水样对应的浊度，以蒸馏水作空白测定。

5. 数据处理

$$浊度（度）= \frac{(C-C_0) \times 50}{V}$$

式中，C——已稀释水样标准曲线上查得的浊度值；

C_0——空白水样标准曲线上查得的浊度值；

V——原水样的体积，mL；

50——水样最终稀释的体积，mL。

（1）数据记录（表6-5）

表6-5　水样吸光度数据记录表

标准溶液体积(mL)	0	0.50	1.25	2.50	5.00	10.00	12.50
浊度（度）	0	4	10	20	40	80	100
吸光度							
水样吸光度							
空白吸光度							

（2）标准曲线绘制

以水中浊度为横坐标,对应的吸光度值为纵坐标绘制标准曲线。由所测得的水样吸光度值,在标准曲线上查出对应的浊度。

6. 注意事项

（1）分光光度法适用于饮用水、天然水及高浊度水,最低检测浊度为3度。

（2）水中应无碎屑和易沉颗粒,如果所用器皿不清洁或水中有溶解的气泡和有色物质时,会干扰测定。

（3）样品应收集到具塞玻璃瓶中,取样后尽快测定;如需保存,可保存在冷暗处,且不超过24 h。测试前需剧烈摇动并恢复到室温。

（4）所有与样品接触的玻璃器皿必须清洁,可用盐酸或表面活性剂清洗。

（5）特别注意：硫酸肼有毒,并会致癌。

第二节　黄酒酿造废水检测

随着黄酒业的迅速发展,产量不断扩大,在黄酒生产的过程中会产生大量的各种废水。废水主要来源于浸米、洗米、糖化、发酵、压榨、吊酒、洗瓶及罐装等工序。黄酒浸米所产生的米浆水、黄酒糟及加工废水带来的环境问题,已引起人们的关注。废水需要处理后才能利用;处理过的废水对环境影响会减小些。处理废水离不开废水检测,废水检测的指标有很多,现在主要介绍COD、NH_4-N、总氮、总磷等检测指标。

一、取样方法

废水取样应先在取样口排放一段时间,排净管道中剩余的废水,这样才能使取样具有准确性。取样量一般在500 mL左右。取好样的废水须及时检测,否则应放在冰箱中冷藏,一般不能超过24 h。

二、化学分析

实训1. 废水中化学耗氧量(COD)的检测

1. 实训目的

（1）掌握生化检测技术;

（2）掌握废水中化学耗氧量的检测方法。

2. 实训原理

在强酸性溶液中,准确加入过量的重铬酸钾标准溶液,加热回流,将水样中还原性物质(主要是有机物)氧化(以 Ag^+ 作此反应的催化剂)。以试亚铁灵指示液作为指示剂,用硫酸亚铁铵标准溶液回滴,根据所消耗的重铬酸钾标准溶液量来计算水样化学需氧量。

3. 试剂与仪器

（1）重铬酸钾标准溶液$(c(\frac{1}{6}K_2Cr_2O_7)=0.2500\ mol/L)$　称取预先在 120 ℃ 烘干 2 h 的基准重铬酸钾 12.258 g 溶于水中,移入 1000 mL 容量瓶,稀释至标线,摇匀。

（2）试亚铁灵指示液　称取 1.485 g 邻菲罗啉和 0.695 g 硫酸亚铁($FeSO_4 \cdot 7H_2O$)溶于水中,稀释至 100 mL,摇匀,贮于棕色瓶内。

（3）硫酸亚铁铵标准溶液$[c[(NH_4)_2Fe(SO_4)_2 \cdot 6H_2O] \approx 0.1\ mol/L]$　称取 39.5 g 硫酸亚铁铵溶于水中,边搅拌边缓慢加入 20 mL 浓硫酸,冷却后移入 1000 mL 容量瓶中,加水稀释至标线,摇匀。临用前,用重铬酸钾标准溶液标定。

标定方法:准确吸取 10.00 mL 重铬酸钾标准溶液于 500 mL 锥形瓶中,加水稀释至 110 mL 左右,缓慢加入 30 mL 浓硫酸,摇匀。冷却后,加入 3 滴试亚铁灵指示液(约 0.15 mL),用硫酸亚铁铵溶液滴定,溶液的颜色由黄色转变成蓝绿色至红褐色即为终点。记录硫酸亚铁铵的消耗量 V（mL）。

$$c=\frac{0.2500 \times 10.00}{V}$$

式中,c——硫酸亚铁铵标准溶液浓度,mol/L;

　　V——滴定时硫酸亚铁铵标准溶液消耗的用量,mL。

（4）硫酸(H_2SO_4),$\rho=1.84\ g/mL$。

（5）硫酸银(Ag_2SO_4),化学纯。

（6）硫酸-硫酸银溶液　于 500 mL 浓硫酸中加入 5 g 硫酸银,放置 1～2 d,不时摇动使其溶解,并混匀,使用前小心摇动。

（7）硫酸汞($HgSO_4$),化学纯,结晶或粉末。

（8）250 mL 消解管(磨口锥形瓶)及配套的空气冷凝管。

（9）COD 恒温加热器、磁力加热搅拌器。

（10）50 mL 酸式滴定管、锥形瓶、移液管、容量瓶等。

4. 操作步骤

（1）先加硫酸汞少许(0.4～1 g)置消解管(250 mL 磨口锥形瓶)中,再加入 20.00 mL 混合均匀的水样(或适量水样稀释至 20.00 mL),摇匀。准确加入 10.00 mL 重铬酸钾标准溶液,摇匀。加入数粒小玻璃珠或沸石,连接磨口回流冷凝管,从冷凝管上口慢慢地加入 30 mL 硫酸-硫酸银溶液,轻轻摇动消解管使溶液混匀,加热回流 2 h(自开始沸腾计时)。

对于化学需氧量高的废水样,可先取上述操作所需体积的 1/10 的废水样和试剂于 15 mm×150 mm 硬质玻璃试管中,摇匀,加热后观察是否呈绿色。如果溶液呈绿色,再适当减少废水取样量,直至溶液不变绿色为止,从而确定废水样分析时应取用的体积。稀释时,取废水检测样品量不得少于 5 mL。如果化学需氧量很高,则废水检测样品应该多次稀释

（当废水中氯离子含量低于 30 mg/L 时，不用加 0.4～1 g 硫酸汞到锥形瓶中），摇匀。

（2）冷却后，用 90.00 mL 蒸馏水冲洗冷凝管壁，溶液总体积不得少于 140 mL，否则因酸度太大，滴定终点不明显。

（3）取下冷凝管，溶液再度冷却后，加入 3 滴试亚铁灵指示液，用硫酸亚铁铵标准溶液滴定，溶液的颜色由黄色→蓝绿色→红褐色即为终点，记录消耗硫酸亚铁铵标准溶液的用量为 V_1。

（4）测定水样的同时，取 20.00 mL 重蒸馏水，按同样操作步骤作空白实验。记录滴定空白时消耗硫酸亚铁铵标准溶液的用量为 V_0。

5. 结果计算

$$\text{COD}_{Cr}(O_2,\text{mg/L}) = \frac{(V_0-V_1)\times c \times 8 \times 1000}{V} \times n$$

式中，c——硫酸亚铁铵标准溶液的浓度，mol/L；

V_0——滴定空白时硫酸亚铁铵标准溶液的用量，mL；

V_1——滴定水样时硫酸亚铁铵标准溶液的用量，mL；

V——水样的体积，mL；

8——氧$(\frac{1}{2}O)$摩尔质量，g/mol；

n——稀释倍数。

6. 注意事项

（1）使用 0.4 g 硫酸汞络合氯离子的最高量可达 40 mg，如取用 20.00 mL 水样，即最高可络合 2000 mg/L 氯离子浓度的水样。如果氯离子的浓度较低，也可少加硫酸汞，保持硫酸汞∶氯离子＝10∶1(W/W)。若出现少量氯化汞沉淀，并不影响测定。

（2）水样取用体积可在 10.00～50.00 mL 范围内，但试剂用量及浓度如按表 6-6 进行相应调整，也可得到较满意的结果。

表 6-6　水样取用量和试剂用量表

水样体积 （mL）	0.2500 mol/L $K_2Cr_2O_7$ 溶液（mL）	H_2SO_4- Ag_2SO_4（mL）	$HgSO_4$（g）	$(NH_4)_2Fe(SO_4)_2$ （mol/L）	滴定前总 体积（mL）
10.0	5.0	15	0.2	0.050	70
20.0	10.0	30	0.4	0.100	140
30.0	15.0	45	0.6	0.150	210
40.0	20.0	60	0.8	0.200	280
50.0	25.0	75	1.0	0.250	350

（3）对于化学需氧量小于 50 mg/L 的水样，应改用 0.0250 mol/L 重铬酸钾标准溶液。回滴时用 0.01 mol/L 硫酸亚铁铵标准溶液。

（4）水样加热回流后，溶液中重铬酸钾剩余量应为加入量的 1/5～4/5 为宜。

（5）当称取邻苯二甲酸氢钾标准溶液检查试剂的质量和进行相关操作技术时，由于每克邻苯二甲酸氢钾的理论 COD_{Cr} 为 1.176 g，所以溶解 0.4251 g 邻苯二甲酸氢钾（$HOOCC_6H_4COOK$）于重蒸馏水中，转入 1000 mL 容量瓶，用重蒸馏水稀释至标线，使之成为 500 mg/L 的 COD_{Cr} 标准溶液。用时新配。

(6) COD_{Cr} 的测定结果应保留三位有效数字。

(7) 每次实验时,应对硫酸亚铁铵标准滴定溶液进行标定,室温较高时尤其注意其浓度的变化。

实训 3. 废水中 NH_4-N 的检测

方法一:水质预处理方法

当水样中含有悬浮物、余氯及钙、镁等金属离子、硫化物和有机物时,会对检测结果产生干扰,需对水样作适当处理,以消除干扰对测定的影响。

若样品中存在余氯,可加入适量的硫代硫酸钠溶液去除,用淀粉-碘化钾试纸检验余氯是否除尽。在显色时加入适量的酒石酸钾钠溶液,可消除钙、镁等金属离子的干扰。若水样带色或混浊以及含有其他一些干扰物质,会影响氨氮的测定。为此,在分析时需做适当的预处理。对较清洁的水,可采用絮凝沉淀法;对污染严重的水或工业废水,则以蒸馏法使之消除干扰。

(一)絮凝沉淀法

1. 原理 加适量的硫酸锌溶于水样中,并加氢氧化钠使之呈碱性,生成氢氧化锌沉淀,再经过滤处理去除颜色和混浊等。

2. 试剂与仪器

(1) 10% 硫酸锌溶液 称取 10 g 硫酸锌溶于水,稀释至 100 mL。

(2) 25% 氢氧化钠溶液 称取 25 g 氢氧化钠溶于水,稀释至 100 mL,贮于聚乙烯瓶中。

(3) 硫酸 $\rho = 1.84$ g/mL。

3. 操作步骤

取 100 mL 水样于量筒或比色管中,加入 1 mL 10% 硫酸锌溶液和 0.1~0.2 mL 25% 氢氧化钠溶液,调节 pH 值至 10.5 左右,混匀;放置使之沉淀,用经无氨水充分洗涤过的中速滤纸过滤,弃去 20 mL 初滤液。

(二)蒸馏法

1. 原理 调节水样的 pH 值为 6.0~7.4,加入适量氧化镁使溶液呈微碱性(也可加入 pH 值为 9.5 的 $Na_4B_4O_7$ - NaOH 缓冲溶液使溶液呈弱碱性,再进行蒸馏;pH 值过高会促使有机氮的水解,导致结果偏高),蒸馏释出的氨被吸收于硫酸或硼酸溶液中。当采用纳氏比色法或酸滴定法时,以硼酸溶液为吸收液;采用水杨酸-次氯酸比色法时,以硫酸溶液为吸收液。

2. 试剂与仪器

水样稀释及试剂配制均采用无氨水。

(1) 无水氨制备

① 蒸馏法:每升蒸馏水中加 0.1 mL 硫酸,在全玻璃蒸馏器中重蒸馏,弃去 50 mL 初滤液;接取其余馏出的溶液到磨口玻璃瓶中,密封保存。

② 离子交换法:使蒸馏水通过强酸性阳离子交换树脂柱。

(2) 1 mol/L 盐酸溶液 取 8.5 mL 盐酸($\rho = 1.18$ g/mL)于 100 mL 容量瓶中,用水稀

释至标线。

(3) 1 mol/L 氢氧化钠溶液　称取 4 g 氢氧化钠溶于水中,稀释至 100 mL。

(4) 轻质氧化镁(MgO)　将氧化镁在 500 ℃下加热,以除去碳酸盐。

(5) 0.05% 溴百里酚蓝指示剂(pH 值为 6.0～7.6)。

(6) 防沫剂,如石蜡碎片。

(7) 吸收液

① 硼酸溶液:称取 20 g 硼酸溶于水,稀释至 1 L。

② 硫酸(H_2SO_4)溶液:0.01 mol/L。

(8) 带氮球的定氮蒸馏装置　500 mL 凯氏烧瓶、氮球、直形冷凝管和导管。

3. 操作步骤

(1) 蒸馏装置的预处理　加 250 mL 水于凯氏烧瓶中,加 0.25 g 轻质氧化镁和数粒玻璃珠,加热蒸馏,至馏出液不含氨为止,弃去瓶内残渣。

(2) 分取 250 mL 水样(如氨氮含量较高,可分取适量并加水至 250 mL,使氨氮含量不超过 2.5 mg)入凯氏烧瓶中,加数滴溴百里酚蓝指示液,用氢氧化钠溶液或盐酸溶液调节至 pH 值为 7 左右。加入 0.25 g 轻质氧化镁和数粒玻璃珠,立即连接氮球和冷凝管,导管下端插入吸收液液面下。加热蒸馏,至馏出液达 200 mL 时,停止蒸馏,定容到 250 mL。

采用酸滴定法或纳氏比色法时,以 50 mL 硼酸溶液为吸收液;采用水杨酸-次氯酸盐比色法时,改用 50 mL 0.01 mol/L 硫酸溶液为吸收液。

4. 注意事项

(1) 蒸馏时应避免发生暴沸,否则会造成馏出液温度升高,氨吸收不完全。

(2) 防止在蒸馏时产生泡沫,必要时加入少量石蜡碎片于凯氏烧瓶中。

(3) 水样如含余氯,则应加入适量 0.35% 硫代硫酸钠溶液,每 0.5 mL 可除去 0.25 mg 余氯。

方法二:纳氏试剂分光光度法(GB 7479—2009)

本法最低检出浓度为 0.025 mg/L(光度法),测定上限为 2.0 mg/L,采用目视比色法,最低检出浓度为 0.02 mg/L。水样做适当的预处理后,本法可用于地面水、地下水、工业废水和生活污水中氨氮的测定。

1. 实训目的

(1) 掌握纳氏试剂分光光度法的原理;

(2) 掌握纳氏试剂分光光度法检测废水中 NH_4-N 的方法。

2. 实训原理

以游离态的氨或者铵离子等形式存在的氨氮与纳氏试剂(碘化汞和碘化钾的碱性溶液)反应生成淡红棕色的胶态化合物,其色度与氨氮含量成正比,通常可在波长 410～425 nm 范围内测其吸光度,计算其含量。

3. 试剂与仪器

配制试剂用水均应为无氨水。

(1) 无氨水制备

蒸馏法:每升蒸馏水中加 0.1 mL 硫酸(ρ=1.84 g/mL),在全玻璃蒸馏器中重蒸馏。弃去 50 mL 初馏液,然后将约 800 mL 馏出液收集到具塞的磨口玻璃瓶中,在每升馏出液中加

10 g 强酸性阳离子交换树脂(氢型),密封保存。

(2)纳氏试剂　可选择下列方法之一制备。

① 称取 20 g 碘化钾溶于约 100 mL 水中,边搅拌边分次少量加入氯化汞(HgCl₂)结晶粉末 10 g。直到溶液呈深黄色或出现淡红色沉淀,且溶解速度变慢时,应充分搅拌混和,并改为滴加氯化汞饱和溶液。当出现微量朱红色沉淀且不再溶解时,停止滴加氯化汞溶液。

另外,再称取 60 g 氢氧化钾溶于水中,并稀释至 250 mL。冷却至室温后,将上述溶液在搅拌条件下,徐徐注入氢氧化钾溶液中,用水稀释至 400 mL,混匀,于暗处静置 24 h。倾倒出上清液,贮于聚乙烯瓶内,用橡皮塞或聚乙烯盖子盖紧,于暗处存放,可稳定存放一个月。

② 称取 16 g 氢氧化钠,溶于 50 mL 水中,充分冷却至室温。

另外,再称取 7 g 碘化钾和 10 g 碘化汞(HgI₂)溶于水,然后将此溶液在搅拌下徐徐注入氢氧化钠溶液中,用水稀释至 100 mL,贮于聚乙烯瓶中,密封塞子并保存。

(3)酒石酸钾钠溶液　称取 50 g 酒石酸钾钠(KNaC₄H₄O₆·4H₂O)溶于 100 mL 水中,加热煮沸以除去氨,放冷,定容到 100 mL。

(4)1000 μg/mL 氨氮标准贮备溶液　称取 3.819 g 经 100 ℃ 干燥过的优级纯氯化铵(NH₄Cl)溶于水中,移入 1000 mL 容量瓶中,稀释至标线。此溶液每毫升含 1.00 mg 氨氮,可在 2~5 ℃ 环境中保存 1 个月。

(5)10 μg/mL 氨氮标准使用溶液　移取 5.00 mL 氨氮标准贮备液于 500 mL 容量瓶中,用水稀释至标线,此溶液每毫升含 0.010 mg 氨氮。临用时配制。

(6)紫外可见分光光度计,20 mm 比色皿。

(7)氨氮蒸馏装置　由 500 mL 凯氏烧瓶、氮球、直形冷凝管和导管组成。冷凝管末端可连接一段适当长度的滴管,使出口尖端浸入吸收液液面以下。亦可使用 500 mL 蒸馏烧瓶。

(8)50 mL 具塞的比色管。

(9)梅特勒 FE20 pH 计。

4.操作步骤

(1)标准曲线的绘制　吸取 0、0.50、1.00、3.00、7.00、10.0 mL 氨氮标准使用液分别于 50 mL 具塞的比色管中,加水至标线,加 1.0 mL 酒石酸钾溶液,混匀。加 1.5 mL 纳氏试剂,混匀。放置 10 min 后,用光程 20 mm 比色皿,在波长 420 nm 处,以水为参比,测定吸光度。

由测得的吸光度,减去零浓度空白管的吸光度后,得到校正吸光度。以空白校正后的吸光度为纵坐标,以其对应的氨氮含量(μg)为横坐标,绘制校准曲线。

(2)水样的测定

① 清洁水样:直接取 50 mL(必要时需稀释样品)水样,加入 50 mL 具塞的比色管中,稀释至标线,加 1.0 mL 酒石酸钾溶液。同校准曲线步骤测量吸光度。

② 有悬浮物或色度干扰的水样:取适量经预处理后的溶液(使水样中氨氮浓度不超过 2 mg/L),加入 50 mL 具塞的比色管中,加一定量 1 mol/L 氢氧化钠溶液以中和硼酸,稀释至标线。同标准曲线测量吸光度步骤。

③ 空白实验:以无氨水代替水样,做空白测定。

5.结果计算

由水样测得的吸光度减去空白实验的吸光度后,从标准曲线上查得氨氮量(μg)。

计算公式为：

$$氨氮量（以 N 计，mg/L）=\frac{m}{V}$$

式中，m——由标准曲线查得的氨氮量，μg；

V——水样体积，mL。

6. 注意事项

(1) 在纳氏试剂中，碘化汞、碘化钾的比例对显色反应的灵敏度有较大影响。静置后生成的沉淀应除去。

(2) 滤纸中常含少量铵盐，使用时注意用无氨水洗涤。所用玻璃器皿应避免实验室空气中氨气的玷污。

(3) 水样的 pH 值对氨的测定影响很大。pH 值太高，会使某些含氮的有机化合物转变为氨；pH 值太低，加热蒸馏时一部分氨的物质又会滞留水中。为了获得准确的结果，分析前应将水样调至中性。水样偏酸或偏碱，可用 1 mol/L 氢氧化钠或 1 mol/L 的硫酸溶液调至 pH 值为中性。然后加入磷酸盐缓冲溶液，使其 pH 值保持在 7.4 后，再进行蒸馏处理。加热后氨的物质呈气态从水中挥发出来，此时再用 0.01～0.02 mol/L 的稀硫酸(苯酚-次氯酸盐法)或 2% 稀硼酸(纳氏试剂法)吸收。

(4) 在蒸馏过程中，有些有机物很可能与氨同时被馏出，对测定会产生干扰，其中有些物质(甲醛)可以在酸性(pH<1)条件下煮沸除去。在蒸馏时，加热不能过快，否则会造成水样爆沸，而馏出液温度过高，将导致氨吸收不完全。

(5) 清洗蒸馏器时，向蒸馏烧瓶中加入 350 mL 水，加数粒玻璃珠，装好仪器，蒸馏到至少收集了 100 mL 水，将馏出液及瓶内残留液弃去。

实训 3. 废水中总氮的测定

本法按 HJ 636—2012 的标准进行测定。

1. 实训目的

(1) 掌握碱性过硫酸钾消解紫外分光光度法的原理；

(2) 掌握废水中总氮测定的检测方法。

2. 实训原理

在 60 ℃以上的水溶液中，过硫酸钾按如下反应式分解，生成氢离子和氧。

$$K_2S_2O_8+H_2O \longrightarrow 2KHSO_4+\frac{1}{2}O_2$$

$$KHSO_4 \longrightarrow K^++HSO_4^-$$

$$HSO_4^- \longrightarrow H^++SO_4^{2-}$$

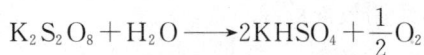

加入氢氧化钠用以中和氢离子，使过硫酸钾分解完全。

在 120～124 ℃下，碱性过硫酸钾溶液使样品中含氮化合物的氮转化为硝酸盐。采用紫外分光光度法于波长 220 nm 和 275 nm 处，分别测定吸光度 A_{220} 和 A_{275}，按公式 $A=A_{220}-2A_{275}$ 计算校正吸光度 A，总氮(以 N 计)含量与校正吸光度 A 成正比。

3. 干扰和消除

(1) 碘离子与溴离子对测定有干扰。当测定 20 μg 硝酸盐氮时，如碘离子含量为总氮含量的 0.2 倍以上,溴离子含量为总氮含量的 3.4 倍以上时,会对测定产生干扰。

（2）水样中的六价铬离子和三价铁离子对测定产生干扰,可加入 2mL 5％盐酸羟胺溶液消除其对测定的影响。

4. 试剂和仪器

（1）无氨水　每升水中加入 0.10 mL 浓硫酸（$\rho=1.84$ g/mL）,蒸馏,收集馏出液装入具塞玻璃容器中。也可使用新制备的去离子水。

（2）1∶9 盐酸溶液。

（3）1∶35 硫酸溶液。

（4）200 g/L 氢氧化钠溶液　称取 20.0 g 氢氧化钠（含氮量应小于 0.0005％）溶于少量无氨水中,稀释至 100 mL。

（5）20 g/L 氢氧化钠溶液　吸取氢氧化钠溶液 10.0 mL,用无氨水稀释至 100 mL。

（6）碱性过硫酸钾溶液　称取 40.0 g 过硫酸钾（含氮量应小于 0.0005％）溶于 600 mL 水中（可置于 50 ℃水浴中加热至全部溶解）;另外,称取 15.0 g 氢氧化钠（含氮量应小于 0.0005％）溶于 300 mL 无氨水中。待到氢氧化钠溶液温度冷却至室温后,混合两种溶液定容到 1000 mL,存放于聚乙烯瓶中,可保存一周。

（7）100 mg/L 硝酸钾标准贮备液　称取 0.7218 g 经 105～110 ℃烘干 4 h 的优级纯硝酸钾,溶于适量无氨水中,移至 1000 mL 容量瓶中,用无氨水稀释至标线,混匀。加入 2 mL 三氯甲烷作为保护剂,在 0～10 ℃暗处保存,可稳定 6 个月。也可直接购买市售有证的标准溶液。

（8）10.0 mg/L 硝酸钾标准使用液　量取 10.00 mL 100 mg/L 硝酸钾标准贮备液至 100 mL 容量瓶中,用无氨水稀释至标线,混匀。临用时现配。

（9）紫外分光光度计　具有 10 mm 石英的比色皿。

（10）高压蒸气灭菌器　最高工作压力不低于 1.1～1.4 kg/cm²,最高工作温度不低于 120～124 ℃。

（11）25 mL 具塞的磨口玻璃比色管。

（12）一般实验室常用仪器和设备。

所用玻璃器皿可以使用 1∶9 盐酸或 1∶35 硫酸浸泡,清洗后再用无氨水冲洗数次。

5. 操作步骤

（1）试样的制备　取适量样品用氢氧化钠溶液（20 g/L）或 1∶35 硫酸溶液调节 pH 值至 5～9,待测。

（2）校准曲线的绘制

① 分别量取 0.00、0.20、0.50、1.00、3.00、7.00 mL 硝酸钾标准使用液于 25 mL 具塞的磨口玻璃比色管中,其对应的总氮（以 N 计）含量分别为 0.00、2.00、5.00、10.0、30.0、70.0 μg。加无氨水稀释至 10.00 mL 标线。

② 再加入 5.00 mL 碱性过硫酸钾溶液,塞紧管塞,用纱布和线绳扎紧管塞,以防溅出。

③ 将比色管置于高压蒸气灭菌器中,加热至顶压阀吹气,关阀。继续加热至 120 ℃后开始计时,将温度保持在 120～124 ℃,持续时间为 30 min。

④ 自然冷却,开阀放气,移去外盖,取出比色管,冷却至室温。

⑤ 按住塞子比色管中的液体,颠倒混匀 2～3 次。每个比色管中分别加入 1.0 mL 1∶9

盐酸溶液,用无氨水稀释至 25 mL 标线,盖塞混匀。

⑥ 使用 10 mm 石英比色皿,在紫外分光光度计上,以无氨水作为参比,分别于波长 220 nm 和 275 nm 处测定吸光度。零浓度的校正吸光度 A_b、其他标准系列的校正吸光度 A_s 及 其差值 A_r,按下列公式进行计算。以总氮(以 N 计)含量(μg)为横坐标,对应的 A_r 值为纵坐 标,绘制校准曲线

$$A_b = A_{b220} - 2A_{b275}$$

$$A_s = A_{s220} - 2A_{s275}$$

$$A_r = A_s - A_b$$

式中,A_b——零浓度(空白)溶液的校正吸光度;

A_{b220}——零浓度(空白)溶液于波长 220 nm 处的吸光度;

A_{b275}——零浓度(空白)溶液于波长 275 nm 处的吸光度;

A_s——标准溶液的校正吸光度;

A_{s220}——标准溶液于波长 220 nm 处的吸光度;

A_{s275}——标准溶液于波长 275 nm 处的吸光度;

A_r——标准溶液校正吸光度与零浓度(空白)溶液校正吸光度的差。

按 A_r 值与相应的 $NO_3 - N$ 含量(μg)绘制校准曲线。

(3) 水样测定

量取 10.00 mL 制备试样于 25 mL 具塞的磨口玻璃比色管中,按照校准曲线的绘制步骤进行测定。然后按水样校正吸光度,减去空白试验的吸光度,在校准曲线上查出相应的总氮量,再用下列公式计算总氮含量。

注:试样中的含氮量超过 70 μg 时,可减少取样量,并加水稀释至 10.00 mL。

(4) 空白试验　用 10.00 mL 无氨水代替试样,按同样的步骤进行测定。

6. 结果计算

$$总氮(以 N 计,mg/L) = m/V$$

式中,m——从校准曲线上查到的含氮量,μg;

V——所取水样体积,mL。

7. 注意事项

(1) 某些含氮有机物在本标准规定的测定条件下不能完全转化为硝酸盐。

(2) 测定应在无氨的实验室环境中进行,避免环境交叉污染对测定结果产生影响。

(3) 实验所用的器皿和高压蒸气灭菌器等均应无氮污染。实验中所用的玻璃器皿应用 10%盐酸溶液或硫酸溶液浸泡,用蒸馏水冲洗后再用无氨水冲洗数次,洗净后立即使用。高压蒸气灭菌器应每周清洗。

(4) 在碱性过硫酸钾溶液配制过程中,温度过高会导致过硫酸钾分解失效,因此要控制水浴温度在 60 ℃以下,而且应待到氢氧化钠溶液温度冷却至室温后,再将其与过硫酸钾溶液混合、定容。

(5) 使用高压蒸气灭菌器时,应定期检定压力表,并检查橡胶密封圈密封情况,避免因漏气而减压。

(6) 具塞的磨口玻璃比色管密闭性应良好。使用高压蒸气灭菌器时,冷却后放气要缓慢,要充分冷却方可揭开锅盖,以避免比色管中的塞子蹦出。

实训 4. 废水中总磷的测定

1. 实训目的

(1) 掌握废水中总磷的测定方法;

(2) 掌握用钼酸铵分光光度法检测总磷的原理。

2. 实训原理

在中性条件下,用过硫酸钾使试样消解,将所含磷全部氧化为正磷酸盐。在酸性条件下,正磷酸盐与钼酸铵、酒石酸锑氧钾进行反应,生成的磷钼杂多酸被还原剂抗坏血酸还原,则变成蓝色络合物,又称磷钼蓝。

3. 试剂与仪器

(1) 硫酸(H_2SO_4) 密度为 1.84 g/mL。

(2) 50 g/L (m/V)过硫酸钾溶液 溶解 5 g 过硫酸钾于水中,稀至 100 mL。

(3) 1:1 硫酸溶液。

(4) 100 g/L 抗坏血酸溶液 溶解 10 g 抗坏血酸于水中,并稀释至 100 mL,贮于棕色瓶中,冷处存放。如颜色变黄,则弃去重配。

(5) 钼酸盐溶液 溶解 13 g 钼酸铵[$(NH_4)_6Mo_7O_{24} \cdot 4H_2O$]于 100 mL 水中;溶解 0.35 g 酒石酸锑氧钾[$K(SbO)C_4H_4O_6 \cdot \frac{1}{2}H_2O$]于 100 mL 水中。在搅拌下,将钼酸铵溶液缓缓倒入 300 mL 1:1 硫酸中,再加入酒石酸锑钾溶液混合均匀。试剂贮存在棕色瓶中,于 4 ℃保存,其稳定性可持续 2 个月。

(6) 磷酸盐贮备液 称取在 110 ℃干燥 2 h 后冷却的磷酸二氢钾(0.2197±0.001) g 溶于水,移入 1000 mL 容量瓶中,加入大约 800 mL 水,加 1:1 硫酸 5 mL,用水稀释至标线并混匀。此溶液每毫升含磷 50.0 μg。本溶液在玻璃瓶中可贮存至少 6 个月。

(7) 磷酸盐标准使用液 吸取 10.00 mL 磷酸盐贮备液于 250 mL 容量瓶中,用水稀释至标线并摇匀。此溶液每毫升含磷 2.00 μg,临用时现配。

(8) 10 g/L 酚酞溶液 0.5 g 酚酞溶于 50 mL 95%乙醇中。

(9) 浊度-色度补偿液 混合 2 体积 1:1 硫酸和 1 体积 100 g/L 抗坏血酸溶液,应于使用当天配制。

(10) 分光光度计。

(11) 医用手提式高压蒸气灭菌器(1~1.5 kg/m³)(带调压器)或民用压力锅。

(12) 50 mL 具塞的比色管、纱布、细绳。

4. 操作步骤

(1) 试样处理

① 采取 500 mL 水样后,向其加入 1 mL 1.84 g/mL 硫酸以调节样品的 pH 值,使之低于或等于 1,或不加任何试剂,于冷处保存。

② 试样的准备:取 25 mL 样品于具塞的比色管中。取时应仔细摇匀,以得到溶解部分和悬浮部分均具有代表性的试样。如样品中含磷浓度较高,试样体积可以减少。

(2) 测定步骤

① 空白试样:按下面步骤③消解中的规定进行空白试验,用水代替试样,并加入与测试

时相同体积的试剂。

② 校准曲线的绘制：取 7 支 50 mL 具塞的比色管，分别加入磷酸盐标准使用液 0、0.50、1.00、3.00、5.00、10.0、15.0 mL。如果测总磷，则加水至 25 mL，然后按步骤③消解至步骤⑤测量的规定进行操作。以水做参比，测定吸光度；在扣除空白试验的吸光度后，与对应的磷含量绘制标准曲线。

③ 消解：于 50 mL 具塞的比色管中，取适量水样，加水至 25 mL，加入 4 mL 过硫酸钾溶液，加塞后用纱布扎紧，并用细绳绑紧。将比色管放入高压蒸气灭菌器中，待放气阀放气后，关闭放气阀，待锅内压力达到 1.1 kg/m²（相应温度为 120 ℃）时，调节调压器以保持此压力，持续时间为 30 min，停止加热，待指针回零后，取出放冷。然后用水稀释至标线。如溶液浑浊，则用滤纸过滤，洗涤后定容。

④ 显色：向 50 mL 具塞的比色管中加入 1 mL 抗坏血酸溶液，30 s 后加入 2 mL 钼酸盐溶液混匀，放置 15 min。

⑤ 测量：用 30 mm 的比色皿，于波长 700 nm 处，以零浓度溶液为参比，测量吸光度。

⑥ 样品的测定：取适量水样（使含磷量不超过 30 μg）加入 50 mL 具塞的比色管中，用水稀释至刻度，以下同校准曲线的步骤③消解至步骤⑤测量进行测定。减去空白试验的吸光度，并从校准曲线上查出含磷量。

5. 结果计算

$$总磷（以 P 计，mg/L）＝m/V$$

式中，m——由校准曲线查得的磷量，μg；

V——水样体积，mL。

6. 注意事项

(1) 水样如用酸固定，则加入过硫酸钾前应将水样调至中性。

(2) 室温低于 13 ℃时，可在 20～30 ℃水浴中显色 15 min。

(3) 操作用的玻璃仪器，可用 1∶5 盐酸浸泡 2 h。

(4) 比色皿用后可用稀硝酸或铬酸洗液浸泡片刻，以除去吸附的钼蓝有色物。

(5) 适用范围　最低检出浓度为 0.01 mg/L；测定上限为 0.6 mg/L。可适用于地面水、生活污水及日化、磷肥、农药等工业废水中磷酸盐的测定。

(6) 如试样中色度影响测量吸光度时，需做补偿校正。在 50 mL 具塞的比色管中，分别取与样品测定相同量的水样，定容后加入 3 mL 浊度补偿液，测量吸光度，然后从水样的吸光度中减去校正吸光度。

实训 5. 废水中 pH 值的测定

1. 实训目的

(1) 掌握废水中 pH 值的测定方法；

(2) 掌握用复合电极法测 pH 值的原理。

2. 实训原理

复合电极由玻璃电极与甘汞电极做成，pH 值由测量电池的电动势而得。该电池通常由饱和甘汞电极为参比电极、玻璃电极为指示电极所组成。在 25 ℃，溶液中每变化 1 个 pH 单位，电位差改变为 59.16 mV，据此在仪器上直接以 pH 值的读数表示。温度差异在仪器上有补偿装置。

3. 试剂与仪器

在分析中,除非另有说明。均要求使用分析纯或优级纯试剂。

(1) 配制标准溶液所用的蒸馏水应符合下列要求:煮沸并冷却、电导率小于 0.2×10^{-6} S/cm 的蒸馏水,其 pH 值以 $6.7 \sim 7.3$ 为宜。

(2) pH 标准溶液甲(pH=4.008,25 ℃)

称取先在 $110 \sim 130$ ℃ 干燥了 $2 \sim 3$ h 的邻苯二甲酸氢钾($KHC_8H_4O_4$)10.12 g,溶于水并在容量瓶中稀释至 1L。

(3) pH 标准溶液乙(pH=6.865,25 ℃)

分别称取先在 $110 \sim 130$ ℃ 干燥了 $2 \sim 3$ h 的磷酸二氢钾(KH_2PO_4)3.388 g 和磷酸氢二钠(Na_2HPO_4)3.533 g,溶于水并在容量瓶中稀释至 1 L。

(4) pH 标准溶液丙(pH=9.180,25 ℃)

为了使晶体具有一定的组成成分,应称取与饱和溴化钠(或氯化钠加蔗糖)溶液(室温)共同放置在干燥器中平衡两昼夜的硼砂($Na_2B_4O_7 \cdot 10H_2O$)3.80 g,溶于水并在容量瓶中稀释至 1 L。

(5) 酸度计或离子浓度计。这是常规检验使用的仪器,至少应当精确到 0.1 pH 单位,pH 值范围为 $0 \sim 14$。如有特殊需要,应使用精确度更高的仪器。

(6) 复合电极。

4. 操作步骤

(1) 仪器校准　操作程序按仪器使用说明书进行。先将水样与标准溶液调到同一温度,记录测定温度,并将仪器温度补偿旋钮调至该温度上。按第四章第一节"化学分析实训5"黄酒 pH 值的检测中有关酸度计的校正方法进行校正。

(2) 样品测定　测定样品时,先用蒸馏水认真冲洗电极,再用水样冲洗,然后将电极浸入样品中,小心摇动或进行搅拌使其均匀。静置,待读数稳定时记下 pH 值。

5. 结果计算

水样的 pH 值就是酸度计显示的读数值。

6. 注意事项

(1) 水样最好现场测定,否则,应在采样后把样品保持在 $0 \sim 4$ ℃,并在采样后 6 h 之内进行测定。

(2) 测定 pH 值时,为减少空气和水样中二氧化碳的溶入或挥发,在测水样之前,不应提前打开水样瓶盖。

(3) 测定 pH 值时,复合电极的球应全部浸入溶液中,并使其稍高于磁性转子,以免搅拌时碰坏电极。

(4) 复合电极内不能有气泡出现,预防断路。

实训 6. 废水色度的测定

1. 实训目的

(1) 掌握目视稀释倍数法测定废水中的色度;

(2) 掌握色度的单位与定义。

2. 实训原理

在说明工业废水的颜色种类,如深蓝色、棕黄色、暗黑色等时,可用文字描述。为定量说明工业废水色度的大小,可用稀释倍数法表示色度,即将工业废水按一定的稀释倍数,用光学纯水稀释到接近无色时,记录稀释倍数,用来表示该水样的色度,单位为倍。

3. 试剂与仪器

(1) 50 mL 具塞的比色管。

(2) 250 mL 容量瓶。

(3) 5、25、50 mL 移液管。

4. 操作步骤

(1) 取 100 mL 澄清水样置于 200 mL 烧杯中,以白色瓷板为背景,观测并描述其颜色种类。

(2) 分取澄清的水样,用光学纯水稀释成不同倍数。分取 50 mL 置于 50 mL 具塞的比色管中,管底部衬一白瓷板,由上向下观察稀释后水样的颜色,并与光学纯水相比较,直至刚好看不出颜色,也就是说,试样稀释至刚好与光学纯水无法区别为止。记录此时的稀释倍数。

稀释的方法:

① 水样的色度在 50 倍以上时,用移液管计量吸取水样于容量瓶中,用光学纯水稀释至标线,每次取最大的稀释比,使稀释后色度在 50 倍以内。

② 水样的色度在 50 倍以下时,在具塞的比色管中取水样 25 mL,用光学纯水稀释至标线,每次稀释倍数为 2 倍。

③ 水样或水样经稀释至色度很低时,应从具塞的比色管中倒入量筒取适量水样并计量,然后用光学纯水稀释至标线,每次稀释倍数小于 2 倍。记下各次稀释倍数值。

5. 结果表示

将逐级稀释的各次倍数相乘,所得之积取整数值,以此表示样品的色度。同时用文字描述样品的颜色深浅、色调,还可包括透明度。

6. 注意事项

如测定水样的"真实颜色",应将水样放置澄清并取上清液,或用离心法去除悬浮物后测定;如测定水样的"表观颜色",待水样中的大颗粒悬浮物沉降后,取上清液测定。

复习思考题

1. 酿造用水硬度的测定方法是怎样的?

2. 酿造用水硬度的测定原理是怎样的?

3. 酿造用水中氯化物的测定方法是怎样的?

4. 酿造用水中氯化物的测定计算公式是怎样的?

5. 酿造用水中氯化物的测定原理是怎样的?

6. 废水中化学耗氧量的检测过程是怎样的?

7. 废水中化学耗氧量的计算公式是怎样的?

8. 废水中 NH_4-N 测定时水质预处理的方法有哪两种?

9. 纳氏试剂的制备方法是怎样的?

10. 废水中用钼酸铵分光光度法测定总磷的原理是怎样的?

第七章 黄酒新仪器分析与检测

在当今社会的发展过程中,环保与健康日益被人们所重视。随着黄酒企业生产量的日益增加,检测人员的工作量也渐渐增大。酒精度作为黄酒检测中的一个重要指标,用传统的蒸馏方法来测定酒精度已跟不上生产的节奏;从节能减排的角度出发,酒精度检测要用机器来取代人工是历史发展的必然现象。同时,黄酒是一种微生物发酵代谢的产物,酒体内各种成分种类较多,作为黄酒中的一种有害物质氨基甲酸乙酯,它在黄酒中是极微量的存在,但其前几年在黄酒行业中也产生了一定的负面影响。下面我们就来讲解一下,黄酒中一些新仪器与新方法的使用。

实训 1. 黄酒酒精度的检测(酒精仪)

现在成品黄酒也能用 Alcolyzer wine 酒精分析仪器直接测定。

1. 实训目的

(1) 了解 Alcolyzer wine 酒精分析仪器的基本操作方法;

(2) 掌握 Alcolyzer wine 酒精分析仪器的维护。

2. 实训原理

酒精分析仪就是利用透射光谱法与近红外光谱原理,根据样品中乙醇对特定近红外波长的吸收,直接测量黄酒的酒精含量,确保酒精度测定的准确性。近红外(NIR)光谱区是指介于可见(VIS)和中红外(MIR)区之间的电磁波,其波长范围为 $750\sim2500$ nm。近红外光谱为分子振动光谱的倍频和组合频谱带,主要指含氢基团 C—H,O—H,N—H,S—H 的吸收,包含了绝大多数类型有机物组成和分子结构的丰富信息。由于不同基团或同一基团在不同化学环境中吸收波长有明显差别,因此,可以作为获取有机化合物组成的有效载体。透射光谱法就是把待测样品置于作用光与检测器之间,检测器所检测到的分析光是作用光通过样品体与样品分子相互作用后的光;若样品是透明的真溶液,则分析光在样品中经过的路程是一定的。透射光的强度与样品组分浓度由比尔定律决定,原理如图 7-1 所示。

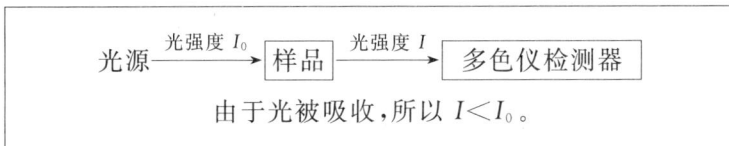

$$\text{光源} \xrightarrow{\text{光强度 } I_0} \boxed{\text{样品}} \xrightarrow{\text{光强度 } I} \boxed{\text{多色仪检测器}}$$

由于光被吸收,所以 $I < I_0$。

图 7-1 测量原理

3. 试剂与仪器

(1) 8%vol~12%vol 的酒精溶液。

(2) 清洗液 0.5% NaOCl+0.5% NaOH。

（3）Alcolyzer wine 酒精分析仪，如图 7-2 所示。

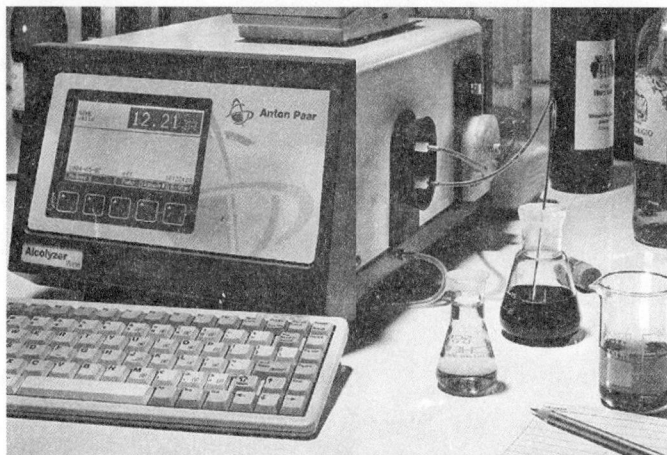

图 7-2　酒精分析仪

4. 酒样预处理

检测的酒样需要过滤成澄清的液体后才能进行检测；过滤或离心时防止酒精度挥发。

5. 操作步骤

使用前请仔细阅读仪器使用说明。

（1）仪器按键说明

（2）开机操作

① 打开电脑、酒精仪、自动进样器电源开关，无先后次序。

② 打开 Excel 文件，点击 AP-SoftPrint 的下拉菜单 Start Data Collection，然后点击弹出窗口中的 Start，Excel 就会自动执行数据记录。

③ 在进样器转盘上依次放 1 份酒精（酒精度≥95％）和 3 份纯水，按＜Start＞开始仪器清洗。

（3）Alcolyzer wine 的校正操作

定期进行酒精浓度两点校正：用除气的二次蒸馏水做零点校正，用 8％vol～12％vol 的酒精溶液进行浓度校正。校正前在 20 ℃温度下，Alcolyzer wine 至少开机预热 1 h。

① 用水校正（零点）

a. 选择"菜单—检查/校正—其他校正—酒精密度分析模块—酒精零点校正"。

b. 待出现提示"Do you really want to adjust?"时选 ＜YES＞。自动进样器开始将二次蒸馏水注入测量池，进样完成后自动进行校正。

c. 等待零点校正完成。

d. 如果测量值稳定在±0.03％vol 内，那么表明校正成功并予以保存，屏幕显示"adjustment saved"。按 ＜Cont＞ 键确认校正；按 ＜ESC＞ 键两次返回测量窗口。

e. 如果校正后屏幕显示"no stability-restart"，表示测量结果的稳定性无法达到要求，原因可能是在进样过程中存在问题（例如测量池内有气泡）。再次清洗测量池，用标准水重新校正（和出厂值（％）进行比较。如果此值低于 80％vol，则需进行清洗；如果清洗后此值还是太低，则需要与安东帕公司联系维修）。

② 用酒精溶液校正

a. 配制 10％vol～12％vol 酒精溶液。

b. 选择"菜单—检查/校正—其他校正—酒精密度分析模块—酒精浓度校正"。进样前,必须把样品中气泡排掉。

c. 在自动进样器上按＜Start＞键,自动进样器开始将酒精溶液注入测量池,进样完成后自动进行校正。

d. 按 ＜Cont＞键继续校正。

e. 等待校正完成,检查 Alcolyzer 酒精显示值,如果显示值与所配溶液酒精度差值在 ±0.03％vol,那么校正成功并保存,屏幕显示"adjustment saved"。按＜Cont＞键确认校正;按＜ESC＞键两次返回测量窗口。

f. 如果校正后屏幕显示"adjustment failed",表示校正失败,测量结果的稳定性无法达到要求,原因可能是在进样的过程中存在问题(例如测量池内有气泡)。再次清洗测量池,用酒精溶液重新校正。

(4) 测定酒样

校正完毕后,把吸取样品的针插入酒样中按＜start＞键,完成检测后,记录数值。

(5) 关机操作

① 保存 Excel 文件,关闭 Excel 及电脑。

② 在进样器转盘上依次放 1 份纯水和 1 个酒精(酒精度≥95％),按＜Start＞键开始仪器清洗。清洗后,打开空气泵,将吹气的口子插入进样口,同时拧开蠕动泵上的开关。吹气完毕后,空气泵会自动关闭。

③ 拧紧蠕动泵上的开关,最后关闭酒精仪电源。

6. 维护

每周一次,用含有 NaOCl 和 NaOH(或 KOH)的溶剂清洗测量池,务必注意清洗液的浓度。一般是 0.5％ NaOCl＋0.5％ NaOH(或 KOH)。清洗液在测量池滞留时间不要超过 3 min。稀释后,溶液中 NaOH(或 KOH)和 NaOCl 的浓度和不高于 1％。样品盘上依次放置 1 杯自制清洗液和 4 杯蒸馏水。

蒸馏水可保留在测量池中,直至下一次测量。

7. 注意事项

(1) 再次测量前先用 1 杯浓度约为 10％vol 的酒精溶液(可以是校正所用的溶液)过洗,以减小测量池表面张力,避免进样的过程中产生气泡。

(2) 要澄清的黄酒才能检测,否则对检测的数据有很大的影响。

实训 2. 氨基甲酸乙酯的检测(气质联用仪)

1. 实训目的

(1) 了解气质联用仪的基本操作方法;

(2) 掌握利用气质联用仪检测氨基甲酸乙酯的方法;

(3) 掌握气质联用仪的检测原理。

2. 实训原理

酒样加 D5-氨基甲酸乙酯内标后,经过碱性硅藻土固相萃取柱净化、洗脱,洗脱液浓缩后,用气相色谱—质谱仪进行测定,内标法定量。

质谱分析法是采用高速电子来撞击气态分子或原子,将电离后的正离子加速导入质量分析器中,然后按质荷比(m/z)的大小顺序进行收集和记录,通过对被测样品离子的质荷比的测定来进行分析的一种方法。被分析的样品首先要离子化,然后利用不同离子在电场或磁场的运动行为的不同,把离子按质荷比(m/z)分开而得到质谱,通过样品的质谱和相关信息,可以得到样品的定性及定量结果。气质联用的有效结合既充分利用色谱的分离能力,又发挥了质谱的定性专长,优势互补,结合谱库检索,可以得到较满意的分离鉴定结果。

3. 试剂与仪器

除非另有说明,所有试剂均为分析纯。

(1) 试剂与仪器

① 试剂:正己烷、乙酸乙酯、乙醚、甲醇均为色谱纯,无水硫酸钠(经 450 ℃ 烧烤 4 h)、氯化钠、氨基甲酸乙酯标准品:纯度＞99.0%,CAS:51-79-6;D5-氨基甲酸乙酯:CAS:73962-07-9。

② 仪器:气相色谱—质谱联用仪如图 7-3 所示,带 EI 源;漩涡混匀器;氮吹仪;固相萃取仪,配有抽真空装置(硅藻土萃取 SPE 20 mL 小柱);PTFE 滤膜;分析天平:感量为 1.0 mg 和 0.01 g;超声波清洗机;30 mL 样品瓶;容量瓶;鸡心瓶;进样样品瓶;具塞刻度试管。

4. 标准溶液配制

(1) 1.0 mg/mL D5-氨基甲酸乙酯标准储备液

准确称取约 0.01 g(精确至 0.0001 g)D5-氨基甲酸乙酯标准品于 10 mL 容量瓶中,用甲醇定容到刻度,放于 4 ℃ 冰箱中冷藏保存;有效期为 6 个月。

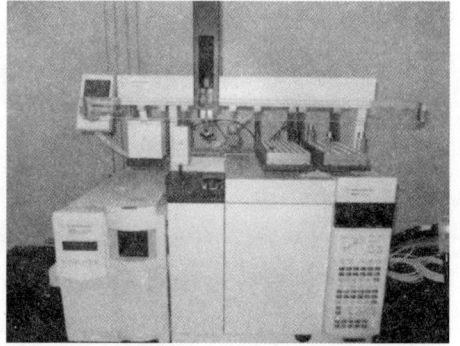

图 7-3　气质联用仪

(2) 2.0 μg/mL D5-氨基甲酸乙酯标准使用液　准确吸取 1.0 mg/mL D5-氨基甲酸乙酯标准储备液 0.1 mL,用甲醇定容到 50 mL。

(3) 1.0 mg/mL 氨基甲酸乙酯标准储备液　准确称取约 0.5000 g(精确至 0.0001 g)氨基甲酸乙酯标准品于 50 mL 容量瓶中,用甲醇定容到刻度线。

(4) 10.0 μg/mL 氨基甲酸乙酯中间溶液　准确吸取 1.0 mg/mL 氨基甲酸乙酯标准储备液 1.0 mL,用甲醇定容到 100 mL。

(5) 0.5 μg/mL 氨基甲酸乙酯中间溶液　准确吸取 10.0 μg/mL 氨基甲酸乙酯中间溶液 5.0 mL,用甲醇定容到 100 mL。

(6) 分别准确吸取一定量氨基甲酸乙酯标准中间液,加入 100 μL 2.0 μg/mL D5-氨基甲酸乙酯标准使用液,以甲醇定容 1.0 mL,得到 10.0、25.0、50.0、100.0、200.0、400.0、1000.0 ng/mL 的标准使用液(内含有 200.0 ng/mL D5-氨基甲酸乙酯)。

5. GC－MS分析参考条件

毛细柱 DB－INNOWAX(30 m×0.25 mm×0.25 μm)；进样口温度为 220 ℃；载气：高纯氦气；流速为 1 mL/min；程序升温：初温为 50 ℃(保持 1 min)，然后以 8 ℃/min 升至 180 ℃。程序运行完成后达 240 ℃，静置 5 min；不分流进样，进样的量为 1 μL。

接口温度：240 ℃；电离方式：EI 源；电子能量：70 eV；离子源温度：230 ℃；四级杆温度：150 ℃；氨基甲酸乙酯选择监测离子(m/z)：44，62，74，89，其中定量离子为 62；D5-氨基甲酸乙酯选择监测离子(m/z)：64，76，其中定量离子为 64。

6. 操作步骤

(1) 样品处理　准确取黄酒样品 2.00 g，加入 100 μL2.0 μg/mL D5-氨基甲酸乙酯内标使用液、氯化钠 0.3 g，超声溶解、混匀。然后加样到碱性硅藻土固相萃取柱上，抽真空，让酒样慢慢渗入到固相萃取柱中，静置约 10 min。先用 10 mL 正己烷淋洗除杂，然后用 10 mL 5%乙酸乙酯/乙醚溶液以 1 mL/min 流速洗脱，并收集于 10 mL 具塞刻度试管中。洗脱液经过无水硫酸钠脱水后，在室温下用氮气缓缓吹至 0.5 mL 左右，用甲醇定容到 1.0 mL 制成测定液供 GC/MS 分析，同时做空白测定。

(2) 标准曲线的制作及样品测定　将氨基甲酸乙酯标准使用液 10.0、25.0、50.0、100.0、200.0、400.0、1000.0 ng/mL 进行气相色谱—质谱仪测定。以氨基甲酸乙酯浓度为横坐标，以相应浓度的峰面积与内标峰面积比为纵坐标，绘制标准曲线。将酒样溶液按标准溶液进行测定，根据标准曲线得到待测液中氨基甲酸乙酯的浓度。酒样含低浓度的氨基甲酸乙酯采用 10.0、25.0、50.0、100.0、200.0 ng/mL 的标准使用液绘制标准曲线；酒样含高浓度的氨基甲酸乙酯采用 50.0、100.0、200.0、400.0、1000.0 ng/mL 的标准使用液绘制标准曲线。根据标准曲线计算酒样中氨基甲酸乙酯的含量。

空白试验除不加酒样外，采用完全相同的分析步骤、试剂和用量，进行平行操作。

7. 结果计算

$$X = \frac{(A - A_0) \times V}{m}$$

式中，X——样品中氨基甲酸乙酯的含量，μg/kg；

$\quad$ A——酒样色谱峰与标准工作液峰面积比较，根据标准曲线或者单点计算得到的质量，ng/mL；

$\quad$ A_0——空白样中氨基甲酸乙酯的含量，ng/mL；

$\quad$ m——样品的取样量，g；

$\quad$ V——样品定容的体积，mL。

8. 方法定量限、检测限、精密度

当酒样取 2.00 g 时，氨基甲酸乙酯检出限为 2.0 μg/kg，定量限为 5.0 μg/kg。

样品中的氨基甲酸乙酯含量大于 20 μg/kg 时，在重复性条件下获得的两次独立测定结果的绝对差值，不得超过算术平均值的 15%；含量小于 20 μg/kg 时，在重复性条件下获得的两次独立测定结果的绝对差值，不得超过算术平均值的 20%。

计算结果以重复条件下获得的两次独立测定结果的算术平均值表示，保留 3 位有效数字。

复习思考题

1. Alcolyzer wine 检测酒精的原理是怎样的？
2. Alcolyzer wine 的校正操作是按怎样的程序进行的？
3. 每周一次的酒精分析仪清洗是怎样操作的？
4. 气质联用仪检测黄酒中氨基甲酸乙酯的酒样是怎样处理的？
5. 气质联用仪检测黄酒中氨基甲酸乙酯的测定原理是怎样的？

附录一 酒精计示值换算成 20 ℃时的酒精浓度(酒精度)

溶液温度(℃)	酒精计示值										
	0	0.5	1.0	1.5	2.0	2.5	3.0	3.5	4.0	4.5	5.0
	20 ℃时用体积分数表示的酒精浓度(%vol)										
0	0.8	1.3	1.8	2.3	2.8	3.3	3.9	4.4	4.9	5.5	6.0
1	0.8	1.3	1.8	2.4	2.9	3.4	3.9	4.4	5.0	5.5	6.1
2	0.8	1.4	1.9	2.4	2.9	3.4	4.0	4.5	5.0	5.6	6.1
3	0.9	1.4	1.9	2.4	3.0	3.5	4.0	4.5	5.0	5.6	6.1
4	0.9	1.4	1.9	2.4	3.0	3.5	4.0	4.5	5.1	5.6	6.2
5	0.9	1.4	2.0	2.5	3.0	3.5	4.0	4.6	5.1	5.6	6.2
6	0.9	1.4	2.0	2.5	3.0	3.5	4.0	4.6	5.1	5.6	6.2
7	0.9	1.4	1.9	2.4	3.0	3.5	4.0	4.5	5.1	5.6	6.1
8	0.9	1.4	1.9	2.4	2.9	3.4	4.0	4.5	5.0	5.6	6.1
9	0.9	1.4	1.9	2.4	2.9	3.4	4.0	4.5	5.0	5.5	6.0
10	0.8	1.3	1.8	2.4	2.9	3.4	3.9	4.4	5.0	5.5	6.0
11	0.8	1.3	1.8	2.3	2.8	3.3	3.9	4.4	4.9	5.4	6.0
12	0.7	1.2	1.7	2.2	2.8	3.3	3.8	4.3	4.8	5.4	5.9
13	0.7	1.2	1.7	2.2	2.7	3.2	3.7	4.2	4.8	5.3	5.8
14	0.6	1.1	1.6	2.1	2.6	3.1	3.6	4.2	4.7	5.2	5.7
15	0.5	1.0	1.5	2.0	2.5	3.0	3.6	4.1	4.6	5.1	5.6
16	0.4	0.9	1.4	1.9	2.4	2.9	3.4	4.0	4.5	5.0	5.5
17	0.3	0.8	1.3	1.8	2.3	2.8	3.4	3.9	4.4	4.9	5.4
18	0.2	0.7	1.2	1.7	2.2	2.7	3.2	3.7	4.2	4.8	5.3
19	0.1	0.6	1.1	1.6	2.1	2.6	3.1	3.6	4.1	4.6	5.1
20	0.0	0.5	1.0	1.5	2.0	2.5	3.0	3.5	4.0	4.5	5.0
21		0.4	0.9	1.4	1.9	2.4	2.9	3.4	3.9	4.4	4.8
22		0.2	0.7	1.2	1.7	2.2	2.7	3.2	3.7	4.2	4.7
23		0.1	0.6	1.1	1.6	2.1	2.6	3.1	3.6	4.1	4.6
24		0.0	0.4	0.9	1.4	1.9	2.4	2.9	3.4	3.9	4.4
25			0.3	0.8	1.3	1.8	2.3	2.8	3.2	3.7	4.2
26			0.1	0.6	1.1	1.6	2.1	2.6	3.1	3.6	4.0
27			0.0	0.4	1.0	1.4	1.9	2.4	2.9	3.4	3.9
28				0.3	0.8	1.3	1.8	2.2	2.7	3.2	3.7
29				0.2	0.6	1.1	1.6	2.1	2.5	3.0	3.5
30				0.1	0.4	0.9	1.4	1.9	2.4	2.8	3.3

续　表

溶液温度（℃）	酒精计示值									
	5.5	6.0	6.5	7.0	7.5	8.0	8.5	9.0	9.5	10.0
	20 ℃时用体积分数表示的酒精浓度（%vol）									
0	6.6	7.3	7.8	8.4	9.0	9.6	10.2	10.8	11.4	12.0
1	6.6	7.3	7.8	8.4	9.0	9.6	10.2	10.8	11.4	12.0
2	6.7	7.3	7.8	8.4	9.0	9.6	10.2	10.8	11.4	12.0
3	6.7	7.3	7.8	8.4	9.0	9.6	10.2	10.8	11.4	12.0
4	6.7	7.3	7.8	8.4	9.0	9.6	10.2	10.7	11.3	11.9
5	6.7	7.3	7.8	8.4	9.0	9.6	10.1	10.7	11.3	11.8
6	6.7	7.3	7.8	8.4	8.9	9.5	10.1	10.6	11.2	11.8
7	6.7	7.2	7.8	8.4	8.9	9.5	10.0	10.6	11.2	11.7
8	6.6	7.2	7.7	8.3	8.8	9.4	10.0	10.5	11.1	11.6
9	6.6	7.1	7.7	8.2	8.8	9.3	9.9	10.4	11.0	11.5
10	6.5	7.1	7.6	8.2	8.7	9.3	9.8	10.3	10.9	11.4
11	6.5	7.0	7.6	8.1	8.6	9.2	9.7	10.2	10.8	11.3
12	6.4	6.9	7.5	8.0	8.5	9.1	9.6	10.1	10.7	11.2
13	6.3	6.8	7.4	7.9	8.4	9.0	9.5	10.0	10.6	11.1
14	6.2	6.7	7.3	7.8	8.3	8.9	9.4	9.9	10.4	11.0
15	6.1	6.6	7.2	7.7	8.2	8.8	9.3	9.8	10.3	10.8
16	6.0	6.5	7.0	7.6	8.1	8.6	9.1	9.6	10.2	10.7
17	5.9	6.4	6.9	7.4	8.0	8.5	9.0	9.5	10.0	10.5
18	5.8	6.3	6.8	7.3	7.8	8.3	8.8	9.3	9.8	10.4
19	5.6	6.1	6.6	7.2	7.6	8.2	8.7	9.2	9.7	10.2
20	5.5	6.0	6.5	7.0	7.5	8.0	8.5	9.0	9.5	10.0
21	5.4	5.8	6.3	6.8	7.3	7.8	8.3	8.8	9.3	9.8
22	5.2	5.7	6.2	6.7	7.2	7.7	8.2	8.6	9.1	9.6
23	5.0	5.5	6.0	6.5	7.0	7.5	8.0	8.4	8.9	9.4
24	4.9	5.4	5.8	6.3	6.8	7.3	7.8	8.3	8.8	9.2
25	4.7	5.2	5.7	6.2	6.6	7.1	7.6	8.1	8.6	9.0
26	4.5	5.0	5.5	6.0	6.4	6.9	7.4	7.9	8.3	8.8
27	4.3	4.8	5.3	5.8	6.3	6.7	7.2	7.7	8.1	8.6
28	4.2	4.6	5.1	5.6	6.1	6.5	7.0	7.5	7.9	8.4
29	4.0	4.4	4.9	5.4	5.8	6.3	6.8	7.2	7.7	8.2
30	3.8	4.2	4.7	5.2	5.6	6.1	6.6	7.0	7.5	7.9

溶液温度(℃)	酒精计示值									
	5.5	6.0	6.5	7.0	7.5	8.0	8.5	9.0	9.5	10.0
	20 ℃时用体积分数表示的酒精浓度(%vol)									
0	12.7	13.3	14.0	14.6	15.3	16.0	16.7	17.5	18.2	19.0
1	12.6	13.3	13.9	14.6	15.3	15.9	16.6	17.3	18.1	18.8
2	12.6	13.2	13.9	14.5	15.2	15.9	16.6	17.2	17.9	18.6
3	12.6	13.2	13.8	14.5	15.1	15.8	16.4	17.1	17.8	18.5
4	12.5	13.1	13.8	14.4	15.0	15.7	16.3	17.0	17.7	18.3
5	12.4	13.0	13.7	14.3	14.9	15.6	16.2	16.8	17.5	18.2
6	12.4	13.0	13.6	14.2	14.8	15.4	16.1	16.7	17.3	18.0
7	12.3	12.9	13.5	14.1	14.7	15.3	15.9	16.5	17.2	17.8
8	12.2	12.8	13.4	14.0	14.6	15.2	15.8	16.4	17.0	17.6
9	12.1	12.7	13.2	13.8	14.4	15.0	15.6	16.2	16.8	17.4
10	12.0	12.6	13.1	13.7	14.3	14.9	15.4	16.0	16.6	17.2
11	11.9	12.4	13.0	13.6	14.1	14.7	15.3	15.8	16.4	17.0
12	11.8	12.3	12.8	13.4	14.0	14.5	15.1	15.7	16.2	16.8
13	11.6	12.2	12.7	13.2	13.8	14.4	14.9	15.5	16.0	16.6
14	11.5	12.0	12.5	13.1	13.6	14.2	14.7	15.3	15.8	16.4
15	11.3	11.9	12.4	12.9	13.5	14.0	14.5	15.1	15.6	16.2
16	11.2	11.7	12.2	12.8	13.3	13.8	14.3	14.9	15.4	15.9
17	11.0	11.5	12.1	12.6	13.1	13.6	14.1	14.7	15.2	15.7
18	10.9	11.4	11.9	12.4	12.9	13.4	13.9	14.4	15.0	15.5
19	10.7	11.2	11.7	12.2	12.7	13.2	13.7	14.2	14.7	15.2
20	10.5	11.0	11.5	12.0	12.5	13.0	13.5	14.0	14.5	15.0
21	10.3	10.8	11.3	11.8	12.3	12.8	13.3	13.8	14.3	14.8
22	10.1	10.6	11.1	11.6	12.1	12.6	13.1	13.6	14.0	14.5
23	9.9	10.4	10.9	11.4	11.8	12.3	12.8	13.3	13.8	14.3
24	9.7	10.2	10.7	11.2	11.6	12.1	12.6	13.1	13.5	14.0
25	9.5	10.0	10.4	10.9	11.4	11.9	12.4	12.8	13.3	13.8
26	9.3	9.8	10.2	10.7	11.2	11.7	12.1	12.6	13.0	13.5
27	9.1	9.5	10.0	10.5	10.9	11.4	11.9	12.3	12.8	13.2
28	8.9	9.3	9.8	10.3	10.7	11.2	11.6	12.1	12.6	13.0
29	8.6	9.1	9.5	10.0	10.5	10.9	11.4	11.8	12.3	12.7
30	8.4	8.9	9.3	9.8	10.2	10.7	11.1	11.6	12.0	12.5

续　表

溶液温度(℃)	酒精计示值									
	5.5	6.0	6.5	7.0	7.5	8.0	8.5	9.0	9.5	10.0
	20 ℃时用体积分数表示的酒精浓度(%vol)									
0	19.7	20.5	21.3	22.0	22.8	23.6	24.3	25.1	25.8	26.5
1	19.6	20.3	21.1	21.8	22.6	23.3	24.0	24.7	25.4	26.1
2	19.4	20.1	20.8	21.6	22.3	23.0	23.7	24.4	25.1	25.8
3	19.2	19.9	20.6	21.4	22.0	22.7	23.4	24.1	24.8	25.5
4	19.0	19.7	20.4	21.1	21.8	22.5	23.1	23.8	24.4	25.1
5	18.8	19.5	20.2	20.9	21.5	22.2	22.8	23.4	24.1	24.7
6	18.6	19.3	19.9	20.6	21.2	21.9	22.5	23.2	23.8	24.4
7	18.4	19.1	19.7	20.4	21.0	21.6	22.2	22.8	23.4	24.1
8	18.2	18.9	19.5	20.1	20.7	21.3	21.9	22.6	23.2	23.8
9	18.0	18.6	19.2	19.9	20.5	21.1	21.7	22.3	22.8	23.4
10	17.8	18.4	19.0	19.6	20.2	20.8	21.4	22.0	22.5	23.1
11	17.6	18.2	18.8	19.4	20.0	20.5	21.1	21.7	22.2	22.8
12	17.4	18.0	18.5	19.1	19.7	20.2	20.8	21.4	21.9	22.5
13	17.2	17.7	18.3	18.8	19.4	20.0	20.5	21.1	21.6	22.2
14	16.9	17.5	18.0	18.6	19.1	19.7	20.2	20.8	21.3	21.9
15	16.7	17.2	17.8	18.3	18.9	19.4	20.0	20.5	21.0	21.2
16	16.5	17.0	17.5	18.1	18.6	19.2	19.7	20.2	20.7	21.6
17	16.2	16.8	17.3	17.8	18.3	18.9	19.4	19.8	20.4	20.9
18	16.0	16.5	17.0	17.6	18.1	18.6	19.1	19.6	20.1	20.6
19	15.8	16.3	16.8	17.3	17.8	18.3	18.8	19.3	19.8	20.3
20	15.5	16.0	16.5	17.0	17.5	18.0	18.5	19.0	19.5	20.0
21	15.2	15.7	16.2	16.7	17.2	17.7	18.2	18.7	19.2	19.7
22	15.0	15.5	16.0	16.5	17.0	17.4	17.9	18.4	18.9	19.4
23	14.7	15.2	15.7	16.2	16.6	17.1	17.6	18.1	18.6	19.0
24	14.5	15.0	15.4	15.9	16.4	16.9	17.3	17.8	18.3	18.7
25	14.2	14.7	15.2	15.6	16.1	16.6	17.0	17.5	18.0	18.4
26	14.0	14.4	14.9	15.4	15.8	16.3	16.7	17.2	17.6	18.1
27	13.7	14.2	14.6	15.1	15.5	16.0	16.4	16.9	17.3	17.8
28	13.4	13.9	14.4	14.8	15.2	15.7	16.1	16.6	17.0	17.5
29	13.2	13.6	14.1	14.5	15.0	15.4	15.8	16.3	16.7	17.2
30	12.9	13.4	13.8	14.2	14.7	15.1	15.5	16.0	16.4	16.8

溶液温度(℃)	酒精计示值									
	20.5	21.0	21.5	22.0	22.5	23.0	23.5	24.0	24.5	25.0
	20 ℃时用体积分数表示的酒精浓度(%vol)									
0	27.2	27.9	28.6	29.2	29.9	30.6	31.2	31.8	32.4	33.0
1	26.8	27.5	28.2	28.8	29.5	30.1	30.7	31.4	32.0	32.6
2	26.4	27.1	27.8	28.4	29.0	29.7	30.3	30.9	31.5	32.2
3	26.1	26.8	27.4	28.0	28.6	29.3	29.9	30.5	31.1	21.7
4	25.7	26.4	27.0	27.6	28.2	28.9	29.5	30.1	30.7	31.3
5	25.4	26.0	26.6	27.2	27.8	28.5	29.1	29.7	30.5	30.8
6	25.0	25.6	26.2	26.9	27.5	28.1	28.7	29.3	29.8	30.4
7	24.7	25.3	25.9	26.5	27.1	27.7	28.3	28.9	29.4	30.0
8	24.3	24.9	25.5	26.1	26.7	27.3	27.9	28.5	29.0	29.6
9	24.0	24.6	25.2	25.8	26.3	26.9	27.5	28.1	28.6	29.2
10	23.7	24.3	24.8	25.4	26.0	26.6	27.1	27.7	28.2	28.8
11	23.4	23.9	24.5	25.0	25.6	26.2	26.7	27.3	27.8	28.4
12	23.0	23.6	24.2	24.7	25.3	25.8	26.4	26.9	27.4	28.0
13	22.7	23.3	23.8	24.4	24.9	25.4	26.0	26.5	27.1	27.6
14	22.4	23.0	23.5	24.0	24.6	25.1	25.6	26.2	26.7	27.2
15	22.1	22.6	23.1	23.7	24.2	24.7	25.3	25.8	26.3	26.8
16	21.8	22.3	22.8	23.3	23.8	24.4	24.9	25.4	25.9	26.5
17	21.4	22.0	22.5	23.0	23.5	24.0	24.5	25.1	25.6	26.1
18	21.1	21.6	22.1	22.6	23.2	23.7	24.2	24.7	25.2	25.7
19	20.8	21.3	21.8	22.3	22.8	23.3	23.8	24.4	24.8	25.4
20	20.5	21.0	21.5	22.0	22.5	23.0	23.5	24.0	24.5	25.0
21	20.2	20.7	21.2	21.7	22.2	22.6	23.1	23.6	24.1	24.6
22	19.0	20.4	20.8	21.3	21.8	22.3	22.8	23.3	23.8	24.3
23	19.5	20.0	20.5	21.0	21.5	22.0	22.4	22.9	23.4	23.9
24	19.2	19.7	20.2	20.7	21.1	21.6	22.1	22.6	23.1	23.5
25	18.9	19.4	19.8	20.3	20.8	21.3	21.8	22.2	22.7	23.2
26	18.6	19.0	19.5	20.0	20.5	20.9	21.4	21.9	22.4	22.8
27	18.2	18.7	19.2	19.6	20.1	20.6	21.0	21.5	22.0	22.5
28	17.9	18.4	18.8	19.3	19.8	20.2	20.7	21.2	21.6	22.1
29	17.6	18.0	18.5	19.0	19.4	19.9	20.4	20.8	21.3	21.8
30	17.3	17.7	18.2	18.6	19.1	19.6	20.0	20.5	20.9	21.4

续 表

溶液温度(℃)	酒精计示值									
	25.5	26.0	26.5	27.0	27.5	28.0	28.5	29.0	29.5	30.0
	20 ℃时用体积分数表示的酒精浓度(%vol)									
0	33.6	34.2	34.7	35.3	35.8	36.3	36.8	37.3	37.8	43.1
1	33.1	33.7	34.3	34.9	35.3	35.9	36.4	36.9	37.4	42.7
2	32.7	33.3	33.8	34.4	34.9	35.4	36.0	36.5	37.0	42.3
3	32.3	32.9	33.4	34.0	34.5	35.0	35.5	36.0	36.6	41.9
4	31.8	32.4	33.0	33.5	34.0	34.6	35.1	35.6	36.1	41.5
5	31.4	32.0	32.6	33.1	33.6	34.2	34.7	35.2	25.7	41.1
6	31.0	31.6	32.1	32.7	33.2	33.7	34.2	34.8	25.3	40.7
7	30.6	31.1	31.7	32.2	32.8	33.3	33.8	34.4	34.9	40.3
8	30.2	30.7	31.3	31.8	32.4	32.9	33.4	33.9	34.4	39.9
9	29.7	30.3	30.8	31.4	31.9	32.5	33.0	33.5	34.0	39.5
10	29.3	29.9	30.4	31.0	31.5	32.0	32.6	33.1	33.6	39.1
11	28.9	29.5	30.0	30.6	31.1	31.6	32.1	32.7	33.2	38.7
12	28.5	29.1	29.6	30.2	30.7	31.2	31.7	32.2	32.8	38.2
13	28.2	28.7	29.2	29.7	30.3	30.8	31.3	31.8	32.3	37.8
14	27.8	28.3	28.8	29.3	29.9	30.4	30.9	31.4	31.9	37.4
15	27.4	27.9	28.4	28.9	29.5	30.0	30.5	31.0	31.5	37.0
16	27.0	27.5	28.0	28.5	29.0	29.6	30.1	30.6	31.1	36.6
17	26.6	27.1	27.6	28.1	28.6	29.2	29.7	30.2	30.7	36.2
18	26.2	26.7	27.2	27.8	28.3	28.8	29.3	29.8	30.3	35.8
19	25.9	26.4	26.9	27.4	27.9	28.4	28.9	29.4	29.9	35.4
20	25.5	26.0	26.5	27.0	27.5	28.0	28.5	29.0	29.5	35.0
21	25.1	25.6	26.1	26.6	27.1	27.6	28.1	28.6	29.1	34.6
22	24.8	25.3	25.8	26.2	26.7	27.2	27.7	28.2	28.7	34.2
23	24.4	24.9	25.4	25.8	26.3	26.8	27.3	27.8	28.3	33.8
24	24.0	24.5	25.0	25.5	26.0	26.4	26.9	27.4	27.9	33.4
25	23.7	24.1	24.6	25.1	25.6	26.1	26.6	27.0	27.5	33.0
26	23.3	23.8	24.2	24.7	25.2	25.7	26.2	26.6	27.1	32.6
27	22.9	23.4	23.9	24.4	24.8	25.3	25.8	26.3	26.7	32.2
28	22.6	23.0	23.5	24.0	24.4	24.9	25.4	25.9	26.4	31.7
29	22.2	22.7	23.2	23.6	24.1	24.6	25.0	25.5	26.0	31.3
30	21.9	22.3	22.8	23.2	23.7	24.2	24.6	25.1	25.6	30.9

溶液温度(℃)	酒精计示值									
	30.5	31.0	31.5	32.0	32.5	33.0	33.5	34.0	34.5	35.0
	20 ℃时用体积分数表示的酒精浓度(%vol)									
0	38.8	39.3	39.7	40.2	40.7	41.2	41.6	42.1	42.6	43.1
1	38.4	38.9	39.3	39.8	40.3	40.8	41.3	41.7	42.2	42.7
2	38.0	38.4	38.9	39.4	39.9	40.4	40.8	41.3	41.8	42.3
3	37.6	38.0	38.5	39.0	39.5	40.0	40.4	40.9	41.4	41.9
4	37.1	37.6	38.1	38.6	39.1	39.6	40.0	40.5	41.0	41.5
5	36.7	37.2	37.7	38.2	38.7	39.2	39.6	40.1	40.6	41.1
6	36.3	36.8	37.3	37.8	38.2	38.8	39.2	39.7	40.2	40.7
7	35.9	36.4	36.8	37.3	37.8	38.3	38.8	39.3	39.8	40.3
8	35.4	36.0	36.4	36.9	37.4	37.9	38.4	38.9	39.4	39.9
9	35.0	35.5	36.0	36.5	37.0	37.5	38.0	38.5	39.0	39.5
10	34.6	35.1	35.6	36.1	36.6	37.1	37.6	38.1	38.6	39.1
11	34.2	34.7	35.2	35.7	36.2	36.7	37.2	37.7	38.2	38.7
12	33.8	34.3	34.8	35.3	35.8	36.3	36.8	37.3	37.8	38.2
13	33.4	33.9	34.4	34.9	35.4	35.9	36.4	36.8	37.3	37.8
14	33.0	33.5	34.0	34.4	35.0	35.4	35.9	36.4	36.9	37.4
15	32.6	33.0	33.5	34.0	34.5	35.0	35.5	36.0	36.5	37.0
16	32.1	32.6	33.1	33.6	34.1	34.6	35.1	35.6	36.1	36.6
17	31.7	32.2	32.7	33.2	33.7	34.2	34.7	35.2	35.7	36.2
18	31.3	31.8	32.3	32.8	33.3	33.8	34.3	34.8	35.3	35.8
19	30.9	31.4	31.9	32.4	32.9	33.4	33.9	34.4	34.9	35.4
20	30.5	31.0	31.5	32.0	32.5	33.0	33.5	34.0	34.5	35.0
21	30.1	30.6	31.1	31.6	32.0	32.6	33.1	33.6	34.1	34.6
22	29.7	30.2	30.7	31.2	31.7	32.2	32.7	33.2	33.7	34.2
23	29.3	29.8	30.3	30.8	31.3	31.8	32.3	32.8	33.3	33.8
24	28.9	29.4	29.9	30.4	30.9	31.4	31.9	32.4	32.9	33.4
25	28.5	29.0	29.5	30.0	30.5	31.0	31.5	32.0	32.5	33.0
26	28.1	28.6	29.1	29.6	30.0	30.6	31.0	31.6	32.0	32.6
27	27.7	28.2	28.7	29.2	29.6	30.2	30.6	31.2	31.6	32.2
28	27.3	27.8	28.3	28.8	29.2	29.7	30.2	30.7	31.2	31.7
29	26.9	27.4	27.9	28.4	28.8	29.4	29.8	30.3	30.8	31.3
30	26.5	27.0	27.5	28.0	28.9	28.9	29.4	29.9	30.4	30.9

续 表

溶液温度(℃)	酒精计示值									
	35.5	36.0	36.5	37.0	37.5	38.0	38.5	39.0	39.5	40.0
	20℃时用体积分数表示的酒精浓度(%vol)									
0	43.6	44.0	44.5	45.0	45.5	46.0	46.4	46.9	47.4	47.8
1	43.2	43.7	44.1	44.6	45.1	45.6	46.0	46.5	47.0	47.5
2	42.8	43.3	43.7	44.2	44.7	45.2	45.7	46.1	46.6	47.1
3	42.2	42.9	43.4	43.8	44.3	44.8	45.3	45.8	46.2	46.7
4	42.4	42.5	43.0	43.4	43.9	44.4	44.9	45.4	45.9	46.3
5	42.0	42.1	42.6	43.1	43.6	44.0	44.5	45.0	45.5	46.0
6	41.6	41.7	42.2	42.7	43.2	43.6	44.1	44.6	45.1	45.6
7	41.2	41.3	41.8	42.3	42.8	43.2	43.7	44.2	44.7	45.2
8	40.8	40.9	41.4	41.9	42.4	42.8	43.3	43.8	44.3	44.8
9	40.4	40.5	41.0	41.5	42.0	42.4	42.9	43.4	43.9	44.4
10	40.0	40.1	40.6	41.0	41.6	42.0	42.5	43.0	43.5	44.0
11	39.6	39.6	40.2	40.6	41.1	41.6	42.1	42.6	43.1	43.6
12	39.2	39.2	39.7	40.2	40.7	41.2	41.7	42.2	42.7	43.2
13	38.7	38.8	39.3	39.8	40.3	40.8	41.3	41.8	42.3	42.8
14	38.3	38.4	38.9	39.4	39.9	40.4	40.9	41.4	41.9	42.4
15	37.9	38.0	38.5	39.0	39.5	40.0	40.5	41.0	41.5	42.0
16	37.5	37.6	38.1	38.6	39.1	39.6	40.1	40.6	41.1	41.6
17	37.1	37.2	37.7	38.2	38.7	39.2	39.7	40.2	40.7	41.2
18	36.7	36.8	37.3	37.8	38.3	38.8	39.3	39.8	40.3	40.8
19	36.3	36.4	36.9	37.4	37.9	38.4	38.9	39.4	39.9	40.4
20	35.9	36.0	36.5	37.0	37.5	38.0	38.5	39.0	39.5	40.0
21	35.1	35.6	36.1	36.6	37.1	37.6	38.1	38.6	39.1	39.6
22	34.7	35.2	35.7	36.2	36.7	37.2	37.7	38.2	38.7	39.2
23	34.3	34.8	35.3	35.8	36.3	36.8	37.3	37.8	38.3	38.8
24	33.9	34.4	34.9	35.4	35.9	36.4	36.9	37.4	37.9	38.4
25	33.5	34.0	34.5	35.0	35.5	36.0	36.5	37.0	37.5	38.0
26	33.1	33.6	34.1	34.6	35.1	35.6	36.1	36.6	37.1	37.6
27	32.7	33.2	33.7	34.2	34.7	35.2	35.7	36.2	36.7	37.2
28	32.2	32.8	33.2	33.8	34.3	34.8	35.3	35.8	36.3	36.8
29	31.8	32.3	32.8	33.4	33.9	34.4	34.9	35.4	35.9	36.4
30	31.4	32.0	32.4	33.0	33.5	34.0	34.5	35.0	35.5	36.0

溶液温度(℃)	酒精计示值									
	40.5	41.0	41.5	42.0	42.5	43.0	43.5	44.0	44.5	45.0
	20 ℃时用体积分数表示的酒精浓度(%vol)									
0	48.3	48.8	49.3	49.7	50.2	50.7	51.1	51.6	52.1	52.6
1	47.9	48.4	48.9	49.4	49.8	50.3	50.8	51.3	51.7	52.2
2	47.6	48.0	48.5	49.0	49.5	49.9	50.4	50.9	51.4	51.8
3	47.2	47.7	48.1	48.6	49.1	49.6	50.0	50.5	51.0	51.5
4	46.8	47.3	47.8	48.2	48.7	49.2	49.7	50.2	50.6	51.1
5	46.4	46.9	47.4	47.9	48.3	48.8	49.3	49.8	50.3	50.8
6	46.0	46.5	47.0	47.5	48.0	48.4	48.9	49.4	49.9	50.4
7	45.7	46.2	46.6	47.1	47.6	48.1	48.5	49.0	49.5	50.0
8	45.3	45.8	46.2	46.7	47.2	47.7	48.2	48.6	49.1	49.6
9	44.9	45.4	45.8	46.3	46.8	47.3	47.8	48.3	48.8	49.2
10	44.5	45.0	45.5	46.0	46.4	46.9	47.4	47.9	48.4	48.9
11	44.1	44.6	45.1	45.6	46.0	46.5	47.0	47.5	48.0	48.5
12	43.7	44.2	44.7	45.2	45.6	46.1	46.6	47.1	47.6	48.1
13	43.3	43.8	44.3	44.8	45.3	45.8	46.3	46.7	47.2	47.7
14	42.9	43.4	43.9	44.4	44.9	45.4	45.8	46.4	46.8	47.3
15	42.5	43.0	43.5	44.0	44.5	45.0	45.5	46.0	46.4	47.0
16	42.1	42.6	43.1	43.6	44.1	44.6	45.2	45.6	46.1	46.6
17	41.7	42.2	42.7	43.2	43.7	44.2	44.8	45.2	45.7	46.2
18	41.3	41.8	42.3	42.8	43.3	43.8	44.4	44.8	45.3	45.8
19	40.9	41.4	41.9	42.4	42.9	43.4	44.0	44.4	44.9	45.4
20	40.5	41.0	41.5	42.0	42.5	43.0	43.6	44.0	44.5	45.0
21	40.1	40.6	41.1	41.6	42.1	42.6	43.1	43.6	44.1	44.6
22	39.7	40.2	40.7	41.2	41.7	42.2	42.7	43.2	43.7	44.2
23	39.3	39.8	40.3	40.8	41.3	41.8	42.3	42.8	43.3	43.8
24	38.9	39.4	39.9	40.4	40.9	41.4	41.9	42.4	42.9	43.4
25	38.5	39.0	39.5	40.0	40.5	41.0	41.5	42.0	42.5	43.0
26	38.1	38.6	39.1	39.6	40.1	40.6	41.1	41.6	42.2	42.7
27	37.7	38.2	38.7	39.2	39.7	40.2	40.7	41.2	41.8	42.3
28	37.3	37.8	38.3	38.8	39.3	39.8	40.3	40.8	41.4	41.9
29	36.9	37.4	37.9	38.4	38.9	39.4	39.9	40.4	41.0	41.5
30	36.5	37.0	37.5	38.0	38.5	39.0	39.5	40.1	40.6	41.1

续 表

溶液温度(℃)	酒精计示值									
	45.5	46.0	46.5	46.0	47.5	47.0	48.5	48.0	49.5	50.0
	20℃时用体积分数表示的酒精浓度(%vol)									
0	53.0	53.5	54.0	54.5	54.9	55.4	55.9	56.4	56.8	57.3
1	52.7	53.2	53.6	54.1	54.6	55.0	55.5	56.0	56.5	57.0
2	52.3	52.8	53.3	53.8	54.2	54.7	55.2	55.6	56.1	56.6
3	52.0	52.4	52.9	53.4	53.9	54.3	54.8	55.3	55.8	56.2
4	51.6	52.1	52.6	53.0	53.5	54.0	54.4	54.9	55.4	55.9
5	51.2	51.7	52.2	52.7	53.1	53.6	54.1	54.6	55.0	55.5
6	50.8	51.3	51.8	52.3	52.8	53.2	53.7	54.2	54.7	55.2
7	50.5	51.0	51.4	51.9	52.4	52.9	53.4	53.9	54.3	54.8
8	50.1	50.6	51.1	51.6	52.0	52.5	53.0	53.5	54.0	54.5
9	49.7	50.2	50.7	51.2	51.7	52.2	52.6	53.1	53.6	54.1
10	49.4	49.8	50.3	50.8	51.3	51.8	52.3	52.8	53.2	53.7
11	49.0	48.5	50.0	50.4	50.9	51.4	51.9	52.4	52.9	53.4
12	48.6	49.1	49.6	50.1	50.6	51.0	51.6	52.0	52.5	53.0
13	48.2	48.7	49.2	49.7	50.2	50.7	51.2	51.6	52.1	52.6
14	47.9	48.3	48.8	49.3	49.8	50.3	50.8	51.3	51.8	52.2
15	47.4	47.9	48.4	48.9	48.4	49.9	50.4	50.9	51.4	51.9
16	47.1	47.6	48.0	48.6	49.0	49.5	50.0	50.5	51.0	51.5
17	46.7	47.2	47.7	48.2	48.7	49.2	49.6	50.1	50.6	51.1
18	46.3	46.8	47.3	47.8	48.3	48.8	49.3	49.8	50.2	50.7
19	45.9	46.4	46.9	47.4	47.9	48.4	48.9	49.4	49.9	50.4
20	45.4	46.0	46.5	47.0	47.5	48.0	48.5	49.0	49.5	50.0
21	45.1	45.6	46.1	46.6	47.1	47.6	48.1	48.6	49.1	49.6
22	44.7	45.2	45.7	46.2	46.7	47.2	47.7	48.2	48.7	49.2
23	44.3	44.8	45.3	45.8	46.3	46.8	47.3	47.8	48.4	48.9
24	43.9	44.4	44.9	45.4	46.0	46.4	47.0	47.5	48.0	48.5
25	43.6	44.1	44.6	45.1	45.6	46.1	46.6	47.1	47.6	48.1
26	43.2	43.7	44.2	44.7	45.2	45.7	46.2	46.7	47.2	47.7
27	42.8	43.3	43.8	44.3	44.8	45.3	45.8	46.3	46.8	47.3
28	42.4	42.9	43.4	43.9	44.4	44.9	45.4	45.9	46.4	47.0
29	42.0	42.5	43.0	43.5	44.0	44.5	45.0	45.6	46.1	46.6
30	41.6	42.1	42.6	43.1	43.6	44.2	44.7	45.2	45.7	46.2

续　表

溶液温度(℃)	酒精计示值									
	50.5	51.0	51.5	52.0	52.5	53.0	53.5	54.0	54.5	55.0
	20 ℃时用体积分数表示的酒精浓度(%vol)									
0	57.8	58.2	58.7	59.2	59.7	60.1	60.6	61.1	61.6	62.0
1	57.4	57.9	58.4	58.8	59.3	59.8	60.3	60.7	61.2	61.7
2	57.1	57.5	58.0	58.5	59.0	59.4	59.9	60.4	60.9	61.4
3	56.7	57.2	57.7	58.2	58.6	59.1	59.6	60.1	60.5	61.0
4	56.4	56.8	57.3	57.8	58.3	58.8	59.2	59.7	60.2	60.7
5	56.0	56.5	57.0	57.4	57.9	58.4	58.9	59.4	59.8	60.3
6	55.6	56.1	56.6	57.1	57.6	58.1	58.5	59.0	59.5	60.0
7	55.3	55.8	56.3	56.8	57.2	57.7	58.2	58.7	59.2	59.6
8	54.9	55.4	55.9	56.4	56.9	57.4	57.8	58.3	58.8	59.3
9	54.6	55.1	55.6	56.0	56.5	57.0	57.5	58.0	58.4	58.9
10	54.2	54.7	55.2	55.7	56.2	56.6	57.1	57.6	58.1	58.6
11	53.8	54.3	54.8	55.3	55.8	56.3	56.8	57.2	57.7	58.2
12	53.5	54.0	54.5	55.0	55.4	55.9	56.4	56.9	57.4	57.9
13	53.1	53.6	54.1	54.6	55.1	55.6	56.0	56.5	57.0	57.5
14	52.7	53.2	53.7	54.2	54.8	55.2	55.7	56.2	56.7	57.2
15	52.4	52.9	53.4	53.9	54.4	54.8	55.3	55.8	56.3	56.8
16	52.0	52.5	53.0	53.5	54.0	54.5	55.0	55.5	56.0	56.4
17	51.6	52.1	52.6	53.1	53.6	54.1	54.6	55.1	55.6	56.1
18	51.2	51.7	52.2	52.7	53.2	53.7	54.2	54.7	55.2	55.7
19	50.9	51.4	51.9	52.4	52.9	53.4	53.9	54.4	54.9	55.4
20	50.5	51.0	51.5	52.0	52.5	53.0	53.5	54.0	54.5	55.0
21	50.1	50.6	51.1	51.6	52.1	52.6	53.1	53.6	54.1	54.6
22	49.7	50.2	50.7	51.2	51.8	52.2	52.8	53.3	53.8	54.3
23	49.4	49.9	50.4	50.9	51.4	51.9	52.4	52.9	53.4	53.9
24	49.0	49.5	50.0	50.5	51.0	51.5	52.0	52.5	53.0	53.5
25	48.6	49.1	49.6	50.1	50.6	51.1	51.6	52.2	52.6	53.2
26	48.2	48.7	49.2	49.7	50.2	50.8	51.3	51.8	52.3	52.8
27	47.8	48.3	48.8	49.4	49.9	50.4	50.9	51.4	51.9	52.4
28	47.5	48.0	48.5	49.0	49.5	50.0	50.5	51.0	51.5	52.1
29	47.1	47.6	48.1	48.6	49.1	49.6	50.2	50.7	51.2	51.7
30	46.7	47.2	47.7	48.2	48.8	49.3	49.8	50.3	50.8	51.3

续 表

溶液温度(℃)	酒精计示值									
	55.5	56.0	56.5	47.0	57.5	58.0	58.5	59.0	59.5	60.0
	20℃时用体积分数表示的酒精浓度(%vol)									
0	62.5	63.0	63.4	63.9	64.4	64.9	65.4	65.8	66.3	66.8
1	62.2	62.6	63.1	63.6	64.1	64.6	65.0	65.5	66.0	66.4
2	61.8	62.3	62.8	63.3	63.7	64.2	64.7	65.2	65.6	66.1
3	61.5	62.0	62.4	62.9	63.4	63.9	64.4	64.8	65.3	65.8
4	61.2	61.6	62.1	62.6	63.1	63.6	64.0	64.5	65.0	65.5
5	60.8	61.3	61.8	62.3	62.7	63.2	63.7	64.2	64.7	65.1
6	60.5	61.0	61.4	61.9	62.4	62.9	63.4	63.8	64.3	64.8
7	60.1	60.6	61.1	61.6	62.1	62.9	63.0	63.5	64.0	64.5
8	59.8	60.3	60.8	61.2	61.7	62.2	62.7	63.2	63.9	64.1
9	59.4	59.9	60.4	60.9	61.4	61.9	62.3	62.8	63.3	63.8
10	59.1	59.6	60.0	60.5	61.0	61.5	62.0	62.5	63.0	63.5
11	58.7	59.2	59.7	60.2	60.7	61.2	61.6	62.1	62.6	63.1
12	58.4	58.9	59.4	59.8	60.3	60.8	61.3	61.8	62.3	62.8
13	58.0	58.5	59.0	59.5	60.0	60.5	61.0	61.4	61.9	62.4
14	57.7	58.2	58.6	59.1	59.6	60.1	60.6	61.1	61.6	62.1
15	57.3	57.8	58.3	58.8	59.3	59.8	60.2	60.8	61.2	61.7
16	56.9	57.4	57.9	58.4	58.9	59.4	59.9	60.4	60.9	61.4
17	56.6	57.1	57.6	58.1	58.6	59.1	59.6	60.0	60.5	61.0
18	56.2	56.7	57.2	57.7	58.2	58.7	59.2	59.7	60.2	60.7
19	55.9	56.4	56.9	57.4	57.8	58.4	58.8	59.4	59.8	60.4
20	55.5	56.0	56.5	57.0	57.5	58.0	58.5	59.0	59.5	60.0
21	55.1	55.6	56.1	56.6	57.1	57.6	58.1	58.6	59.1	59.6
22	54.8	55.3	55.8	56.3	56.8	57.3	57.8	58.3	58.8	59.3
23	54.4	54.9	55.4	55.9	56.4	56.9	57.4	57.9	58.4	58.9
24	54.0	54.5	55.0	55.6	56.1	56.6	57.1	57.6	58.1	58.6
25	53.7	54.2	54.7	55.2	55.7	56.2	56.7	57.2	57.7	58.2
26	53.3	53.8	54.3	54.8	55.3	55.8	56.4	26.9	57.4	57.9
27	52.9	53.4	54.0	54.5	55.0	55.5	56.0	56.5	57.0	57.5
28	52.6	53.1	53.6	54.1	54.6	55.1	55.6	56.1	56.6	57.2
29	52.2	52.7	53.2	53.7	54.2	54.8	55.3	55.8	56.3	56.8
30	51.8	52.3	52.9	53.4	53.9	54.4	54.9	55.4	55.9	56.4

溶液温度(℃)	酒精计示值									
	60.5	61.0	61.5	62.0	62.5	63.0	63.5	64.0	64.5	65.0
	20 ℃时用体积分数表示的酒精浓度(%vol)									
0	67.2	67.7	68.2	68.7	69.2	69.6	70.1	70.6	71.1	71.5
1	66.9	67.4	67.9	68.4	68.8	69.3	69.8	70.3	70.8	71.2
2	66.6	67.1	67.6	68.0	68.5	69.0	69.5	70.0	70.4	70.9
3	66.3	66.8	67.2	67.7	68.2	68.7	69.2	69.6	70.1	70.6
4	65.9	66.4	66.9	67.4	67.9	68.4	68.8	69.3	69.8	70.3
5	65.6	66.1	66.6	67.1	67.5	68.0	68.5	69.0	69.5	70.0
6	65.3	65.8	66.2	66.7	67.2	67.7	68.2	68.7	69.2	69.6
7	65.0	65.4	65.9	66.4	66.9	67.4	67.9	68.4	68.8	69.3
8	64.6	65.1	65.6	66.1	66.6	67.0	67.5	68.0	68.5	69.0
9	64.3	64.8	65.2	65.7	66.2	66.7	67.2	67.7	68.2	68.7
10	63.9	64.4	64.9	65.4	65.9	66.4	66.9	67.4	67.8	68.3
11	63.6	64.1	64.6	65.1	65.6	66.0	66.5	67.0	67.5	68.0
12	63.3	63.8	64.2	64.7	65.2	65.7	66.2	66.7	67.2	67.7
13	62.9	63.4	63.9	64.4	64.9	65.4	65.9	66.4	66.8	67.4
14	62.6	63.1	63.6	64.1	64.6	65.0	65.5	66.0	66.5	67.0
15	62.2	62.7	63.2	63.7	64.2	64.7	65.2	65.7	66.2	66.7
16	61.9	62.4	62.9	63.4	63.9	64.4	64.8	65.4	65.8	66.3
17	61.5	62.0	62.5	63.0	63.5	64.0	64.5	65.0	65.5	66.0
18	61.2	61.7	62.2	62.7	63.2	63.7	64.2	64.7	65.2	65.7
19	60.8	61.3	61.8	62.3	62.8	63.3	63.8	64.3	64.8	65.3
20	60.5	61.0	61.5	62.0	62.5	63.0	63.5	64.0	64.5	65.0
21	60.1	60.6	61.2	61.6	62.2	62.6	63.2	63.6	64.2	64.6
22	59.8	60.3	60.8	61.3	61.8	62.3	62.8	63.3	63.8	64.3
23	59.4	60.0	60.4	61.0	61.5	62.0	62.5	63.0	63.5	64.0
24	59.1	59.6	60.1	60.6	61.1	61.6	62.1	62.6	63.1	63.6
25	58.7	59.2	59.8	60.3	60.8	61.3	61.8	62.3	62.8	63.3
26	58.4	58.9	59.4	59.9	60.4	60.9	61.4	61.9	62.4	63.0
27	58.0	58.5	59.0	59.6	60.1	60.6	61.1	61.6	62.1	62.6
28	57.7	58.2	58.7	59.2	59.7	60.2	60.7	61.2	61.8	62.3
29	57.3	57.8	58.3	58.8	59.4	59.9	60.4	60.9	61.4	61.9
30	57.0	57.5	58.0	58.5	59.0	59.5	60.0	60.6	61.1	61.6

续　表

溶液温度(℃)	酒精计示值									
	65.5	66.0	66.5	67.0	67.5	68.0	68.5	69.0	69.5	70.0
	20℃时用体积分数表示的酒精浓度(%vol)									
0	72.0	72.5	73.0	73.4	73.9	74.4	74.9	75.4	75.8	76.3
	71.7	72.2	72.7	73.1	73.6	74.1	74.6	75.0	75.5	76.0
2	71.4	71.9	72.4	72.8	73.3	73.8	74.3	74.7	75.2	75.7
3	71.1	71.6	72.0	72.5	73.0	73.5	74.0	74.4	74.9	75.4
4	70.8	71.2	71.7	75.2	72.7	73.2	73.6	74.1	74.6	75.1
5	70.4	70.9	71.4	71.9	72.4	72.9	73.3	73.8	74.3	74.8
6	70.1	70.6	71.1	71.6	72.1	72.5	73.0	73.5	74.0	74.5
7	69.8	70.3	70.8	71.3	71.8	72.2	72.7	73.2	73.7	74.2
8	69.5	70.0	70.4	70.9	71.4	71.9	72.4	72.9	73.4	73.8
9	69.2	69.6	70.1	70.6	71.1	71.6	72.1	72.6	73.0	73.5
10	68.8	69.3	69.8	70.3	70.8	71.3	71.8	72.2	72.7	73.2
11	68.5	69.0	69.5	70.0	70.5	71.0	71.4	71.9	72.4	72.9
12	68.2	68.7	69.2	69.6	70.1	70.6	71.1	71.6	72.1	72.6
13	67.8	68.3	68.8	69.3	69.8	70.3	70.8	71.3	71.8	72.3
14	67.5	68.0	68.5	69.0	69.5	70.0	70.5	71.0	71.4	72.0
15	67.2	67.7	68.2	68.6	69.1	69.6	70.1	70.6	71.1	71.6
16	66.8	67.3	67.8	68.3	68.8	69.3	69.8	70.3	70.8	71.3
17	66.5	67.0	67.5	68.0	68.5	69.0	69.5	70.0	70.5	71.0
18	66.2	66.7	67.2	67.7	68.2	68.7	69.2	69.6	70.2	70.6
19	65.8	66.3	66.8	67.3	67.8	68.3	68.8	69.3	69.8	70.3
20	65.5	66.0	66.5	67.0	67.5	68.0	68.5	69.0	69.5	70.0
21	65.2	65.7	66.2	66.7	67.2	67.7	68.2	68.7	69.2	69.7
22	64.8	65.3	65.8	66.3	66.8	67.3	67.9	68.3	68.8	69.3
23	64.5	65.0	65.5	66.0	66.5	67.0	67.5	68.0	68.5	69.0
24	64.1	64.6	65.1	65.6	66.2	66.7	67.2	67.7	68.2	68.7
25	63.8	64.3	64.8	65.3	65.8	66.3	66.8	67.3	67.8	68.4
26	63.5	64.0	64.5	65.0	65.5	66.0	66.5	67.0	67.5	68.0
27	63.1	63.6	64.1	64.6	65.2	65.7	66.2	66.7	67.2	67.7
28	62.8	63.3	63.8	64.3	64.8	65.3	65.8	66.3	66.8	67.4
29	62.4	62.9	63.4	64.0	64.5	65.0	65.5	66.0	66.5	67.0
30	62.1	62.6	63.1	63.6	64.1	64.6	65.2	65.7	66.2	66.7

溶液温度(℃)	酒精计示值									
	70.5	71.0	71.5	72.0	72.5	73.0	73.5	74.0	74.5	75.0
	20 ℃时用体积分数表示的酒精浓度(%vol)									
0	76.8	77.3	77.7	78.2	78.7	79.1	79.6	80.1	80.5	81.0
1	76.5	77.0	77.4	77.9	78.4	78.8	79.3	79.8	80.3	80.7
2	76.1	76.6	77.1	77.6	78.1	78.6	79.0	79.5	80.0	80.4
3	75.9	76.4	76.8	77.3	77.8	78.3	78.7	79.2	79.7	80.2
4	75.6	76.0	76.5	77.0	77.5	78.0	78.4	78.9	79.4	79.9
5	75.3	75.8	76.2	76.7	77.2	77.7	78.2	78.6	79.1	79.6
6	75.0	75.4	75.9	76.4	76.9	77.4	77.8	78.3	78.8	79.3
7	74.6	75.1	75.6	76.1	76.6	77.2	77.6	78.0	78.5	79.0
8	74.3	74.8	75.3	75.8	76.3	76.8	77.2	77.7	78.2	78.7
9	74.0	74.5	75.0	75.5	76.0	76.5	76.9	77.4	77.9	78.4
10	73.7	74.2	74.7	75..2	75.7	76.2	76.6	77.1	77.6	78.1
11	73.4	73.9	74.4	74.9	75.4	75.8	76.3	76.8	77.3	77.8
12	73.1	73.6	74.1	74.5	75.0	75.5	76.0	76.5	77.0	77.5
13	72.8	73.2	73.7	74.2	74.7	75.2	75.7	76.2	76.7	77.2
14	72.4	72.9	73.4	73.9	74.4	74.9	75.4	75.9	76.4	76.9
15	72.1	72.6	73.1	73.6	74.1	74.6	75.0	75.6	76.1	76.6
16	71.8	72.3	72.8	73.3	73.8	74.3	74.7	75.3	75.8	76.2
17	71.5	72.0	72.5	73.0	73.4	74.0	74.7	74.9	75.4	75.9
18	71.2	71.6	72.1	72.6	73.1	73.6	74.1	74.6	75.1	75.6
19	70.8	71.3	71.8	72.3	72.8	73.3	73.8	74.3	74.8	75.3
20	70.5	71.0	71.5	72.0	72.5	73.0	73.5	74.0	74.5	75.0
21	70.2	70.7	71.2	71.7	72.2	72.7	73.2	73.7	74.2	74.7
22	69.8	70.3	70.8	71.4	71.9	72.4	72.9	73.4	73.9	74.4
23	69.5	70.0	70.5	71.0	71.5	72.0	72.5	73.0	73.6	74.1
24	69.2	69.7	70.2	70.7	71.2	71.7	72.2	72.7	73.2	73.7
25	68.9	69.4	69.9	70.4	70.9	71.4	71.9	72.4	72.9	73.4
26	68.5	69.0	69.5	70.0	70.5	71.1	71.6	72.1	72.6	73.1
27	68.2	68.7	69.2	69.7	70.2	70.7	71.2	71.8	72.3	72.8
28	67.9	68.4	68.9	69.4	69.9	70.4	70.9	71.4	71.9	72.4
29	67.5	68.0	68.6	69.1	69.6	70.1	70.6	71.1	71.6	72.1
30	67.2	67.7	68.6	68.7	69.2	69.8	70.3	70.8	71.3	71.8

续　表

溶液 (℃)	酒精计示值							
	91	92	93	94	95	96	97	98
	20 ℃时用体积分数表示的酒精浓度(％vol)							
0	95.5	96.4	97.2	98.1	98.9	99.7		
1	95.3	96.2	97.0	97.9	98.7	99.5		
2	95.1	96.0	96.9	97.7	98.5	99.4		
3	94.9	95.8	96.7	97.5	98.4	99.2		
4	94.7	95.6	96.5	97.3	98.2	99.0		
5	94.5	95.4	96.3	97.1	98.0	98.9	99.7	—
6	94.3	95.2	96.1	97.0	97.8	98.7	99.5	—
7	94.1	95.0	95.9	96.8	97.6	98.5	99.4	—
8	93.9	94.8	95.7	96.6	97.5	98.3	99.2	—
9	93.6	94.5	95.5	96.4	97.3	98.2	99.0	99.9
10	93.4	94.3	95.2	96.2	97.1	98.0	98.9	99.7
11	93.2	94.1	95.0	96.0	96.9	97.8	98.7	99.6
12	92.9	93.9	94.8	95.7	96.7	97.6	98.5	99.4
13	92.7	93.6	94.6	95.5	96.5	97.4	98.3	99.2
14	92.5	93.4	94.4	95.3	96.3	97.2	98.1	99.1
15	92.2	93.2	94.2	95.1	96.1	97.0	98.0	98.9
16	92.0	93.0	93.9	94.9	95.9	96.8	97.8	98.7
17	91.7	92.7	93.7	94.7	95.6	96.6	97.6	98.6
18	91.5	92.5	93.5	94.4	95.4	96.4	97.4	98.4
19	91.2	92.2	93.2	94.2	95.2	96.2	97.2	98.2
20	91.0	92.0	93.0	94.0	95.0	96.0	97.0	98.0
21	90.7	91.8	92.8	93.8	94.8	95.8	96.8	97.8
22	90.5	91.5	92.5	93.5	94.6	95.6	96.6	97.6
23	90.2	91.3	92.3	93.3	94.3	95.4	96.4	97.4
24	90.0	91.0	92.0	93.1	94.1	95.1	96.2	97.2

溶液温度(℃)	酒精计示值							
	91	92	93	94	95	96	97	98
	温度 20 ℃时用体积分数表示的酒精浓度(%vol)							
25	89.7	90.7	91.8	92.8	93.9	94.9	96.0	97.0
26	89.4	90.5	91.5	92.6	93.6	94.7	95.8	96.8
27	89.2	90.2	91.3	92.3	93.4	94.5	95.5	96.6
28	88.9	90.0	91.0	92.1	93.1	94.2	95.3	96.4
29	88.6	89.7	90.8	91.8	92.9	94.0	95.1	96.2
30	88.4	89.4	90.5	91.6	92.7	93.8	94.8	96.0
31	88.1	89.1	90.2	91.4	92.5	93.6	94.6	95.8
32	87.9	88.9	90.0	91.1	92.2	93.4	94.4	95.5
33				90.9	92.0	93.1	94.1	95.4
34				90.6	91.8	92.9	93.9	95.2
35				90.4	91.6	92.7	93.7	95.0

附录二 20 ℃时酒精相对密度(比重) 与百分含量对照表

相对密度 20 ℃/20 ℃	酒精度			相对密度 20 ℃/20 ℃	酒精		
	g/100 g	mL/100 mL	g/100 mL		g/100 g	mL/100 mL	g/100 mL
0.9999	0.05	0.07	0.05	0.9977	1.23	1.56	1.23
0.9998	0.11	0.13	0.10	0.9976	1.29	1.62	1.29
0.9997	0.16	0.20	0.16	0.9975	1.34	1.69	1.34
0.9996	0.21	0.27	0.21	0.9974	1.40	1.76	1.39
0.9995	0.27	0.34	0.26	0.9973	1.45	1.83	1.44
0.9994	0.32	0.40	0.32	0.9972	1.50	1.90	1.50
0.9993	0.37	0.47	0.37	0.9971	1.56	1.97	1.55
0.9992	0.43	0.54	0.42	0.9970	1.61	2.03	1.60
0.9991	0.48	0.61	0.48	0.9969	1.67	2.10	1.66
0.9990	0.53	0.67	0.53	0.9968	1.72	2.17	1.71
0.9989	0.59	0.74	0.59	0.9967	1.78	2.24	1.77
0.9988	0.64	0.81	0.64	0.9966	1.83	2.31	1.82
0.9987	0.70	0.88	0.69	0.9965	1.88	2.38	1.88
0.9986	0.75	0.94	0.74	0.9964	1.94	2.44	1.93
0.9985	0.80	1.01	0.80	0.9963	1.99	2.51	1.98
0.9984	0.86	1.08	0.85	0.9962	2.05	2.58	2.04
0.9983	0.91	1.15	0.90	0.9961	2.11	2.65	2.09
0.9982	0.96	1.21	0.96	0.9960	2.16	2.72	2.15
0.9981	1.02	1.28	1.01	0.9959	2.22	2.79	2.20
0.9980	1.07	1.35	1.06	0.9958	2.28	2.86	2.26
0.9979	1.12	1.42	1.12	0.9957	2.33	2.93	2.32
0.9978	1.18	1.49	1.17	0.9956	2.39	3.00	2.37

相对密度 20 ℃/20 ℃	酒精度			相对密度 20 ℃/20 ℃	酒精		
	g/100 g	mL/100 mL	g/100 mL		g/100 g	mL/100 mL	g/100 mL
0.9955	2.44	3.08	2.43	0.9925	4.18	5.24	4.14
0.9954	2.50	3.15	2.48	0.9924	4.24	5.32	4.20
0.9953	2.56	3.22	2.54	0.9923	4.30	5.39	4.26
0.9952	2.61	3.29	2.59	0.9922	4.36	5.47	4.31
0.9951	2.67	3.36	2.65	0.9921	4.42	5.54	4.37
0.9950	2.72	3.43	2.70	0.9920	4.48	5.62	4.43
0.9949	2.78	3.50	2.76	0.9919	4.54	5.69	4.49
0.9948	2.84	3.57	2.82	0.9918	4.60	5.77	4.55
0.9947	2.89	3.64	2.87	0.9917	4.66	5.84	4.61
0.9946	2.95	3.71	2.93	0.9916	4.72	5.92	4.67
0.9945	3.00	3.78	2.98	0.9915	4.78	6.00	4.73
0.9944	3.06	3.85	3.04	0.9914	4.84	6.07	4.79
0.9943	3.12	3.92	3.10	0.9913	4.90	6.15	4.85
0.9942	3.18	4.00	3.16	0.9912	4.96	6.22	4.91
0.9941	3.24	4.07	3.21	0.9911	5.02	6.30	4.97
0.9940	3.30	4.14	3.27	0.9910	5.09	6.38	5.03
0.9939	3.35	4.22	3.33	0.9909	5.15	6.45	5.09
0.9938	3.41	4.29	3.38	0.9908	5.21	6.53	5.16
0.9937	3.47	4.36	3.44	0.9907	5.28	6.61	5.22
0.9936	3.53	4.43	3.50	0.9906	5.34	6.69	5.28
0.9935	3.59	4.51	3.56	0.9905	5.40	6.77	5.34
0.9934	3.64	4.58	3.61	0.9904	5.46	6.84	5.40
0.9933	3.70	4.65	3.67	0.9903	5.53	6.92	5.46
0.9932	3.76	4.72	3.73	0.9902	5.59	7.00	5.52
0.9931	3.82	4.80	3.78	0.9901	5.65	7.08	5.59
0.9930	3.88	4.87	3.84	0.9900	5.72	7.16	5.65
0.9929	3.94	4.94	3.90	0.9899	5.78	7.24	5.71
0.9928	3.99	5.01	3.96	0.9898	5.84	7.31	5.77
0.9927	4.05	5.09	4.02	0.9897	5.90	7.39	5.83
0.9926	4.12	5.16	4.08	0.9896	5.97	7.47	5.90

相对密度 20 ℃/20 ℃	酒精度			相对密度 20 ℃/20 ℃	酒精		
	g/100 g	mL/100 mL	g/100 mL		g/100 g	mL/100 mL	g/100 mL
0.9895	6.03	7.55	5.96	0.9867	7.88	9.84	7.77
0.9894	6.10	7.63	6.02	0.9866	7.95	9.92	7.83
0.9893	6.16	7.71	6.09	0.9865	8.02	10.01	7.90
0.9892	6.23	7.79	6.15	0.9864	8.09	10.09	7.96
0.9891	6.29	7.87	6.21	0.9863	8.16	10.17	8.03
0.9890	6.36	7.95	6.28	0.9862	8.22	10.26	8.09
0.9889	6.42	8.03	6.34	0.9861	8.29	10.34	8.14
0.9888	6.49	8.12	6.40	0.9860	8.36	10.42	8.22
0.9887	6.55	8.20	6.47	0.9859	8.42	10.51	8.29
0.9886	6.62	8.28	6.53	0.9858	8.49	10.59	8.36
0.9885	6.69	8.36	6.60	0.9857	8.56	10.67	8.42
0.9884	6.75	8.44	6.66	0.9856	8.63	10.76	8.49
0.9883	6.82	8.52	6.72	0.9855	8.70	10.84	8.55
0.9882	6.88	8.60	6.79	0.9854	8.76	10.92	8.62
0.9881	6.95	8.68	6.85	0.9853	8.83	11.00	8.68
0.9880	7.01	8.76	6.92	0.9852	8.90	11.09	8.75
0.9879	7.08	8.85	6.98	0.9851	8.97	11.17	8.82
0.9878	7.15	8.93	7.05	0.9850	9.03	11.26	8.88
0.9877	7.21	9.01	7.11	0.9849	9.10	11.34	8.95
0.9876	7.28	9.10	7.18	0.9848	9.17	11.48	9.02
0.9875	7.35	9.18	7.24	0.9847	9.24	11.51	9.08
0.9874	7.42	9.26	7.31	0.9846	9.31	11.60	9.15
0.9873	7.48	9.34	7.37	0.9845	9.38	11.68	9.22
0.9872	7.55	9.42	7.44	0.9844	9.45	11.77	9.29
0.9871	7.62	9.51	7.50	0.9843	9.52	11.85	9.35
0.9870	7.68	9.59	7.57	0.9842	9.59	11.94	9.42
0.9869	7.75	9.68	7.64	0.9841	9.66	12.02	9.49
0.9868	7.82	9.76	7.70	0.9840	9.73	12.11	9.56

附录三　酒精水溶液相对密度与酒精度对照表

液体比重 20 ℃/4 ℃	酒精			液体比重 20 ℃/4 ℃	酒精		
	%vol,20 ℃	g/100 g	g/100 mL		%vol,20 ℃	g/100 g	g/100 mL
0.99528	2.00	1.59	1.58	0.98191	12.40	9.97	9.79
0.99243	4.00	3.18	3.16	0.98180	12.50	10.05	9.87
0.98973	6.00	4.78	4.74	0.98168	12.60	10.13	9.95
0.98718	8.00	6.40	6.32	0.98156	12.70	10.21	10.03
0.98476	10.00	8.02	7.89	0.98145	12.80	10.29	10.10
0.98463	10.10	8.10	7.97	0.98132	12.90	10.38	10.18
0.98452	10.20	8.18	8.05	0.98122	13.00	10.46	10.26
0.98441	10.30	8.26	8.13	0.98111	13.10	10.54	10.34
0.98428	10.40	8.34	8.21	0.98100	13.20	10.62	10.42
0.98416	10.50	8.42	8.29	0.98089	13.30	10.70	10.50
0.98404	10.60	8.50	8.37	0.98077	13.40	10.78	10.58
0.98391	10.70	8.58	8.45	0.98054	13.60	10.95	10.74
0.98379	10.80	8.66	8.52	0.98043	13.70	11.03	10.81
0.98368	10.90	8.75	8.60	0.98031	13.80	11.11	10.89
0.98356	11.00	8.83	8.68	0.98020	13.90	11.19	10.97
0.98344	11.10	8.91	8.76	0.98009	14.00	11.28	11.05
0.98332	11.20	8.99	8.84	0.97998	14.10	11.36	11.13
0.98320	11.30	9.07	8.92	0.97986	14.20	11.44	11.21
0.98308	11.40	9.15	9.00	0.97975	14.30	11.52	11.29
0.98296	11.50	9.23	9.08	0.97964	14.40	11.60	11.37
0.98285	11.60	9.32	9.16	0.97953	14.50	11.68	11.44
0.98273	11.70	9.40	9.24	0.97942	14.60	11.77	11.52
0.98261	11.80	9.48	9.31	0.97930	14.70	11.85	11.60
0.98250	11.90	9.56	9.39	0.97919	14.80	11.93	11.68
0.98238	12.00	9.64	9.47	0.97908	14.90	12.01	11.76
0.98226	12.10	9.72	9.55	0.97897	15.00	12.09	11.84
0.98214	12.20	9.80	9.63	0.97885	15.10	12.18	11.92
0.98203	12.30	9.89	9.71	0.97874	15.20	12.26	12.00

续　表

液体比重 20 ℃/4 ℃	酒精			液体比重 20 ℃/4 ℃	酒精		
	%vol,20 ℃	g/100 g	g/100 mL		%vol,20 ℃	g/100 g	g/100 mL
0.97863	15.30	12.34	12.08	0.92617	52.00	44.31	41.05
0.97852	15.40	12.42	12.16	0.92209	54.00	46.23	42.62
0.97841	15.50	12.50	12.23	0.91789	56.00	48.16	44.20
0.97830	15.60	12.59	12.31	0.91359	58.00	50.11	45.78
0.97819	15.70	12.67	12.39	0.90915	60.00	52.09	47.36
0.97808	15.80	12.75	12.47	0.90463	62.00	54.10	48.94
0.97797	15.90	12.83	12.55	0.90001	64.00	56.13	50.52
0.97786	16.00	12.92	12.68	0.89531	66.00	58.19	52.10
0.97570	18.00	14.56	14.21	0.89050	68.00	60.28	53.68
0.97359	20.00	16.21	15.77	0.88558	70.00	62.39	55.25
0.97145	22.00	17.88	17.37	0.88056	72.00	64.54	56.83
0.96925	24.00	19.554	18.9	0.87542	74.00	66.72	58.41
0.96699	26.00	21.22	20.52	0.87019	76.00	68.94	59.99
0.96456	28.00	22.91	22.10	0.86480	78.00	71.19	61.57
0.96224	30.00	24.61	23.68	0.85928	80.00	73.49	63.15
0.95972	32.00	26.32	25.26	0.85364	82.00	75.82	64.73
0.95703	34.00	28.04	26.84	0.84786	84.00	78.20	66.30
0.95419	36.00	29.78	28.42	0.84188	86.00	80.63	67.88
0.95120	38.00	31.53	29.99	0.83569	88.00	83.12	69.46
0.94805	40.00	33.30	31.57	0.82925	90.00	85.67	71.04
0.94477	42.00	35.09	33.15	0.82246	92.00	88.29	72.62
0.94135	44.00	36.89	34.73	0.81526	94.00	91.01	74.20
0.93776	46.00	38.72	36.31	0.80749	96.00	93.84	75.78
0.93404	48.00	40.56	37.89	0.79900	98.00	96.82	77.36
0.93017	50.00	42.43	39.47	0.78934	100.00	100.00	78.93

附录四 20 ℃时酒精相对密度与酒精度对照表

20 ℃相对密度	20 ℃酒精度		20 ℃相对密度	20 ℃酒精度		20 ℃相对密度	20 ℃酒精度	
	%g	%vol		%g	%vol		%g	%vol
0.9894	5.00	6.24	0.9872	6.37	7.97	0.9850	7.82	9.76
0.9893	5.05	6.33	0.9871	6.43	8.04	0.9849	7.88	9.83
0.9892	5.11	6.40	0.9870	6.50	8.13	0.9848	7.95	9.92
0.9891	5.17	6.48	0.9869	6.56	8.20	0.9847	8.02	10.01
0.9890	5.23	6.55	0.9868	6.63	8.29	0.9846	8.09	10.09
0.9889	5.29	6.63	0.9867	6.69	8.36	0.9845	8.15	10.17
0.9888	5.36	6.72	0.9866	6.76	8.45	0.9844	8.22	10.25
0.9887	5.42	6.79	0.9865	6.82	8.52	0.9843	8.29	10.34
0.9886	5.48	6.86	0.9864	6.89	8.61	0.9842	8.36	10.43
0.9885	5.54	6.94	0.9863	6.95	8.69	0.9841	8.43	10.51
0.9884	5.61	7.03	0.9862	7.02	8.77	0.9840	8.50	10.60
0.9883	5.67	7.10	0.9861	7.09	8.86	0.9839	8.56	10.67
0.9882	5.73	7.17	0.9860	7.15	8.93	0.9838	8.63	10.76
0.9881	5.80	7.26	0.9859	7.22	9.02	0.9837	8.70	10.84
0.9880	5.86	7.34	0.9858	7.28	9.09	0.9836	8.77	10.93
0.9879	5.93	7.42	0.9857	7.35	9.18	0.9835	8.84	11.02
0.9878	5.99	7.50	0.9856	7.42	9.27	0.9834	8.91	11.10
0.9877	6.05	7.57	0.9855	7.48	9.34	0.9833	8.98	11.19
0.9876	6.11	7.65	0.9854	7.55	9.43	0.9832	9.05	11.27
0.9875	6.18	7.73	0.9853	7.62	9.51	0.9831	9.12	11.36
0.9874	6.24	7.81	0.9852	7.68	9.59	0.9830	9.19	11.45
0.9873	6.31	7.89	0.9851	7.75	9.67	0.9829	9.26	11.53

续 表

20 ℃相对密度	20 ℃酒精度		20 ℃相对密度	20 ℃酒精度		20 ℃相对密度	20 ℃酒精度	
	%g	%vol		%g	%vol		%g	%vol
0.9828	9.33	11.62	0.9798	11.48	14.25	0.9768	13.72	16.98
0.9827	9.40	11.70	0.9797	11.55	14.34	0.9767	13.80	17.08
0.9826	9.47	11.79	0.9796	11.63	14.44	0.9766	13.87	17.16
0.9825	9.54	11.88	0.9795	11.70	14.52	0.9765	13.95	17.26
0.9824	9.61	11.96	0.9794	11.77	14.61	0.9764	14.03	17.36
0.9823	9.68	12.05	0.9793	11.85	14.70	0.9763	14.10	17.44
0.9822	9.75	12.13	0.9792	11.92	14.79	0.9762	14.18	17.54
0.9821	9.82	12.22	0.9791	11.99	14.87	0.9761	14.26	17.64
0.9820	9.89	12.31	0.9790	12.07	14.97	0.9760	14.33	17.72
0.9819	9.96	12.39	0.9789	12.14	15.06	0.9759	14.41	17.82
0.9818	10.03	12.48	0.9788	12.22	15.16	0.9758	14.49	17.92
0.9817	10.10	12.56	0.9787	12.29	15.24	0.9757	14.56	18.00
0.9816	10.17	12.65	0.9786	12.37	15.34	0.9756	14.64	18.10
0.9815	10.25	12.75	0.9785	12.44	15.42	0.9755	14.72	18.19
0.9814	10.32	12.83	0.9784	12.52	15.52	0.9754	14.79	18.28
0.9813	10.39	12.92	0.9783	12.59	15.61	0.9753	14.87	18.38
0.9812	10.46	13.00	0.9782	12.67	15.70	0.9752	14.95	18.47
0.9811	10.53	13.09	0.9781	12.74	15.79	0.9751	15.02	18.56
0.9810	10.60	13.18	0.9780	12.82	15.89	0.9750	15.10	18.65
0.9809	10.68	13.27	0.9779	12.89	15.97	0.9749	15.18	18.75
0.9808	10.75	13.36	0.9778	12.97	16.07	0.9748	15.25	18.84
0.9807	10.82	13.44	0.9777	13.04	16.15	0.9747	15.33	18.93
0.9806	10.89	13.53	0.9776	13.12	16.25	0.9746	15.41	19.03
0.9805	10.97	13.63	0.9775	13.19	16.34	0.9745	15.48	19.11
0.9804	11.04	13.71	0.9774	13.27	16.43	0.9744	15.56	19.21
0.9803	11.11	13.80	0.9773	13.34	16.52	0.9743	15.64	19.31
0.9802	11.19	13.90	0.9772	13.42	16.62	0.9742	15.72	19.40
0.9801	11.26	13.98	0.9771	13.49	16.70	0.9741	15.79	19.49
0.9800	11.33	14.07	0.9770	13.57	16.80	0.9740	15.87	19.59
0.9799	11.40	14.15	0.9769	13.65	16.90	0.9739	15.95	19.68

20 ℃相对密度	20 ℃酒精度		20 ℃相对密度	20 ℃酒精度		20 ℃相对密度	20 ℃酒精度	
	%g	%vol		%g	%vol		%g	%vol
0.9738	16.02	19.77	0.9708	18.33	22.55	0.9678	20.60	25.26
0.9737	16.10	19.86	0.9707	18.41	22.64	0.9677	20.68	25.36
0.9736	16.18	19.96	0.9706	18.49	22.74	0.9676	20.75	25.44
0.9735	16.26	20.06	0.9705	18.56	22.82	0.9675	20.82	25.52
0.9734	16.33	20.14	0.9704	18.64	22.92	0.9674	20.90	25.62
0.9733	16.41	20.24	0.9703	18.71	23.00	0.9673	20.97	25.70
0.9732	16.49	20.33	0.9702	18.79	23.10	0.9672	21.05	25.80
0.9731	16.56	20.42	0.9701	18.87	23.19	0.9671	21.12	25.88
0.9730	16.64	20.51	0.9700	18.94	23.28	0.9670	21.19	25.96
0.9729	16.72	20.61	0.9699	19.02	23.37	0.9669	21.27	26.06
0.9728	16.80	20.71	0.9698	19.10	23.47	0.9668	21.34	26.14
0.9727	16.87	20.79	0.9697	19.17	23.55	0.9667	21.41	26.22
0.9726	16.95	20.89	0.9696	19.25	23.65	0.9666	21.49	26.32
0.9725	17.03	20.98	0.9695	19.32	23.73	0.9665	21.56	26.40
0.9724	17.10	21.07	0.9694	19.40	23.83	0.9664	21.63	26.49
0.9723	17.18	21.16	0.9693	19.48	23.92	0.9663	21.71	26.58
0.9722	17.26	21.26	0.9692	19.55	24.01	0.9662	21.78	26.66
0.9721	17.33	21.35	0.9691	19.63	24.10	0.9661	21.85	26.75
0.9720	17.41	21.44	0.9690	19.70	24.19	0.9660	21.93	26.84
0.9719	17.49	21.54	0.9689	19.78	24.28	0.9659	22.00	26.92
0.9718	17.57	21.63	0.9688	19.85	24.37	0.9658	22.07	27.01
0.9717	17.64	21.72	0.9687	19.93	24.46	0.9657	22.14	27.09
0.9716	17.71	21.80	0.9686	20.00	24.55	0.9656	22.22	27.19
0.9715	17.80	21.90	0.9685	20.08	24.64	0.9655	22.29	27.27
0.9714	17.87	21.99	0.9684	20.15	24.72	0.9654	22.36	27.35
0.9713	17.95	22.09	0.9683	20.23	24.82	0.9653	22.43	27.43
0.9712	18.03	22.19	0.9682	20.30	24.90	0.9652	22.51	27.53
0.9711	18.10	22.27	0.9681	20.38	25.00	0.9651	22.58	27.61
0.9710	18.18	22.37	0.9680	20.45	25.08	0.9650	22.65	27.69
0.9709	18.26	22.46	0.9679	20.53	25.18	0.9649	22.72	27.78

续　表

20 ℃相对密度	20 ℃酒精度		20 ℃相对密度	20 ℃酒精度		20 ℃相对密度	20 ℃酒精度	
	%g	%vol		%g	%vol		%g	%vol
0.9648	22.79	27.86	0.9618	24.88	30.32	0.9588	26.88	32.65
0.9647	22.86	27.94	0.9617	24.95	30.40	0.9587	26.94	32.72
0.9646	22.93	28.03	0.9616	25.02	30.48	0.9586	27.01	32.81
0.9645	23.00	28.11	0.9615	25.09	30.57	0.9585	27.07	32.88
0.9644	23.08	28.20	0.9614	25.16	30.65	0.9584	27.13	32.95
0.9643	23.15	28.28	0.9613	25.22	30.72	0.9583	27.20	33.03
0.9642	23.22	28.37	0.9612	25.29	30.80	0.9582	27.26	33.10
0.9641	23.29	28.45	0.9611	25.36	30.88	0.9581	27.33	33.18
0.9640	23.36	28.53	0.9610	25.43	30.96	0.9580	27.39	33.25
0.9639	23.43	28.62	0.9609	25.49	31.03	0.9579	27.45	33.32
0.9638	23.50	28.70	0.9608	25.56	31.12	0.9578	27.52	33.40
0.9637	23.57	28.78	0.9607	25.63	31.20	0.9577	27.58	33.47
0.9636	23.64	28.86	0.9606	25.69	31.27	0.9576	27.65	33.55
0.9635	23.71	28.95	0.9605	25.76	31.35	0.9575	27.71	33.62
0.9634	23.78	29.03	0.9604	25.83	31.43	0.9574	27.77	33.69
0.9633	23.85	29.11	0.9603	25.89	31.50	0.9573	27.84	33.77
0.9632	23.92	29.19	0.9602	25.96	31.58	0.9572	27.90	33.84
0.9631	23.99	29.27	0.9601	26.03	31.67	0.9571	27.96	33.91
0.9630	24.06	29.36	0.9600	26.09	31.74	0.9570	28.02	33.98
0.9629	24.13	29.44	0.9599	26.16	31.82	0.9569	28.09	34.06
0.9628	24.20	29.52	0.9598	26.22	31.89	0.9568	28.15	34.13
0.9627	24.27	29.60	0.9597	26.29	31.97	0.9567	28.21	34.20
0.9626	24.34	29.69	0.9596	26.35	32.04	0.9566	28.28	34.28
0.9625	24.40	29.76	0.9595	26.42	32.12	0.9565	28.34	34.35
0.9624	24.48	29.85	0.9594	26.49	32.20	0.9564	28.40	34.42
0.9623	24.54	29.92	0.9593	26.55	32.27	0.9563	28.46	34.49
0.9622	24.61	30.00	0.9592	26.62	32.35	0.9562	28.52	34.56
0.9621	24.68	30.09	0.9591	26.68	32.42	0.9561	28.59	34.63
0.9620	24.75	30.17	0.9590	26.75	32.50	0.9560	28.65	34.70
0.9619	24.82	30.25	0.9589	26.81	32.57	0.9559	28.71	34.77

20 ℃相对密度	20 ℃酒精度		20 ℃相对密度	20 ℃酒精度		20 ℃相对密度	20 ℃酒精度	
	‰g	‰vol		‰g	‰vol		‰g	‰vol
0.9558	28.77	34.84	0.9528	30.58	36.92	0.9498	32.31	38.88
0.9557	28.83	34.91	0.9527	30.64	36.99	0.9497	32.37	38.95
0.9556	28.90	34.99	0.9526	30.70	37.05	0.9496	32.43	39.02
0.9555	28.96	35.06	0.9525	30.76	37.12	0.9495	32.48	39.08
0.9554	29.02	35.13	0.9524	30.82	37.19	0.9494	32.54	39.14
0.9553	29.08	35.20	0.9523	30.87	37.25	0.9493	32.60	39.21
0.9552	29.14	35.27	0.9522	30.93	37.32	0.9492	32.65	39.27
0.9551	29.20	35.34	0.9521	30.99	37.39	0.9491	32.71	39.34
0.9550	29.26	35.41	0.9520	31.05	37.45	0.9490	32.76	39.39
0.9549	29.32	35.48	0.9519	31.11	37.52	0.9489	32.82	39.46
0.9548	29.38	35.55	0.9518	31.17	37.59	0.9488	32.88	39.53
0.9547	29.44	35.61	0.9517	31.22	37.65	0.9487	32.93	39.58
0.9546	29.51	35.69	0.9516	31.28	37.72	0.9486	32.99	39.65
0.9545	29.57	35.76	0.9515	31.34	37.78	0.9485	33.04	39.71
0.9544	29.63	35.83	0.9514	31.40	37.85	0.9484	33.10	39.78
0.9543	29.69	35.90	0.9513	31.46	37.92	0.9483	33.15	39.83
0.9542	29.75	35.97	0.9512	31.51	37.98	0.9482	33.21	39.90
0.9541	29.81	36.04	0.9511	31.57	38.05	0.9481	33.27	39.97
0.9540	29.87	36.11	0.9510	31.63	38.11	0.9480	33.32	40.02
0.9539	29.93	36.17	0.9509	31.69	38.18	0.9479	33.38	40.09
0.9538	29.99	36.24	0.9508	31.74	38.24	0.9478	33.43	40.15
0.9537	30.05	36.31	0.9507	31.80	38.31	0.9477	33.49	40.21
0.9536	30.11	36.38	0.9506	31.86	38.37	0.9476	33.54	40.27
0.9535	30.17	36.45	0.9505	31.92	38.44	0.9475	33.60	40.34
0.9534	30.23	36.52	0.9504	31.97	38.50	0.9474	33.65	40.39
0.9533	30.28	36.58	0.9503	32.03	38.57	0.9473	33.71	40.46
0.9532	30.34	36.65	0.9502	32.09	38.63	0.9472	33.76	40.52
0.9531	30.40	36.71	0.9501	32.14	38.69	0.9471	33.82	40.58
0.9530	30.46	36.78	0.9500	32.20	38.63	0.9470	33.87	40.64
0.9529	30.52	36.85	0.9499	32.26	38.83	0.9469	33.93	40.71

续 表

20 ℃相对密度	20 ℃酒精度		20 ℃相对密度	20 ℃酒精度		20 ℃相对密度	20 ℃酒精度	
	%g	%vol		%g	%vol		%g	%vol
0.9468	33.98	40.76	0.9450	34.95	41.85	0.9432	35.91	42.92
0.9467	34.03	40.82	0.9449	35.01	41.92	0.9431	35.96	42.97
0.9466	34.09	40.89	0.9448	35.06	41.97	0.9430	36.01	43.03
0.9465	34.14	40.94	0.9447	35.11	42.03	0.9429	36.06	43.08
0.9464	34.20	41.01	0.9446	35.17	42.09	0.9428	36.12	43.15
0.9463	34.25	41.07	0.9445	35.22	42.15	0.9427	36.17	43.20
0.9462	34.31	41.13	0.9444	35.27	42.20	0.9426	36.22	43.26
0.9461	34.36	41.19	0.9443	35.33	42.27	0.9425	36.27	43.31
0.9460	34.41	41.25	0.9442	35.38	42.33	0.9424	36.33	43.38
0.9459	34.47	41.31	0.9441	35.43	42.38	0.9423	36.38	43.44
0.9458	34.52	41.37	0.9440	35.48	42.44	0.9422	36.43	43.49
0.9457	34.58	41.44	0.9439	35.54	42.50	0.9421	36.48	43.55
0.9456	34.63	41.49	0.9438	35.59	42.56	0.9420	36.53	43.60
0.9455	34.68	41.55	0.9437	35.64	42.62	0.9419	36.59	43.67
0.9454	34.74	41.61	0.9436	35.70	42.68	0.9418	36.64	43.72
0.9453	34.79	41.67	0.9435	35.75	42.74	0.9417	36.69	43.78
0.9452	34.85	41.74	0.9434	35.80	42.79	0.9416	36.74	43.83
0.9451	34.90	41.79	0.9433	35.85	42.85	0.9415	36.79	43.89

参考文献

1. 马永强.食品感官检验[M].北京：化学工业出版社,2005.

2. 李大和.白酒酿造工教程[M].北京：中国轻工业出版社,2006.

3. 周萍.微生物学[M].第二版.北京：高等教育出版社,2006.

4. 黄高明.食品检验工[M].北京：机械工业出版社,2006.

5. 张水华,徐树来,王永华.食品感官分析与实验[M].北京：化学工业出版社,2006.

6. 赵光鳌,金岭南.黄酒生产分析检验[M].北京：轻工业出版社,1987.

7. 王福荣.酿酒分析与检测[M].北京：化学工业出版社,2005.

8. 技术监督行业工人技术考核培训教材编委会.白酒果酒黄酒检验技术[M].北京：中国计量出版社,1997.

9. 张祖莲.啤酒生产理化检测技术[M].北京：中国轻工业出版社,2012.

10. GB/T 13662—2008.黄酒[S].

11. GB/T 17946—2008.地理标志产品 绍兴酒（绍兴黄酒）[S].

12. GB/T 10345—2007.白酒分析方法[S].

13. GB 5491—1985.粮食、油料检验 抽样、分样法[S].

14. GB 5492—2008.粮油检验 粮食、油料的色泽、气味、口味鉴定[S].

15. GB 5493—2008.粮油检验 类型及互混检验[S].

16. GB 5494—2008.粮油检验 粮食、油料的杂质、不完善粒检验[S].

17. GB 5497—1985.粮油检验 粮食、油料的水分测定[S].

18. GB 5498—1985.粮油检验 粮食、油料的容重测定[S].

19. GB/T 12457—2008.食品中氯化钠的测定方法[S].

20. GB/T 4789.2—2010.食品卫生微生物学检验 菌落总数测定[S].

21. GB/T 4789.3—2010.食品卫生微生物学检验 大肠菌群计数[S].

22. 国家药典委员会.中华人民共和国药典[S].

23. GB/T 15038—2006.葡萄酒、果酒通用分析方法[S].

24. 王福荣.白酒生产分析检验[M].北京：轻工业出版社,1981.

25. GB 8817—2001.食品添加剂 焦糖色[S].

26. GB/T 5009.97—2008.食品中环已基氨基磺酸钠的测定[S].

27. GB/T 5009.48—2003.蒸馏酒及配制酒卫生标准的分析方法[S].

28. GB 10343—2008 食用酒精[S].

29. 胡嗣明.酒精生产分析检验[M].北京：轻工业出版社,1983.

30. GB 10344—2005.预包装饮料酒标签通则[S].

31. GB/T 5009.9—2008.食品中淀粉的测定[S].

32. GB 11914—1989.水质化学 需氧量测定 重铬酸钾法[S].

33. GB/T 394.2—2008.酒精通用分析方法[S].

34. GB/T 601—2002.化学试剂标准滴定溶液的制备[S].

35. GB/T 603—2002.化学试剂试验方法中所用制剂及制品的制备[S].

36. GB 2760—2011.食品安全国家标准 食品添加剂使用标准[S].

37. GB 2757—2012.食品安全国家标准蒸馏酒及其配制酒[S].

38. GB 2762—2012.食品安全国家标准 食品中污染物限量[S].

39. CCGF 101.1—2008.产品质量监督抽查实施规范[S].

40. GB 5490—2010.粮油检验 一般规则[S].

41. GB/T 2828.1—2012/ISO 2859—1：1999[S].

42. GB/T 8170—2008.数值修约规则与极限数值的表示和判定[S].

43. GB 4789.4—2010.食品安全国家标准 食品微生物学检验沙门氏菌检验[S].

44. 质量技术监督行业职业技能鉴定指导中心组.食品检验 粮油及其制品酒类调味品酱货腌制品[M].北京：中国质检出版社,2013.

45. 徐春.食品检验工(初级)[M].北京：机械工业出版社,2014.

46. 刘长春,谭佩毅.食品检验工(高级)[M].北京：机械工业出版社,2012.

47. 胡伟光,张文英.定量化学分析实验(第二版)[M].北京：化学工业出版社,2009.

48. GB/T 5009.48—2003.蒸馏酒与配制酒卫生标准的分析方法[S].

49. 国家环保总局编委.水和废水监测分析方法(第4版增补版)[M].北京：中国环境科学出版社,2007.01.

50. 黄一石,吴朝华,杨小林.仪器分析[M].北京：化学工业出版社,2013.

51. GB/T 5009.22—2003.食品中黄曲霉毒素 B_1 的测定[S].

思考题参考答案

第一章

一、填空题

1. 5% 中心、4角 2. 代表性取样 随机抽样 3. 2~3 4. 酸碱 沉淀 络合 氧化还原 5. 低倍镜 高倍镜 油镜 6. 甘汞电极 pH玻璃电极 氯化钾 盐酸

二、判断题

1. √ 2. × 3. × 4. √ 5. √ 6. √ 7. √ 8. √ 9. × 10. × 11. √
12. × 13. × 14. √ 15. √ 16. √ 17. √ 18. √ 19. × 20. √ 21. ×
22. √ 23. √ 24. × 25. √ 26. √ 27. × 28. × 29. √ 30. × 31. ×
32. × 33. × 34. √ 35. √ 36. √ 37. ×

三、选择题

1. D 2. A 3. B 4. B 5. C 6. B 7. A 8. B 9. A 10. A 11. A 12. C
13. D 14. B 15. C 16. A 17. B 18. A 19. A 20. C 21. A 22. C 23. C
24. D

四、名词解释

1. 容重是原料颗粒在单位容积内的质量,以g/L表示。

2. 四分法是将样品倒在光滑平坦的桌面上或玻璃板上,用两块分样板将样品摊成正方形,然后从样品左右两边铲起样品约10 cm高,对准中心同时倒落,再换一个方向同样操作(中心点不动)。如此反复混合四五次,将样品摊成等厚的正方形,用分样板在样品上划两条对角线,分成四个三角形,取出两个对顶角的样品。剩下的样品再按上述方法反复分取,直至最后剩下的对顶角的样品接近2 kg(所需试样重量)为止。

3. 随机抽样是按照随机原则,从大批物料中抽取部分样品。操作时,可采用多点取样的方法,使所有物料的各部分都有被抽取的机会。

4. 代表性抽样是用系统抽样法进行采集,根据样品随空间、时间变化规律,采集能代表其相应部分的组成和质量的样品。

五、简答题

1. 采样原则

(1) 采集的样品必须具有代表性。

(2) 采样方法必须与分析目的保持一致。

(3) 在采样及样品制备过程中要设法保持原有的理化指标,

避免预测组分发生化学变化或丢失。

（4）要防止和避免预测组分的污染。

（5）样品的处理过程尽可能简单易行。

2. 不需要，水滴对滴定无影响。

3. 基本没法，只能算实验误差，否则重新测定。

4. 要润洗，往滴定管中加入 1/3 滴定管容积的润洗液，将滴定管倾斜，使略有角度，旋转 360 度，将润洗液倒掉，重复 3 次。

第二章

一、填空题

1. 80% 5%　**2.** "酒之骨"　**3.** 酸水解法　酶水解法　**4.** 蓝色　紫红色　**5.** "酒之肉"

6. 籼米　粳米　糯米　籼糯米　粳糯米　**7.** 大米　优质大米　**8.** "酒之血"

二、是非题

1. ×　**2.** ×　**3.** √

三、简答题

1.（1）色泽鉴定　分取 20～50 g 已去除杂质的样品，放在手掌中均匀地摊平，在散射光线下仔细观察样品的整体颜色和光泽。作为黄酒原料的大米以米色洁白、无杂色、略有光泽者为正常色泽；呈暗黄色或失去光泽者不适于作为酿酒原料；夹有杂色的大米常含有较多的蛋白质与脂肪，也不利于酿酒。

（2）气味鉴定　分取 20～50 g 样品，简易的检验方法是可取少许试样放在手掌中紧握、哈气或摩擦，提高样品的温度后，立即嗅其气味。对气味不易鉴定的样品，分取 20 g 样品，放入广口瓶中，置于 60～70 ℃的水浴锅中，盖上瓶塞，保温 8～10 min，开盖后，嗅其气味。

（3）结果表示　正常的大米具有固有的色泽、气味，鉴定结果以"正常"或"不正常"表示。

2. 引起麦粒色泽异常的原因主要有：小麦晚熟，使籽粒呈绿色；受小麦赤霉病菌的侵害，麦粒颜色变浅，有时略带青色，严重时胚部和麦皮上有粉红色斑点或黑色微粒，贮藏时间过久，色泽变得陈旧；受潮会失去光泽、稍带白色；发生霉变，麦粒上出现白色、黄色、绿色和红色斑点，严重的则完全改变其固有颜色，成为黄绿、黑绿色等。

3. 称取拌匀且有代表性的麦曲 25.0 g 于 500 mL 锥形瓶中，加入已经在 200 ℃处理过的菜油约 150 mL。塞好装有 200 ℃水银温度计及玻璃弯管的橡皮塞，接好冷凝管（冷凝管预先用水冲洗一下），用 25 mL 量筒盛接冷凝管下端，并加热至 200 ℃。停止加热，冷却至 170 ℃，先取下锥形瓶，再取下冷凝管下端的 25 mL 量筒，读出盛接的水分体积 V。

4. 相对来讲，酸水解法操作方便，但由于酸不但能水解淀粉，同时也能水解原料中的一些其他多糖如半纤维素、多缩戊糖等，使其成为木糖、阿拉伯糖、半乳糖及糖醛酸等还原糖，导致结果偏高。故所测结果只能代表粗淀粉的含量，适用于谷类、薯类原料。酶水解方法测定结果较准确，能代表纯淀粉含量，适宜于含有半纤维素、多缩戊糖较多的原料。因为酶具有专一性，其他多糖不被水解，因此操作很麻烦。

5.（1）白色硬质小麦　（2）白色软质小麦　（3）红色硬质小麦　（4）红色软质小麦

（5）混合小麦

6. 方法是吸取斐林甲、乙溶液各 5 mL 于 150 mL 的锥形瓶中,加蒸馏水 30 mL,摇匀煮沸数分钟。若混合溶液仍属清澈,则可以继续使用;假使发现有红色氧化亚铜析出,即使是微量,也应重新配制或标定。

7.（1）加热的温度以 600 W 电炉为好。在电炉上微沸时,要严格做到气体不冲出回馏的玻璃管。米粉不要粘贴在回馏的玻璃瓶壁上。每次滴定时均应保持相同程度的沸腾。

（2）不能从电炉上取下滴定。

（3）滴定的速度不能太快,一般以每 2 s 滴 1 滴为宜。

（4）试样经水解、中和后,应立即定糖,不能久置。

（5）葡萄糖换算成淀粉的换算系数为 0.9。

（6）酒石酸钾钠铜络合物长期在碱性条件下,会缓慢分解从而影响测定结果,应重新配制或标定。

（7）次甲基蓝指示剂的用量也应一定。

8. 直链淀粉遇到碘液成蓝色而支链淀粉成紫色。直链淀粉显蓝色,是由于直链淀粉的双螺旋结构包裹了碘;而支链淀粉除了（1,4）糖苷键组成糖链外,在支点处存在（1,6）糖苷键,相对分子质量较高,遇碘显紫红色。

9. 原料与浓硫酸和催化剂（五水硫酸铜）共同加热消化,使蛋白质分解,产生的氨与硫酸结合生成硫酸铵,留在消化液中;然后加碱蒸馏使氨游离,用硼酸吸收后,再用盐酸标准溶液滴定。根据盐酸的消耗量乘以蛋白质换算系数,即得蛋白质含量。

10. 原理

用酸将淀粉水解,生成还原性的单糖——葡萄糖。然后按还原糖的测定方法进行测定,再折算成淀粉含量。这里采用廉—爱侬法,它以斐林溶液为氧化剂。当斐林甲、乙两液混合时,硫酸铜与氢氧化钠起反应生成氢氧化铜沉淀;生成的氢氧化铜与酒石酸钾钠反应,生成可溶性的酒石酸铜络合物。酒石酸钾钠铜中的 Cu^{2+} 是氧化剂,而葡萄糖在碱性溶液中起烯醇化作用,生成的葡萄糖烯二醇是一种较强的还原剂。二者产生氧化还原反应后,Cu^{2+} 被还原成 Cu^{+},葡萄糖被氧化为葡萄糖酸。用次甲基蓝作为指示剂,次甲基蓝是氧化型,也具有氧化能力,但较 Cu^{2+} 为弱。当溶液中含有未被还原的 Cu^{2+} 时,滴入的葡萄糖首先使 Cu^{2+} 还原。当 Cu^{2+} 全部被还原后,糖液才使次甲基蓝还原。生成的无色次甲基蓝是还原型,溶液的蓝色消失,即为终点。由于检测时没有除去脂肪与可溶性糖类,所以检测的是粗淀粉的含量。

11. 麦曲　块状麦曲的颜色主要从断面检查。把块曲从中间打断,观察断面的颜色,应布满灰白色菌丝,不得有黑心、烂心。熟麦曲的色泽应为浅黄绿色,布满分生孢子。应具有麦曲的特有香味,不得有臭味、霉烂味。

　　酒药　绍兴酒药的剖面应呈一致的颜色,白色或稍显白灰色;具有酒药的清香味,不得带有霉酸味;酒药应疏松,中心应有微小的菌丝生长。

12. 称取活性干酵母 0.1 g（精度 0.0002 g）,用无菌吸管吸取 20 mL 38～40 ℃的无菌生理盐水稀释后,在 32 ℃恒温水浴中活化 1 h。

13. 糖化酶有催化淀粉水解的作用,能从淀粉分子非还原性末端开始,分解 α-1,4 葡萄糖苷键,生成葡萄糖。也就是说,淀粉在一定操作条件下受糖化酶的作用,生成葡萄糖,然后可用测得的葡萄糖含量来计算糖化力的大小。

糖化曲浸出液的制备→糖化→测定(空白液测定与糖化液测定)

14. α-淀粉酶(α-1,4-糊精酶)能将淀粉水解,产生大量糊精及少量麦芽糖和葡萄糖,使淀粉浓度下降,黏度降低。由于碘液对不同分子质量的糊精呈现不同颜色,因此在水解过程中,对碘液的呈色反应为蓝色→紫色→红色→无色。常以蓝色消失所需时间来衡量液化力的大小。

四、计算题

1. 51.25 mg **2.** 79.32%

第三章

1. 出饭率(%)$=\dfrac{G_1}{G}\times100$,吸水率(%)$=(\dfrac{G_1}{G}-1)\times100$,其中 G 为白米质量(g),G_1 为白米蒸煮成饭后质量(g)。

2. 量取 100.0 mL 发酵醪,倒入 500 mL 锥形瓶中。用 100 mL 左右水洗涤量筒,把洗液倒入锥形瓶中,酒体较浑浊时加适量菜油或消泡剂。装上冷凝管,通入冷却水,用原 100 mL 量筒接收馏出液,加热蒸馏,直至收集馏出液体积约为 95mL 时,取下量筒,加水至刻度线,摇匀。分别用温度计和酒精计量出温度和酒精度,对照附录一表格查出 20 ℃时的酒精度,即为检测结果。

3. 酸度(以乳酸计,g/L)$=\dfrac{c\times(V-V_0)\times90}{10.0}$

式中,c——NaOH 标准溶液的浓度,mol/L;

　　　10.0——吸取试样的体积,mL;

　　　V——测定试样时消耗 NaOH 标准溶液的体积,mL;

　　　V_0——空白试验时消耗 NaOH 标准溶液的体积,mL;

　　　90——乳酸的摩尔质量的数值,g/mol。

4. (1)发酵醪稀释液的制备　吸 10 mL 发酵醪液到 100 mL 的容量瓶中,用水稀释并定容到刻度,摇匀。

(2)发酵醪稀释液的测定　准确吸取斐林甲、乙液各 5 mL 于 150 mL 锥形瓶中,加水 30 mL,混合后置于电炉上加热至沸腾。滴入发酵醪稀释液,保持沸腾,待试液蓝色即将消失时,加入次甲基蓝指示液两滴,继续用发酵醪稀释液滴定至蓝色刚好消失为终点。记录消耗发酵醪稀释液的体积(V_1)。

发酵醪中还原糖含量的计算:

发酵前期醪液 $X=\dfrac{100\times F}{10\times V_1}\times1000$

5. 取洁净干燥的血球计数板一块,在计数区上盖上一块盖玻片,用 1 mL 移液管滴 1 小滴试样,从计数板中间平台两侧的沟槽内沿盖玻片的下边缘滴入一小滴(不宜过多),让试样利用液体的表面张力充满计数区,勿使气泡产生,并用吸水纸吸去沟槽中流出的多余试样。

也可以将试样直接滴加在计数区上(不要使计数区两边平台沾上试样,以免加盖盖玻片后,造成计数区深度的升高),然后加盖盖玻片(勿使产生气泡)。

6. (1) 酵母数计算公式

16×25 规格的计数板:

$$酒母中的酵母数(个/mL) = \frac{100 小格细胞酵母数}{100} \times 400 \times 10000 \times 稀释倍数$$

25×16 规格的计数板:

$$酒母中的酵母数(个/mL) = \frac{80 小格细胞酵母数}{80} \times 400 \times 10000 \times 稀释倍数$$

(2) 出芽率计算公式

$$出芽率(\%) = \frac{出芽酵母数}{酵母总数} \times 100$$

7. 每块板糟的中间及周边都应适当取样。把所取样品用手碾碎,混匀后,准确称取 5.0 g 试样于称量瓶中。把称量瓶置入事先预热到 $100 \sim 105$ ℃的干燥箱内干燥 3 h 后取出,冷却后称重并计算。

第四章

1. 吸取酒样 5 mL 半干黄酒于 100 mL 容量瓶中(控制水解液含糖量在 $1 \sim 2$ g/L),加水 30 mL 和盐酸溶液 5 mL,在 $68 \sim 70$ ℃水浴锅中加热水解 15 min。冷却后,加入甲基红指示液 2 滴,用氢氧化钠溶液中和至红色消失(近似于中性)。用蒸馏水定容到 100 mL,摇匀,作为酒样水解液备用。

2. 酒样水解液的测定

预滴定:准确吸取斐林甲、乙溶液各 5 mL 于 250 mL 锥形瓶中,加水 30 mL,混合后置于电炉上加热至沸腾。滴入酒样水解液,保持沸腾,待试液蓝色即将消失时,加入次甲基蓝指示液两滴,继续用酒样水解液滴定至蓝色刚好消失为终点。记录消耗酒样水解液的体积 (V_0)。

正式滴定:准确吸取斐林甲、乙溶液各 5mL 于 250 mL 锥形瓶中,加水 30 mL,混匀后加入比预先滴定体积 (V_0) 少 1 mL 的酒样水解液,置于电炉上加热至沸。加入次甲基蓝指示液 2 滴,保持沸腾 2min,继续用酒样水解液滴定至蓝色刚好消失即为终点。记录消耗酒样水解液的体积 (V_2)。全部滴定操作须在 3 min 内完成。

3. 酒样中总固形物含量的计算:

$$X_1 = \frac{(m_1 - m_2) \times n}{V} \times 1000$$

式中,X_1 ——酒样中总固形物的含量,g/L;

m_1 ——蒸发皿(或称量瓶)和酒样烘干后的质量,g;

m_2 ——蒸发皿(或称量瓶)烘干至恒重的质量,g;

n ——酒样稀释倍数;

V ——吸取酒样的体积,mL。

酒样中非糖固形物含量的计算：

$$X_0 = X_1 - X_2$$

式中，X_0——酒样中非糖固形物含量，g/L；

    X_1——酒样中总固形物的含量，g/L；

    X_2——酒样中总糖含量，g/L。

4. 按仪器使用说明书调试和校正酸度计两点 pH 6.86 与 pH 9.18。

吸取酒样 10 mL 于 150 mL 烧杯中，加入无二氧化碳的水 50 mL。烧杯中放入磁力搅拌棒，置于电磁搅拌器上，开启搅拌，用氢氧化钠标准溶液滴定。开始时可快速滴加氢氧化钠标准溶液，当滴定至 pH 值为 7.0 时，放慢滴定速度，每次加 0.5 滴氢氧化钠标准溶液，直至 pH 值为 8.20 为终点。记录消耗 0.1 mol/L 氢氧化钠标准溶液的体积（V_1）。加入甲醛溶液 10 mL，继续用氢氧化钠标准溶液滴定至 pH 值为 9.20。记录加甲醛后消耗氢氧化钠标准溶液的体积（V_2）。同时做空白试验，分别记录不加甲醛溶液及加入甲醛溶液时，空白试验所消耗氢氧化钠标准溶液的体积（V_3，V_4）。

5. （1）基于酸碱中和的原理，用酸度计来检测黄酒中的含酸量。用 0.1 mol/L 的 NaOH 溶液进行滴定。

（2）氨基酸是两性化合物，分子中的氨基与甲醛反应后失去碱性，而使羧基呈酸性。用氢氧化钠标准溶液滴定羧基，通过氢氧化钠标准溶液消耗的量可以计算出氨基酸态氮含量。

6. 略

7. 吸取测定酒精度的馏出液 50.0 mL 于 250 mL 锥形瓶中，加入酚酞指示剂 2 滴，用 0.1 mol/L 氢氧化钠标准溶液滴至微红色，准确加入 0.1 mol/L 氢氧化钠标准溶液 25.0 mL，摇匀。装上回流冷凝管，在沸水浴中回流 0.5 h，从水浴中取出，在水浴锅上搁 5 min 后取下加塞，马上用流水冷却至室温。然后再准确加入 25.0 mL 0.1 mol/L 硫酸标准溶液，摇匀，用 0.1 mol/L 氢氧化钠标准溶液滴至呈微红色，0.5 min 内不褪色为止，记录消耗氢氧化钠标准溶液的体积。

8. 黄酒通过蒸馏，酒中的挥发酯收集在馏出液中，先用碱中和馏出液中的挥发酸，然后加入一定的碱液使酯类物质皂化，再加入一定量的酸，过量的酸再用碱滴定。

9. 测定黄酒中氧化钙的方法有 EDTA 滴定法、高锰酸钾滴定法和原子吸收分光光度法。

第五章

1. （1）水解液制备　称取压榨酒糟 2.5 g（吊糟烧前的酒糟称取 5.0 g）于 250 mL 锥形瓶中，加入 1∶4 HCl 溶液 50 mL，安装回流冷凝器，或 1 m 长玻璃管，微沸（电炉或水浴）水解 30 min，与大米的粗淀粉测定相同，中和、过滤、定容到 500 mL。

（2）还原糖测定

① 斐林液标定：用葡萄糖标准溶液标定斐林液方法。消耗葡萄糖标准溶液体积为 V_0（mL）。

② 试样测定

a. 预滴定：吸取斐林甲液、乙液各 5 mL 于 250 mL 锥形瓶中，加入 10 mL 水解糖液、10 mL 水、2 滴亚甲基蓝指示剂，加热至沸，用 2 g/L 葡萄糖标准溶液滴定到蓝色消失，消耗体积为 V_1（mL）。

b. 正式滴定：吸取斐林甲液、乙液各 5 mL 于 250 mL 锥形瓶中，加入水解糖液 10 mL，加一定量水，使总体积与斐林液标定时滴定的总体积基本一致[加水量（mL）＝10＋(V_0－V_1)]。从滴定管中加入(V_1－1) mL 2 g/L 葡萄糖标准溶液，煮沸 2 min，加 2 滴亚甲基蓝指示剂，继续用葡萄糖标准溶液在 1 min 内滴定到蓝色消失。消耗葡萄糖标准溶液体积为 V（mL）。

2. 吸取糖化醪过滤液 1 mL，置入 150 mL 锥形瓶中，加入水 50 mL，加酚酞指示剂 2 滴，用 0.1 mol/L NaOH 标准溶液滴定，滴定至溶液呈微红色并在 30 s 内不褪色为终点。

3. 吸取 50.0 mL 酒样注于 250 mL 锥形瓶中，加入酚酞指示剂 2 滴，以 0.1 mol/L 氢氧化钠标准溶液滴定至微红色，即为终点。

4. $X=\dfrac{c\times V\times 60}{50.0}$

式中，X——酒样中总酸的质量浓度（以乙酸计），g/L；

　　　c——氢氧化钠标准溶液的浓度，mol/L；

　　　V——测定时消耗氢氧化钠标准溶液的体积，mL；

　　　60——乙酸的摩尔质量的数值，g/mol；

　　　50.0——取样酒样的体积，mL。

5. 用碱中和样品中的游离酸，再准确加入一定量的碱，加热回流使酯类皂化。通过消耗碱的量计算出总酯的含量。

6. 吸取 50.0 mL 酒样注于 250 mL 回流瓶中，加 2 滴 10 g/L 酚酞指示剂，以 0.1 mol/L NaOH 标准溶液滴定至微红（切勿过量），记录消耗氢氧化钠标准溶液毫升数（也可作总酸含量计算）。再准确加入 25.00 mL 0.1 mol/L 氢氧化钠标准滴定溶液（若酒样中总酯的含量高可适当多加），摇匀，装上回流冷凝管，于沸水浴中回流 30 min，取下冷却至室温。然后，用 0.1 mol/L 硫酸标准溶液滴定过量的 NaOH 溶液，微红色刚好完全消失为终点，记录消耗 0.1 mol/L 硫酸标准溶液的体积 V_1。同时吸取 50.0 mL 乙醇（无酯）溶液，按上述方法做空白试验，记录消耗硫酸标准滴定溶液的体积 V_0。

7. $X=\dfrac{c\times (V_0-V_1)\times 88}{50.0}$

式中，X——酒样中总酯的质量浓度（以乙酸乙酯计），g/L；

　　　c——硫酸标准溶液的实际浓度，mol/L；

　　　V_0——空白试验样品消耗硫酸标准滴定溶液的体积，mL；

　　　V_1——样品消耗硫酸标准滴定溶液的体积，mL；

　　　88——乙酸乙酯的摩尔质量的数值，g/mol；

　　　50.0——取样酒样的体积，mL。

8. 白酒中甲醇的检测方法有两种，分别是气相色谱法和分光光度法。

第六章

1.（1）吸取 50 mL 水样（若硬度过大，可少取水样，用蒸馏水稀释至 50 mL）置于 150 mL 锥形瓶中。

（2）若水样中含有金属干扰离子，使滴定终点延迟或颜色发暗，可另取水样，加入 1％盐酸羟胺溶液 0.5 mL 及 5％硫化钠溶液 1 mL 或者 10％氰化钾溶液 0.5 mL，再加入 1～2 mL 缓冲溶液。

（3）加入 5 滴铬黑 T 指示剂（或一小勺固体指示剂），立即用 EDTA-Na$_2$ 标准溶液滴定，充分振摇，至溶液由紫红色变为蓝色，即为终点。

2. 将水样的 pH 值调到 10 后，乙二胺四乙酸二钠（简称 EDTA）可与水中钙、镁离子形成无色可溶性络合物，铬黑 T 指示剂则能与钙、镁离子形成酒红色络合物。由于 EDTA 络合能力比铬黑 T 强，用 EDTA 滴定钙、镁到达终点时，钙、镁离子全部与 EDTA 络合而使铬黑 T 游离，溶液由酒红色变为蓝色。由消耗 EDTA 溶液的体积，便可计算出水样中钙离子与镁离子的总量。

3. 吸取水样 50 mL，置入 250 mL 锥形瓶中，加约 1 mL 50 g/L 铬酸钾指示剂，在强烈摇动下，用 0.1 mol/L 硝酸银标准溶液滴定到砖红色，记录硝酸银溶液的消耗体积（mL）。另取 50 mL 蒸馏水作为空白对照，并记录空白对照中所消耗的硝酸银溶液的体积（mL）。

4. Cl$^-$ 浓度（g/L）$= \dfrac{c(V_1 - V_0)}{V} \times 35.5$

式中，c——AgNO$_3$ 溶液的浓度，mol/L；

V_1——滴定水样时消耗 AgNO$_3$ 标准溶液的体积，mL；

V_0——滴定蒸馏水时消耗 AgNO$_3$ 标准溶液的体积，mL；

V——所取水样的体积，mL；

35.5——氯离子的摩尔质量，g/mol。

5. 水样中 Cl$^-$ 与 AgNO$_3$ 反应生成白色氯化银沉淀，过量的 AgNO$_3$ 与 K$_2$CrO$_4$ 反应，形成砖红色铬酸银沉淀，以 AgNO$_3$ 消耗体积求得 Cl$^-$ 的含量。

6.（1）先加硫酸汞少许（0.4～1 g）置消解管（250 mL 磨口锥形瓶）中，再加入 20.00 mL 混合均匀的水样（或适量水样稀释至 20.00 mL）摇匀，准确加入 10.00 mL 重铬酸钾标准溶液，摇匀。加入数粒小玻璃珠或沸石，连接磨口回流冷凝管，从冷凝管上口慢慢地加入 30 mL 硫酸-硫酸银溶液，轻轻摇动消解管使溶液混匀，加热回流 2 h（自开始沸腾计时）。

（2）冷却后，用 90.00 mL 蒸馏水冲洗冷凝管壁，溶液总体积不得少于 140 mL。否则因酸度太大，滴定终点不明显。

（3）取下冷凝管，溶液再度冷却后，加入 3 滴试亚铁灵指示液，用硫酸亚铁铵标准溶液滴定，溶液的颜色由黄色→蓝绿色→红褐色即为终点，记录消耗硫酸亚铁铵标准溶液的用量为 V_1。

（4）测定水样的同时，取 20.00 mL 重蒸馏水，按同样操作步骤作空白实验。记录滴定空白时消耗硫酸亚铁铵标准溶液的用量为 V_0。

7. $CODc_r(O_2, mg/L) = \dfrac{(V_0 - V_1) \times c \times 8 \times 1000}{V} \times n$

式中，c——硫酸亚铁铵标准溶液的浓度，mol/L；

V_0——滴定空白时硫酸亚铁铵标准溶液的用量，mL；

V_1——滴定水样时硫酸亚铁铵标准溶液的用量，mL；

V——水样的体积，mL；

8——氧（$\frac{1}{2}$O）摩尔质量，g/mol；

n——稀释倍数。

8. 絮凝沉淀法与蒸馏法。

9. ① 称取 20 g 碘化钾溶于约 100 mL 水中，边搅拌边分次少量加入氯化汞（$HgCl_2$）结晶粉末 10 g。直到溶液呈深黄色或出现淡红色沉淀，且溶解速度变慢时，应充分搅拌混和，并改为滴加氯化汞饱和溶液。当出现微量朱红色沉淀且不再溶解时，停止滴加二氯化汞溶液。

另外，再称取 60 g 氢氧化钾溶于水中，并稀释至 250 mL。冷却至室温后，将上述溶液在搅拌条件下，徐徐注入氢氧化钾溶液中，用水稀释至 400 mL，混匀，于暗处静置 24h。倾倒出上清液，贮于聚乙烯瓶内，用橡皮塞或聚乙烯盖子盖紧，于暗处存放，可稳定存放一个月。

10. 在中性条件下，用过硫酸钾使试样消解，将所含磷全部氧化为正磷酸盐。在酸性条件下，正磷酸盐与钼酸铵、酒石酸锑氧钾进行反应，生成的磷钼杂多酸被还原剂抗坏血酸还原，则变成蓝色络合物，又称磷钼蓝。

第七章

1. 酒精分析仪就是利用透射光谱法与近红外光谱原理，根据样品中乙醇对特定近红外波长的吸收，直接测量黄酒的酒精含量，确保酒精度测定的准确性。

2.

① 用水校正（零点）

a. 选择"菜单—检查/校正—其他校正—酒精密度分析模块—酒精零点校正"。

② 用酒精溶液校正

a. 配制 10%vol ～12%vol 酒精溶液。

b. 选择选择"菜单—检查/校正—其他校正—酒精密度分析模块—酒精浓度校正"。进样前，必须把样品中气泡排掉。

3. 每周一次，用含有 NaOCl 和 NaOH（或 KOH）的溶剂清洗测量池，务必注意清洗液的浓度。一般是 0.5% NaOCl ＋ 0.5% NaOH（或 KOH）。清洗液在测量池滞留时间不要超过 3 min。稀释后，溶液中 NaOH（或 KOH）和 NaOCl 的浓度和不高于 1%。样品盘上依次放置 1 杯自制清洗液和 4 杯蒸馏水。

4. 准确取黄酒样品 2.00 g，加入 100 μL 2.0 μg/mL D5-氨基甲酸乙酯内标使用液、氯化钠 0.3 g，超声溶解、混匀。然后加样到碱性硅藻土固相萃取柱上，抽真空，让酒样慢慢渗入到固相萃取柱中，静置约 10 min。先用 10 mL 正己烷淋洗除杂，然后用 10 mL 5%乙酸乙酯/乙醚溶液以 1 mL/min 流速洗脱,并收集于 10 mL 具塞刻度试管中。洗脱液经过无水硫酸钠脱水后,在室温下用氮气缓缓吹至 0.5 mL 左右,用甲醇定容到 1.0 mL 制成测定液供 GC/MS 分析。

5. 质谱分析法是采用高速电子来撞击气态分子或原子,将电离后的正离子加速导入质量分析器中,然后按质荷比(m/z)的大小顺序进行收集和记录,通过对被测样品离子的质荷比的测定来进行分析的一种方法。被分析的样品首先要离子化,然后利用不同离子在电场或磁场的运动行为的不同,把离子按质荷比(m/z)分开而得到质谱,通过样品的质谱和相关信息,可以得到样品的定性定量结果。气质联用的有效结合既充分利用色谱的分离能力,又发挥了质谱的定性专长,优势互补,结合谱库检索,可以得到较满意的分离鉴定结果。